深度学习与图像处理
（PaddlePaddle版）

钱彬 朱会杰 晋军伟 著

清华大学出版社
北京

内 容 简 介

本书基于国产开源深度学习框架 PaddlePaddle 进行编写,全面、系统地介绍了 PaddlePaddle 在数字图像处理中的各种技术及应用,书中项目实例全部采用动态图版本实现。全书共 8 章,分别介绍了基于深度学习的图像分类、目标检测、语义分割、实例分割、关键点检测、风格迁移等内容,所有知识点均通过实际项目进行串联,旨在帮助读者在掌握基本深度学习算法原理的基础上,扩展项目实操能力,达到学以致用的效果。

本书可作为全国高等学校计算机、人工智能等专业的"深度学习"课程教材,主要面向相关领域的教师、在读学生和科研人员,以及从事深度学习与图像处理的工程技术人员和爱好者。

图书在版编目(CIP)数据

深度学习与图像处理:PaddlePaddle 版 / 钱彬,朱会杰,晋军伟著. -- 北京:清华大学出版社,2024. 9.
ISBN 978-7-302-67377-4

Ⅰ. TP391.413

中国国家版本馆 CIP 数据核字第 2024EM7074 号

责任编辑:陈景辉
封面设计:刘 键
责任校对:韩天竹
责任印制:宋 林

出版发行:清华大学出版社
　　　　网　　　址:https://www.tup.com.cn,https://www.wqxuetang.com
　　　　地　　　址:北京清华大学学研大厦 A 座　　　邮　　编:100084
　　　　社 总 机:010-83470000　　　　　　　　　　邮　　购:010-62786544
　　　　投稿与读者服务:010-62776969,c-service@tup.tsinghua.edu.cn
　　　　质量反馈:010-62772015,zhiliang@tup.tsinghua.edu.cn
　　　　课件下载:https://www.tup.com.cn,010-83470236
印 装 者:北京同文印刷有限责任公司
经　　销:全国新华书店
开　　本:185mm×260mm　　印　张:19　　　　　　字　　数:439 千字
版　　次:2024 年 10 月第 1 版　　　　　　　　　　印　　次:2024 年 10 月第 1 次印刷
印　　数:1～1500
定　　价:69.90 元

产品编号:096076-01

前　言

近年来,随着深度学习技术的革新、GPU 计算性能的突破、互联网数据的激增,图像处理领域的研究蓬勃发展,尤其在自动驾驶、智能安防、智慧城市、医疗保健、商业零售、航空能源、虚拟现实等诸多人工智能热门领域,图像处理技术落地开花,熠熠生辉。图像处理研究工作在学术界和工业界取得的巨大成功,每年吸引着数以万计的研究人员蜂拥而至,甚至生物医学、机械制造、自动化、土木建筑等诸多跨专业的从业人员也开始涉猎研究。对于非计算机相关专业的读者而言,学习过程中往往因缺少交流机会,不容易把握深度学习与图像处理知识的全貌,并且该领域知识更新迭代快,新的理论层出不穷,如何在日新月异的知识体系中抽丝剥茧,掌握核心的算法精髓显得尤为重要,这也是撰写本书的根本原因。

本书内容

本书以图像处理技术作为切入点,围绕近些年流行的深度学习算法进行讲解,研究方向包括图像分类、目标检测、语义分割、实例分割、关键点检测和风格迁移等,重点剖析了各个图像处理领域常见的算法原理,并在此基础上结合新颖实用的项目案例贯穿所学,让读者在掌握算法原理基础上能够达到产业界要求的深度学习实战能力。

本书项目案例采用国产开源深度学习框架 PaddlePaddle 来实现,考虑到易用性以及未来发展趋势,全部采用最新的动态图版本进行编写。

全书分为两部分,共 8 章,在内容安排上循序渐进。第 1 部分基础知识(第 1、2 章),第 1 章图像处理基础,第 2 章深度学习基础;第 2 部分案例应用(第 3~8 章),第 3 章图像分类(智能垃圾分拣器),第 4 章目标检测(二维码扫码枪),第 5 章语义分割(证件照制作工具),第 6 章实例分割(肾小球影像分析仪),第 7 章关键点检测(身份证识读 App),第 8 章风格迁移(照片动漫化在线转换网站)。

本书特色

(1) 理实结合,强调实用。本书以基础知识点精讲与实战开发案例相结合的方式,由浅入深地带领读者掌握深度学习与图像处理开发的原理和技术。

(2) 实战开发,案例丰富。手把手带领读者完成 8 个完整工程项目案例开发,并对其采用的算法原理进行详解,同时提供源代码和数据集,便于读者复现。

(3) 内容翔实,讲解全面。部署方案齐全且详细,涵盖 Jetson Nano 边缘计算、树莓派嵌入式、Qt 客户端、C♯工控程序、安卓 App、HTTP 微服务等。

配套资源

为便于教与学,本书配有丰富的配套资源,包括微课视频、源代码、教学课件、教学大纲、教学进度表、教案、期末试卷及答案。

（1）获取微课视频方式：先刮开并用手机版微信 App 扫描本书封底的文泉云盘防盗码，授权后再扫描书中相应的视频二维码，观看教学视频。

（2）获取源代码、彩色图片和全书网址方式：先刮开并用手机版微信 App 扫描本书封底的文泉云盘防盗码，授权后再扫描下方二维码，即可获取。

源代码　　　　　　彩色图片　　　　　　全书网址

（3）其他配套资源可以扫描本书封底的"书圈"二维码，关注后回复本书书号，即可下载。

读者对象

本书可作为全国高等学校计算机、人工智能等专业的"深度学习"课程教材，主要面向相关领域的教师、在读学生和科研人员，以及从事深度学习与图像处理的工程技术人员和爱好者。

写给读者

阅读本书前需要读者具备 Python 基础语法知识及基本的数学背景知识（如向量、矩阵、求导等）。

通过阅读本书，希望读者能够掌握常见的深度学习与图像处理概念，并构建出一套自己的知识脉络；能够深入了解图像分类、目标检测、语义分割、实例分割、关键点检测、风格迁移等技术在各个领域的处理方法；能够借鉴本书项目案例运用到实际的研究或工作任务中，举一反三，学以致用。

本书在项目部署部分涉及多门编程语言和编程框架，知识点较多，如果在学习本书前没有完全掌握本书软硬件涉及的相关知识，那么也不必立即打退堂鼓，可以先尝试性地跟着本书"跑起来"，熟悉掌握了整个开发流程后，再逐个对知识点进行学习。这种靶向型、实践型的学习方式未尝不是一种有效的学习范式。

致谢

在本书的撰写过程中，感谢南京理工大学沈肖波教授和北京工业大学同磊副教授对本书的建议，感谢俞晓燕、赵婷和朱好梦为本书提供的人像素材，感谢无锡儿童医院成芸医师对本书医学影像数据的专业标注。

由于时间仓促，加之作者水平有限，错误和疏漏之处在所难免。在此，诚恳地期望得到各领域的专家和广大读者的批评指正。

作　者

2024 年 7 月

目　录

第1部分　基础知识

第 2 部分 案 例 应 用

第1部分

基 础 知 识

第 **1** 章

图像处理基础

图像处理是一门利用计算机对数字图像进行操作和分析的技术。根据实现功能的复杂性，图像处理可以由单一算法来完成，也可以由多种算法组合而成。例如，针对现在众多手机 App 均具备的人像美颜功能来说，可以简单地使用边缘锐化算法来提高人像清晰度，也可以结合多种形态学滤波算法实现脸部磨皮，又或者可以采用更加复杂的神经网络算法使肤质修复更自然，所有这些功能都是图像处理的范畴。

图像处理可以分为传统图像处理算法和基于深度学习的图像处理算法。传统图像处理算法实现简单、部署方便。例如，改变图像的明暗度或对比度，对图像进行裁剪或旋转等。基于深度学习的图像处理算法能够完成更复杂、更具挑战性的任务，比如瘦脸、背景消除、自动绘画等。本书首先讲解传统图像处理算法，然后重点讲解基于深度学习的图像处理算法。

在进入深度学习领域学习前，读者有必要先了解和掌握基本的图像处理概念以及常规的图像处理操作。

1.1　图像处理的基本概念

1.1.1　模拟图像和数字图像

图像按照存储类型的不同可以分为模拟图像和数字图像。

视频讲解

模拟图像是通过某种光、电物理量的强弱变化来记录亮度信息的图像，如纸质照片、老式电视机播放的画面等。模拟图像最大的特点就是其物理量的变化是连续的。模拟图像不能直接用计算机来处理，必须首先转化为数字图像。

图像数字化就是把模拟图像分割成一个个称为像素的小区域，这个过程称为采样。每个像素的亮度值用一个整数来表示，这个过程称为量化。图像的采样和量化过程如图 1.1 所示。

从形式上来看，最简单的图像可以由一个二维函数 $f(x,y)$ 来表示，每个坐标点(x,y)对应图像数字矩阵上的一个像素值，其数值越小表示越暗，数值越大表示越亮。

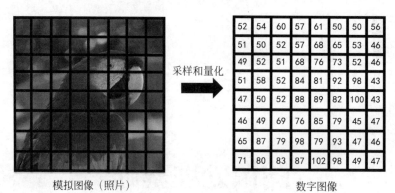

模拟图像（照片）　　　　　　　　　数字图像

图 1.1　模拟图像数字化

　　一般情况下，图像采样点数和量化等级越多，图像越清晰，但是对应的图像数据量也越大。

　　一幅数字图像的总数据量 D 可用下面的公式进行计算：

$$D = W \times H \times B$$

式中，W 表示每行像素数量，对应图像的宽度；H 表示每列像素数量，对应图像的高度；B 表示每个像素所占的比特位数。常见的图像比特位数有 1、8、24、32 等，分别对应二值图像、单通道灰度图像、三通道彩色图像、四通道彩色图像。

1.1.2　数字图像常见类型

1. 二值图像

　　二值图像按名字来理解只有两个值：0 或 1，其中 0 代表黑色，1 代表白色。二值图像的每个像素只需要 1b 就可以完整存储信息。同样尺寸的图像，二值图像保存的信息是所有图像类型中最少的。由于二值图像只有黑白两种单一颜色，因此二值图像也被称为黑白图像或单色图像。二值图像如图 1.2 所示。

2. 单通道灰度图像

　　灰度图像每个像素用 8b 来表示，每个像素有 $2^8 = 256$ 种可能，因此其灰度取值范围是 0～255，0 表示纯黑，255 表示纯白。相比二值图像，灰度图像可表示的颜色更多，因此，层次感更丰富。灰度图像只包含一个通道，单一通道可以理解为该图像是在单个电磁波频谱内测量每个像素的亮度得到的，如红外遥感、X 断层成像等，这些单一通道电磁波产生的图像都是灰度图。单通道灰度图像可以简单理解为没有色彩但具有亮度变化的图像，如图 1.3 所示。

图 1.2　二值图像　　　　　　　　　图 1.3　单通道灰度图像

3. 三通道彩色图像

自然界中的绝大部分彩色都可以由三种基色按一定比例混合得到,而每种基色用一个通道表示,合起来称为三通道图像。典型的三通道图像分别对应红(Red)、绿(Green)、蓝(Blue)三种颜色,每种颜色取值范围都为0~255。

三通道彩色图像每个通道都可以看作一个二维矩阵,因此,三通道彩色图像本质上就是3个二维矩阵的堆叠,最终组成了一个三维矩阵图像,可以表示为$W \times H \times C$,其中W表示图像宽度,H表示图像高度,C表示图像通道数。对于三通道彩色图像来说此处$C=3$。

由于是一个三维矩阵,因此,三通道彩色图像上每个像素不再是单一的一个数值,而是可以看作一个排列规则的向量,用(R,G,B)表示,其中R代表该像素红色通道值,G表示绿色通道值,B表示蓝色通道值。三通道彩色图像如图1.4所示。

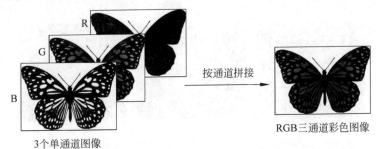

3个单通道图像　　　　　　RGB三通道彩色图像

图1.4　三通道彩色图像

4. 四通道彩色图像

图1.5　四通道彩色图像

四通道彩色图像的意思是每个像素点都用4个灰度值表示,即(R,G,B,A)。对比三通道图像,这里额外多出了一个A,这个A表示不透明度。$A=0$表示全透明,$A=255$表示不透明,$A=125$表示半透明。常见的带透明效果的PNG格式图像就是一种典型的RGBA四通道彩色图像。四通道彩色图像如图1.5所示。

在实际的图像处理操作时,经常需要估算当前待处理的图像数据量是多少?怎么计算呢?下面给出一个例子。

【例1-1】 一幅分辨率为256×512的图像,当该图像分别表示二值图像、单通道灰度图像、三通道彩色图像时,其数据量分别为多大?

答案解析:

(1) 二值图像的每个像素用1b表示(1B=8b),因此数据量为$(256 \times 512 \times 1/8)/1024 = 16$KB。

(2) 单通道灰度图像,每个像素用1B表示(256个灰阶可用8b表示),数据量为$(256 \times 512 \times 1)/1024 = 128$KB。

(3) 三通道彩色图像,每个像素用3B表示,数据量为$(256 \times 512 \times 3)/1024 = 384$KB。

上述计算方式计算的是图像读入内存中所占的大小,在实际保存到计算机硬盘上时,一般会采用压缩算法对这些图像数据进行压缩再保存,从而减少图像数据存储量。

例如,常见的 JPEG、PNG、JPEG2000、WEBP 等格式,这些图像存储格式都是采用了特定的图像压缩算法,压缩图像的同时保留了图像的主要信息。

1.1.3 应用方向

数字图像处理技术自诞生以来被广泛应用于诸多学科和领域,如摄影、社交娱乐、机器人视觉控制、自动驾驶、遥感图像分析、监控安防、交通管理、医学诊断和工业检测等。目前被广泛使用的微信、微博和抖音,每天都要面临大量用户上传的图片和视频,因此需要使用图像处理算法来快速审核、处理和优化这些数据。

数字图像处理的核心在于算法,按照图像处理层级从低到高可以大致分为三类。

（1）底层处理:基于轮廓、纹理、颜色等底层特征对图像进行滤波和增强。例如,图像去噪、去雾、低光照增强等,处理前后对比分别如图 1.6、图 1.7 和图 1.8 所示。

图 1.6　图像去噪处理前后对比

图 1.7　图像去雾处理前后对比

(a) 处理前

(b) 处理后

图 1.8 低光照增强处理前后对比

（2）中层处理：基于物体的局部特征对图像进行建模与表达。例如，图像检测、语义分割、人体骨骼关键点检测等，如图 1.9、图 1.10 和图 1.11 所示。

图 1.9 图像检测（检测不同类别物体并用矩形框框出每个类别在图像中的位置）

图 1.10 图像语义分割（按照类别将图像精细划分为子区域）

图 1.11　人体骨骼关键点检测

（3）高层处理：基于图像的完整结构和时空内容对图像进行理解。例如，人体多属性分类、基于图像帧序列的手势识别等，如图 1.12 和图 1.13 所示。

图 1.12　多属性分类

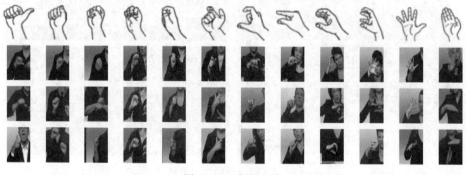

图 1.13　手势识别

1.2　图像处理基本操作

图像处理涉及图像读取、图像变换、图像保存等多方面,这些步骤如果完全从底层代码进行编写,那么工作量是非常大的,而且图像处理算法的稳定性和速度要求在实际生产环境中是极其重要的,如果开发者经验不足,那么开发出来的图像处理算法性能远远达不到实战的需求。幸运的是,开源社区提供了很多功能强大的图像处理库,如OpenCV、PIL等,有了这些库就可以轻松地完成大部分基础的图像处理操作。

早期计算机图像处理技术都是使用C或C++语言实现的。随着计算机硬件速度越来越快,研究者在实现算法的时候会更多地考虑代码编写的效率和易用性,因此近年来越来越多的研究者选择使用Python来编写图像处理算法。与此同时,Python的开放性使不同领域的研究者能够有机会聚集在一起,开源出丰富的、涵盖各领域的第三方Python库,这也大大地吸引了众多研究者参与Python社区建设。

本书所有算法均使用Python来实现,只有在各章部署环节才会使用其他语言来做推理。考虑到算法库的兼容性,在Python版本上本书选择Python 3。由于Python学习资料比较丰富,本书不再详细阐述Python的安装和基本使用方法。读者在阅读本书前需要掌握基本的Python语法知识并且安装Python开发环境。

下面将介绍如何使用Python以及OpenCV图像库来执行一些基本的图像处理操作。

1.2.1　安装OpenCV

开源机器视觉库(Open Source Computer Vision Library,OpenCV)是一个基于开源发行的跨平台计算机视觉库,它实现了图像处理和计算机视觉方面的很多通用算法,已成为图像处理和计算机视觉领域最有力的研究工具。OpenCV本身用C++语言编写,提供C++、Python、Java和MATLAB调用接口,支持Windows、Linux、Android和Mac操作系统,如今也提供了对C♯、Ruby、GO等语言的支持。

本书将下载和使用OpenCV的Python版,即opencv-python库,具体安装命令如下:

```
pip install opencv - python
```

如果下载速度比较慢,可以使用国内镜像源(如百度镜像、清华大学镜像等)来加速下载(这个方法也适用于其他Python库的安装),命令如下:

```
pip install opencv - python - i https://mirror.baidu.com/pypi/simple
```

安装好以后就可以方便地使用Python进行图像处理操作了。

1.2.2　图像读取、保存和可视化

1. 图像读取

OpenCV提供了cv2.imread()函数来读取图像,代码如下(demo/demo1.py):

```
import cv2                                                     # 导入 OpenCV 库
img = cv2.imread('./imgs/whale.jpg', cv2.IMREAD_UNCHANGED)     # 读取图像
print(img.shape)                                               # 查看图像尺寸
```

上述代码通过 imread()函数读取 imgs 文件夹下的 whale.jpg 图像文件,然后调用 shape 属性查看读入的图像尺寸信息。

最终程序会在控制台打印输出图像的高度、宽度和通道数。这里的高度和宽度单位是像素,如下所示:

```
(480, 815, 3)
```

在使用 imread()函数读取图像时有个参数 cv2. IMREAD_UNCHANGED,该参数是个标志位,对应的其他可选项有 cv2. IMREAD_COLOR 和 cv2. IMREAD_GRAYSCALE。各参数含义如下:

(1) cv2. IMREAD_COLOR:默认参数,按照三通道方式读入一幅图像;

(2) cv2. IMREAD_GRAYSCALE:按照单通道灰度图读入;

(3) cv2. IMREAD_UNCHANGED:不改变原图通道数进行读取。

在 1.1.2 节介绍过,大部分图像都是彩色三通道的,因此 imread()函数默认的读取方式是 cv2. IMREAD_COLOR。如果待读入的图像本身是三通道的,那么可以省略标志位参数,读取代码如下:

```
img = cv2.imread('./imgs/whale.jpg')
```

但是这种方式如果遇到单通道灰度图像或者四通道 PNG 图像就会有问题了。对于灰度图像或 PNG 图像,如果读取时不定义该标志位参数,那么读取进来的图像会强制转为三通道。例如读取 1 张单通道灰度图像,如果采用下面的代码:

```
img = cv2.imread('./imgs/whale_gray.jpg')
print(img.shape)
```

输出为(480,815,3),通道数明显是不对的。正确的读取方式应该是:

```
img = cv2.imread('./imgs/whale_gray.jpg', cv2.IMREAD_GRAYSCALE)
print(img.shape)
```

此时输出:(480,815),这是单通道图像正确的尺寸格式。

这里会有个疑问,如果每次都要先搞明白待读取的图像是多少通道再采用对应的标志位读取就太麻烦了,有些场景下并不知道待读取的图像到底是多少通道的。这个时候就可以用 cv2. IMREAD_UNCHANGED 参数。用这个参数读取图像不会改变原图像通道数,也就是说原图像原本是多少通道的,那么读取进来就是多少通道。

2. 图像保存

OpenCV 提供了非常丰富的图像保存格式,包括 JPEG、PNG、BMP、WEBP 等,示例代码如下(demo/demo2.py):

```
import cv2
img = cv2.imread('./imgs/pepper.png')              ＃ 读取图像
cv2.imwrite('pepper.jpg', img)                     ＃ 保存为 JPEG 图像
```

上述代码通过 imread() 函数读取 imgs 文件夹下的 pepper. png 图像文件,然后使用 imwrite() 函数将读入的图像重新保存为 JPEG 格式图像,从而实现了 PNG 到 JPEG 图像的转换。最终在程序根目录下会生成转换后的图像文件。

一般来说,JPEG 格式图像压缩效率明显高于 PNG。完成上述转换后可以比对下图像保存前后所占存储空间的变化,如图 1.14 所示。

(a) PNG格式(106KB)   (b) JPEG格式(22KB)

图 1.14   图像压缩保存(PNG vs JPEG)

从图 1.14 可以看到,使用 PNG 保存的图像占 106KB,转换为 JPEG 格式保存后所占空间仅为 22KB,大幅减少了存储空间,而在图像质量上肉眼几乎分辨不出差别。因此,JPEG 格式的使用相比 PNG 格式更加广泛。尽管如此,PNG 格式也有其自身的优势,其中很重要的一点就是 PNG 格式支持透明通道,而 JPEG 格式不支持。另外,使用 JPEG 一般都是有损压缩,也就是说 JPEG 本身在一定程度上会损坏图像质量,这个损坏程度由压缩因子控制。

下面使用不同压缩因子进行 JPEG 格式保存(demo/demo3.py):

```
import cv2
＃ 读取图像
img = cv2.imread('./imgs/pepper.png', cv2.IMREAD_UNCHANGED)
＃ 图像压缩保存
cv2.imwrite('pepper_80.jpg', img, [cv2.IMWRITE_JPEG_QUALITY, 80])
cv2.imwrite('pepper_5.jpg', img, [cv2.IMWRITE_JPEG_QUALITY, 5])
```

上述代码分别使用压缩因子 80 和 5 来保存 JPEG 图像,压缩因子取值范围为 0~100,数值越小,图片质量损失越严重。JPEG 图像在不同压缩因子下的效果比较如图 1.15 所示。cv2.IMWRITE_JPEG_QUALITY 是 cv2.imwrite() 函数的一个标志位,表明当前使用 JPEG 压缩方案,也可以采用其他的压缩格式,如 WEBP。

3. 图像可视化

使用 OpenCV 可以方便地进行图像可视化,通过图像的可视化能够更加直观地对图像进行分析。可视化代码如下(demo/demo4.py):

(a) 压缩因子80   (b) 压缩因子5

图 1.15　JPEG 图像在不同压缩因子下的效果比较

```
import cv2
# 读取图像
img = cv2.imread('./imgs/girl.jpg')
# 定义可视化窗口
cv2.namedWindow('window', cv2.WINDOW_NORMAL)
# 更改窗口的大小
cv2.resizeWindow('window', 640, 480)
# 展示可视化窗口
cv2.imshow('window', img)
# 等待按键(按任意键退出)
key = cv2.waitKey(0)
# 关闭所有窗口
cv2.destroyAllWindows()
```

cv2.namedWindow()函数用于创建新的可视化窗口，其中参数 cv2.WINDOW_NORMAL 表示新建的是个常规窗口。cv2.resizeWindow()函数将窗口重置为宽 640 像素、高 480 像素的窗体。cv2.imshow()函数用于显示窗口，第一个参数是窗口名称，第二个参数是要显示的图像。cv2.waitKey()函数用于等待用户按下键盘上的任意键，参数 0 表示等待时间无限制，返回为用户所按的键值。最后调用的 cv2.destroyAllWindows()函数用于关闭所有图像窗口。图像可视化的运行效果如图 1.16 所示。

图 1.16　图像可视化

1.2.3 像素操作

1. 直接操作像素值

Python 中的 OpenCV 图像可以看作矩阵,然后通过定位矩阵行、列的方式直接修改图像像素值。

示例代码如下(demo/demo5.py):

```python
import cv2
# 读取图像
img = cv2.imread('./imgs/cycle.jpg')
# 修改图像部分区域像素值
img[100:200, 100:300] = [0, 0, 0]
# 保存结果
cv2.imwrite('result.jpg', img)
```

上述代码对图像某一局部区域像素值进行修改,这个局部区域高度起始范围[100, 200),宽度起始范围[100, 300),使用黑色像素[0, 0, 0]进行赋值填充。注意,OpenCV 读取彩色图像后默认使用 BGR 格式,对应每个像素颜色排列为[B, G, R],如果想要使用红色进行填充,那么这里的填充值就要改为[0, 0, 255]。

修改图像局部区域像素值为黑色的运行效果如图 1.17 所示。

(a) 处理前　　　　　　　　　　　(b) 处理后

图 1.17　修改图像局部区域像素值为黑色

2. 图像亮度调整

可以使用 cv2.add()函数给图像每个像素整体加上一个标量,从而完成图像亮度调整功能。

示例代码如下(demo/demo6.py):

```python
import cv2
# 按照单通道方式读取图像
img = cv2.imread('./imgs/beans.png', cv2.IMREAD_GRAYSCALE)
# 图像和标量相加
img = cv2.add(img, 80)
# 保存结果
cv2.imwrite('result.jpg', img)
```

上述代码对图像的每个像素灰度值都加了 80,从而实现了亮度增强效果,如图 1.18 所示。

(a) 处理前　　　　　　　　　　　(b) 处理后

图 1.18　图像与标量相加(调节亮度)

如果想要降低亮度,可以修改为如下代码:

```
img = cv2.add(img, -50)
```

1.2.4　图像转换

在 1.1.2 节中介绍了常见的二值图像、单通道灰度图像、三通道彩色图像和四通道彩色图像。在实际项目开发时经常需要在不同图像格式间进行转换,使用 OpenCV 可以快速且方便地完成这项工作。

1. 彩色图与灰度图互转

三通道彩色图像转换为灰度图像代码如下(demo/demo7.py):

```
import cv2
# 读取图像
img = cv2.imread('./imgs/cycle.jpg')
# 三通道彩色图像转换为单通道灰度图像
img = cv2.cvtColor(img, cv2.COLOR_BGR2GRAY)
# 保存结果
cv2.imwrite('result.jpg', img)
```

上述代码使用 cv2.cvtColor()函数实现转换,其中参数 cv2.COLOR_BGR2GRAY 表示从 BGR 彩色空间转换为 GRAY 灰度空间,转换后图像失去彩色信息,呈现黑白效果。

单通道灰度图像转换为三通道图像代码如下(demo/demo8.py):

```
import cv2
# 读取图像
img = cv2.imread('./imgs/elephant.jpg', cv2.IMREAD_GRAYSCALE)
# 单通道灰度图像转换为三通道图像
img = cv2.cvtColor(img, cv2.COLOR_GRAY2BGR)
# 保存结果
cv2.imwrite('result.jpg', img)
```

读者运行上述代码,会发现转换前图像是黑白的,转换后图像还是黑白的,如图 1.19 所示。

(a) 转换前 (b) 转换后

图 1.19 灰度图像转三通道图像

可以使用代码 print(img. shape)查看转换后的图像尺寸,发现确实已经变成了三通道,那么为什么转换后没有变成彩色图呢? 原因其实很明显,灰度图像本身是没有彩色信息的,虽然采用 cv2.cvtColor()函数把图像强制转为了三通道图像,但是这种转换仅仅只是复制了两个一模一样的通道然后拼接成了三通道图像,丢失的彩色信息是不会还原回来的。

彩色图像和灰度图像之间的转换是最常用的,除此外还有其他转换操作,例如:

```
img = cv2.cvtColor(img,cv2.COLOR_GRAY2RGBA)      # 灰度图像转四通道图像
img = cv2.cvtColor(img,cv2.COLOR_RGBA2GRAY)      # 四通道图像转灰度图像
img = cv2.cvtColor(img,cv2.COLOR_RGBA2BGR)       # 四通道图像转三通道图像
```

需要注意,OpenCV 读取三通道彩色图像默认是按照 BGR 方式存储的,而很多其他的图像处理框架在处理图像的时候需要的是 RGB 格式,可以使用下面的代码进行转换:

```
img = cv2.cvtColor(img,cv2.COLOR_BGR2RGB)        # BGR 转 RGB
```

2. 二值化

单通道灰度图像其灰度值的取值范围为 $0\sim255$,而二值化图像则再进一步,灰度值只能是 0 或 255,整个二值化图像呈现纯黑和纯白的效果。在数字图像处理领域,二值化图像占有非常重要的地位。图像的二值化有利于图像的进一步分析,能凸显出感兴趣的目标主体,使图像变得简单。

图像的二值化方法有很多,下面介绍一种最简单的阈值法。

取一个固定阈值 thr,让灰度小于或等于 thr 的像素值变为 0,灰度大于 thr 的像素值变为 255。示例代码如下(demo/demo9.py):

```
import cv2
# 读取图像
img = cv2.imread('./imgs/whale_gray.jpg', cv2.IMREAD_GRAYSCALE)
# 二值化
thr = 127
_, img = cv2.threshold(img, thr, 255, cv2.THRESH_BINARY)
```

```
# 保存结果
cv2.imwrite('result.jpg', img)
```

运行效果如图 1.20 所示。

(a) 处理前   (b) 处理后

图 1.20   图像二值化（阈值法）

上述二值化方法的优点是计算量小、速度快，但是缺点也很明显，如果图片因为光照因素导致亮度分布不均，那么整幅图像所有像素采用同一个阈值作为二值化参数其效果往往不理想。因此一些更复杂的二值化方法相继被提出，如双峰法、OTSU 自适应阈值法等，本书不再深入阐述，有兴趣的读者可以查阅相关资料进一步学习。

3. NumPy 矩阵转 OpenCV 图像

将 Python 常用的 NumPy 矩阵转换成 OpenCV 格式的图像，只需要将矩阵的每个元素数值转换为 int8 类型即可，代码如下（demo/demo10.py）：

```
import cv2
import numpy as np
# 使用 NumPy 创建一个元素值均为 50 的二维矩阵
img = np.ones((200, 100)) * 50
# 转换成 uint8 类型
img = np.uint8(img)
# 保存结果
cv2.imwrite('result.jpg', img)
```

上述代码首先使用 NumPy 库创建了一个 200 行、100 列的矩阵，通过 np.ones()函数使得创建的矩阵元素初始值均为 1，然后所有元素乘以 50。接下来使用 np.uint8()函数强转矩阵元素为 8 位整型，最后保存结果。通过以上转换，生成了一张高 200 像素、宽 100 像素、灰度值为 50 的单通道图像。NumPy 转 OpenCV 如图 1.21 所示。

通过上例可以发现，Python 中的 Numpy 矩阵和 OpenCV 图像是相互兼容的，可以直接互转。在后面涉及深度学习内容的时候经常会用到这个转换。

图 1.21   NumPy 转 OpenCV

1.2.5   图像缩放

图像缩放，顾名思义就是对图像进行缩小或放大，其本质就是改变图像的宽度和高度。OpenCV 中提供了 cv2.resize()函数用于实现图像缩放。

下面是示例代码(demo/demo11.py),用于将原始图像的宽和高各缩小至原来的一半。

```
import cv2
# 读取图像
img = cv2.imread('./imgs/tajmahal.jpg')
print(img.shape)
# 缩放图像
height, width, _ = img.shape
new_height = int(height/2)
new_width = int(width/2)
img = cv2.resize(img, (new_width, new_height), cv2.INTER_LINEAR)
print(img.shape)
# 保存结果
cv2.imwrite('result.jpg', img)
```

上述代码在缩放前首先计算了新图像的宽、高尺寸,然后使用 cv2.resize()函数完成缩放操作。这里的标志参数 cv2.INTER_LINEAR,表示采用双线性插值算法进行缩放,这也是 OpenCV 默认使用的缩放方法,其缩放效率最高。

程序通过 print()函数输出了图像缩放前、缩放后的形状,结果如下:

```
(1018, 1645, 3)
(509, 822, 3)
```

图像缩放最终效果如图 1.22 所示。

(a) 处理前　　　　　　　　　(b) 处理后

图 1.22　图像缩放

1.2.6　图像裁剪

在计算机图像处理任务中,收集有效的图像数据是必不可少的工作。由于采集的图片往往存在很多噪声或无用信息,这会干扰后期 AI 模型训练。一种常用的解决方法就是对图片进行裁剪处理,减少图片中的无用信息。

使用 OpenCV 裁剪图像非常简单,可以借用矩阵概念通过截取矩阵行列像素区域来实现图像裁剪。示例代码如下(demo/demo12.py):

```
import cv2
# 读取图像
img = cv2.imread('./imgs/eagle.jpg')
# 定义裁剪区域
x, y, w, h = 1089, 1000, 1000, 1800
# 裁剪并保存图片
crop = img[y:y + h, x:x + w]
# 保存结果
cv2.imwrite('result.jpg', crop)
```

上述代码中裁剪图像的形式为 img[y:y+h，x:x+w]，纵向从 y 行开始截取到 y+h 行，横向从 x 列开始截取到 x+w 列。图像裁剪效果如图 1.23 所示。

(a) 处理前　　　　　　　　(b) 处理后

图 1.23　图像裁剪

1.2.7　翻转和旋转

本小节介绍图像基本的空间变换，包括翻转和旋转。

1. 翻转

翻转按照翻转方向可以分为垂直翻转和水平翻转。翻转可以使用 OpenCV 的 flip()函数实现，具体实现代码如下（demo/demo13.py）：

```
import cv2
# 读取图像
img = cv2.imread('./imgs/fish.jpg')
# 垂直翻转
img_vertical = cv2.flip(img, 0)
cv2.imwrite('vertical.jpg', img_vertical)
# 水平翻转
img_horizontal = cv2.flip(img, 1)
cv2.imwrite('horizontal.jpg', img_horizontal)
```

图像翻转效果如图 1.24 所示。

2. 旋转

在一些图像应用中需要对图像进行旋转操作，以校正其姿态和位置。OpenCV 提供了 cv2.getRotationMatrix2D()函数实现图像旋转。

示例代码如下（demo/demo14.py）：

(a) 原图   (b) 垂直翻转   (c) 水平翻转

图 1.24 图像翻转

```
import cv2
# 读取图像
img = cv2.imread('clock.jpg')
# 原图的高、宽以及通道数
rows, cols, channel = img.shape
# 绕图像的中心旋转 参数：旋转中心 旋转度数 尺度
M = cv2.getRotationMatrix2D((cols / 2, rows / 2), 30, 1)
# 参数：原始图像 旋转参数 原始图像宽高
img_rotated = cv2.warpAffine(img, M, (cols, rows))
cv2.imwrite('rotated.jpg', img_rotated)
```

　　上述代码首先使用 cv2.getRotationMatrix2D()函数构建了一个透视变换矩阵,该矩阵以中心点为轴,逆时针旋转 30°,并且保持尺度不变。然后通过 cv2.warpAffine()函数完成图像的透视变换,实现逆时针旋转效果,如图 1.25 所示。

(a) 处理前   (b) 处理后

图 1.25 图像旋转

1.3 图像卷积和滤波

　　在深度学习领域,关于图像处理很重要的一个概念就是卷积。在深度学习崛起之前,图像卷积已经作为一种常见的图像滤波操作应用于图像增强和变换。本节将从图像领域出发,重点介绍图像卷积和滤波的概念。掌握图像卷积是理解深度学习最基本的要求。

1.3.1 线性滤波与卷积

　　线性滤波是图像处理中最基本的方法之一,可以对图像进行多种变换,产生多种不同的效果。

假设有一个二维的滤波器矩阵(也称为卷积核)和一幅要处理的二维图像,那么线性滤波具体可以表示为如下操作:对于图像上的每个像素点,计算它的邻域像素和滤波器矩阵的对应元素的乘积,然后加起来,作为该像素位置的值,具体操作如图1.26所示。

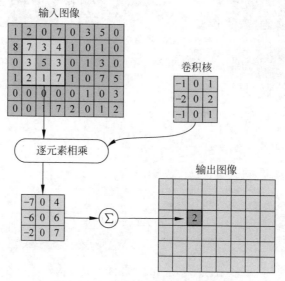

图1.26 二维图像卷积运算示意图

上述操作从全局来看,每个像素都使用近邻像素的线性组合进行替换。假设某个像素值非常大,而其周围邻域的像素值都比它小,那么执行上述滤波操作后,新的图像上的这个像素值就会被附近小像素值替换掉。也就是说,跟周围邻域"不合群"的像素被滤除掉了,这就是为什么这种操作被称为滤波。读者很自然地会联想到,这种滤波操作跟人像磨皮美颜功能很相近。事实上,很多PS软件中的磨皮美颜功能就是基于图像滤波实现的。

由于使用了卷积核的定义,因此这种滤波也被称为图像卷积。卷积是对图像的每个像素都用这个像素邻域的线性组合来代替这个像素,通过这样的方式,将原本定义在局部的操作扩展到了整幅图像的每个像素,实现了全局处理。

图1.26所示的二维卷积操作需要4个嵌套循环实现,比较耗时。为了保证运算速度,一般会使用很小的卷积核,常见的有3×3和5×5大小的卷积核。

对于具体的图像滤波操作,还有一些额外的要求:

(1)滤波器的大小应该是奇数,这样它才有一个中心点,例如3×3,5×5或7×7。

(2)滤波器矩阵所有的元素之和一般要等于1,这是为了保证滤波前后图像的整体亮度保持不变。

(3)对于滤波后的结构,可能会出现负数或者大于255的数值,这种情况下,可以直接截断其值,使其保持在0~255。

在计算卷积的过程中,如果直接按照上述算法描述进行编程,运算复杂度非常高。实际运算时,很多框架会使用并行技术来实现,典型的就是使用图形处理单元(Graphic Processing Unit,GPU)实现高性能卷积运算,可以大幅提升运算速度。

1.3.2 常见卷积核

对图像的滤波处理,其实就是对图像使用一个小小的卷积核进行卷积运算。首先介绍一个简单的卷积运算,如图 1.27 所示。

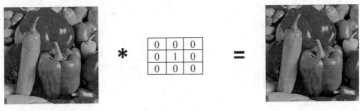

图 1.27 图像卷积运算

使用这个卷积核进行卷积运算,得到的新图像和原图是相同的。因为卷积核只有中心点的值是 1,而邻域点的权值都是 0,因此运算前后每个像素的值是不变的。

具体实现代码如下(demo/demo15.py):

```python
import cv2
import numpy as np
# 读取图像
img = cv2.imread("./imgs/pepper.png")
# 定义卷积核
kernel = np.array(([0, 0, 0], [0, 1, 0], [0, 0, 0]))
# 执行卷积
dst = cv2.filter2D(img, -1, kernel)
cv2.imwrite("result.jpg", dst)
```

上述卷积操作使用了 OpenCV 提供的 cv2.filter2D()函数。该函数第一个参数是待处理图像;第二个参数是目标图像的所需深度,如果是负数,则与原图像深度相同;第三个参数是卷积核。

这里只是举个最简单的例子,在实际应用时一般不会使用这样一个浪费运算时间和计算资源的图像处理操作。

通过前面的分析可以知道,不同的卷积核会产生诸多不同的图像变换效果。下面逐个介绍一些常见的卷积核,希望读者能够从中体会一下卷积核的设计技巧及其应用的场景。

1. 图像锐化

图像的锐化操作可以用来凸显图像中的边缘特征,使图像看起来更加锐利。具体的,可以通过锐化卷积核实现,它背后的设计含义是为了突出中心点与局部邻域的差异,效果如图 1.28 所示。

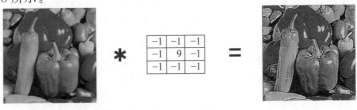

图 1.28 图像锐化

实现代码如下（demo/demo16.py）：

```
import cv2
import numpy as np
# 读取图像
img = cv2.imread("./imgs/pepper.png")
# 锐化卷积核
kernel = np.array(([-1, -1, -1], [-1, 9, -1], [-1, -1, -1]))
# 执行卷积
dst = cv2.filter2D(img, -1, kernel)
cv2.imwrite("result.jpg", dst)
```

2. 边缘检测

边缘检测意味着凸显图像中的边缘位置。检测过后只有图像中的边缘位置会显示，其余部分都是暗的，因此在设计卷积核的时候使矩阵的元素和是0。这个设计和前面的图像锐化不同，这样设计使得滤波后的图像会很暗，只有边缘的地方是有亮度的，边缘检测效果如图1.29所示。但是，这种方式在实现的时候也容易把噪声当成边缘被凸显出来，因此一般的图像处理任务在边缘检测之后往往还需进行去噪处理。

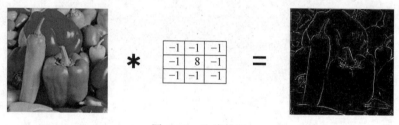

图 1.29　边缘检测

实现代码如下（demo/demo17.py）：

```
import cv2
import numpy as np
# 读取图像
img = cv2.imread("./imgs/pepper.png")
# 边缘检测卷积核
kernel = np.array(([-1, -1, -1], [-1, 8, -1], [-1, -1, -1]))
# 执行卷积
dst = cv2.filter2D(img, -1, kernel)
cv2.imwrite("result.jpg", dst)
```

3. 均值模糊

均值模糊是典型的线性滤波算法，它是指用卷积核范围内所有像素的平均值来代替原来的像素值。通过均值模糊可以抑制图像高频信息，凸显图像低频部分，实现去噪功能。但均值模糊也会在视觉感受上造成一定的模糊感。

对于 3×3 的卷积核，可以将当前像素和它的八邻域像素一起取平均，如图1.30所示。

实现代码如下（demo/demo18.py）：

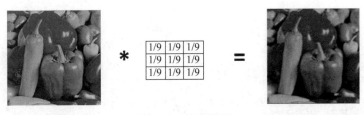

图1.30 均值模糊

```
import cv2
import numpy as np
# 读取图像
img = cv2.imread("./imgs/pepper.png")
# 均值模糊卷积核
kernel = np.array(([1 / 9, 1 / 9, 1 / 9], [1 / 9, 1 / 9, 1 / 9], [1 / 9, 1 / 9, 1 / 9]))
# 执行卷积
dst = cv2.filter2D(img, -1, kernel)
cv2.imwrite("result.jpg", dst)
```

4. 高斯模糊

均值模糊实现原理很简单,但处理效果不是很平滑,高斯模糊则弥补了这个缺陷,目前被广泛应用在图像降噪上。高斯模糊使用的是一个低通滤波器,它的卷积核设计参照了如下公式:

$$G(x,y) = \frac{1}{2\pi\sigma^2} e^{-\frac{x^2+y^2}{2\sigma^2}}$$

根据上述公式和实际的卷积核行列坐标 x 和 y,计算对应位置的卷积核模板离散化数值,最终实现流程如图1.31所示。

图1.31 高斯模糊

实现代码如下(demo/demo19.py):

```
import cv2
import numpy as np
# 读取图像
img = cv2.imread("./imgs/pepper.png")
# 高斯模糊卷积核
kernel = (
    np.array(
        (
            [1, 4, 7, 4, 1],
            [4, 16, 26, 16, 4],
            [7, 26, 41, 26, 7],
```

```
        [4, 16, 26, 16, 4],
        [1, 4, 7, 4, 1],
      )
    )
    / 273.0
)
# 执行卷积
dst = cv2.filter2D(img, -1, kernel)
cv2.imwrite("result.jpg", dst)
```

视频讲解

1.4 综合案例应用：基于 OpenCV 的自动驾驶小车

前面内容重点讲解了如何使用 OpenCV 图像工具库完成基本的图像处理操作，旨在帮助读者掌握基本的图像处理技巧。本节将会以一个综合的实战项目为例，全面应用所学知识，在仿真平台上通过图像处理技术实现小车的自动驾驶。

1.4.1 任务概述

众所周知，自动驾驶技术已成为汽车行业一个风口浪尖的热词。相较于传统汽车，自动驾驶汽车拥有诸多显著优势。自动驾驶汽车能够减少驾驶疲劳、缓解道路拥堵、提升交通安全，为用户提供更便利的出行体验。如今，无论是科技巨头还是传统车企都在研究自动驾驶的相关技术。

研发自动驾驶汽车是一项艰巨而复杂的任务，涉及硬件、软件和算法于一体，需要多个领域的工程师协同合作才能完成。那么是否能够搭建一套类似的自动驾驶小车，领略下自动驾驶的乐趣呢？本节内容将基于 OpenCV 的图像处理算法来实现一款简易的自动驾驶小车。第 2 章将会以此为基础进一步拓展这个项目，使用深度学习算法优化自动驾驶性能。

本章任务使用纯视觉方案实现一个能够在规定道路上行驶的自动驾驶小车，通过行车记录仪拍摄路面图像，实时分析并规划车辆转向角度。

考虑到成本因素，本书使用仿真平台来实现。当然，如果有条件的话，可以将相关算法部署到真实的硬件平台上（如树莓派小车）进行实战演练。实际上不管是仿真平台还是真实环境，其实现思路和方法都是一样的，只不过在真实环境下实现难度要大一些，因为需要额外的硬件支持，并且需要根据环境自己去调试硬件接口。

1.4.2 安装仿真平台

首先，从本书配套资源网站上下载模拟器（DonkeySimWin.zip），下载网址详见前言二维码。该模拟器是基于 Unity 开发的，是经过打包部署后的可执行程序，不再需要额外安装 Unity，下载后就可以直接在 Windows 平台上运行。

下载并解压后内容如图 1.32 所示。

然后，双击 donkey_sim.exe 即可启动模拟器，其主界面如图 1.33 所示。

图 1.32　模拟器文件列表

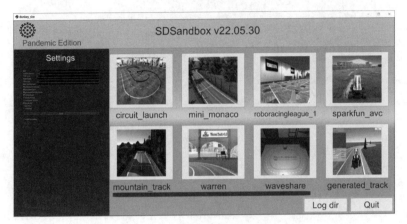

图 1.33　模拟器主界面

在模拟器主界面左侧是相关设置菜单，可以设置不同的运行模式、不同的观察视角等。右侧是模拟器提供的各个赛道，读者可以拖动滚动条查看各个赛道类型。

具体使用时，先设置左侧的菜单，在 paceCar 处勾选 manualDriving，这样就可以手动操控小车，不需要依赖内置的自动驾驶模式，然后单击 Save 按钮保存修改。模拟器参数设置如图 1.34 所示。

Settings

port	9091
portPrivateAPI	9092
FPS limit	60
Time scale	1
Time out	300
Max SplitScreen	4

☑ extendedTelemetry
☑ generateTrees
☑ generateRandomCones
☑ randomLight
☐ raceCameras
☐ overheadCamera
☑ drawLidar
☑ paceCar
　☑ manualDriving
☐ useSeed

Save

☐ showPrivateKey

图 1.34　模拟器参数设置

在右侧赛道上，本章选择最简单的赛道 generated_road，因为这个赛道没有障碍物，上手比较容易。单击 generated_road，进入具体的场景，如图 1.35 所示。

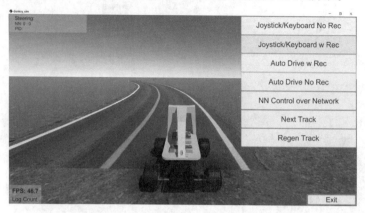

图 1.35　generated_road 赛道运行界面

在这个赛道场景中，可以通过键盘来操控小车进行体验。与一般的赛车游戏类似，W 键表示前进，A 键表示左转，D 键表示右转，S 键表示后退。

在该模拟器中，控制小车运动的主要是两个参数：油门（W 和 S 键）和转向角度（A 和 D 键），这与真实场景基本一致。真实场景中，汽车通过踩踏油门控制前进动力，通过转动方向盘控制车辆转向。为了实现自动驾驶，首先要根据这两个参数控制模拟器里小车的运动。那么是否可以通过 Python 代码控制这个模拟器呢？答案是可以的。这个模拟器的优点就在于预留了 Python 控制接口，只需要安装一个 Python 驱动库就可以直接驱动模拟器里的小车运动。

首先，要在 Windows 上安装 git 工具，下载网址详见前言二维码。下载 Windows 版 64 位的 git 然后默认安装即可。

接下来，使用下面的命令安装仿真平台的驱动库：

```
pip install setuptools == 65.5.0 - i https://mirror.baidu.com/pypi/simple
pip install -- user wheel == 0.38.0 - i https://mirror.baidu.com/pypi/simple
pip install git + https://gitee.com/binghai228/gym - donkeycar
```

驱动库安装好以后，先启动模拟器，并停留在模拟器主界面上，然后运行下面的 Python 代码实现小车的控制（opencv_drive/drive_test.py）：

```python
# 导入游戏引擎库
import gym
import gym_donkeycar
import numpy as np
import cv2
# 设置模拟器环境,选择赛道
env = gym.make("donkey - generated - roads - v0")
# 重置当前场景
obv = env.reset()
# 运行 100 帧
for t in range(100):
    # 定义控制动作
```

```
action = np.array([0.3, 0.5]) # 0.3 表示转向,0.5 表示油门
# 执行动作
img, reward, done, info = env.step(action)
# 取一张图像保存
if t == 20:
    img = cv2.cvtColor(img, cv2.COLOR_RGB2BGR)
    cv2.imwrite('test.jpg', img)
# 运行完以后重置当前场景
obv = env.reset()
```

上面的代码中,使用了游戏引擎中的 gym.make()函数来选择赛道,赛道名称为donkey-generated-roads-v0。

接下来运行了 100 帧,每帧都用固定的控制参数来执行:右转 0.3、前进 0.5。这两个字段就是前面提到的转向和油门值。下面给出这两个值的具体定义:

- 油门值取值范围是[−1,1],负值代表后退,正值代表前进;
- 转向值取值范围也是[−1,1],负值代表向左转,正值代表向右转。

接下来使用 np.array()函数封装这两个参数,然后通过 env.step()函数来执行单步动作。执行完动作以后会返回一些信息,其中需要重点关注 img 这个返回参数。这个参数表示当前位于小车正中间行车记录仪摄像头返回的一帧图像,该图像宽 160 像素、高 120 像素、通道数为 3,如图 1.36 所示。

上述代码抽取了一张图像并保存到本地用来作为后续分析的素材,在该图像中左侧为黄色车道线,右侧为白色车道线。

图 1.36　模拟平台小车捕捉
到的一帧图像

通过上述脚本,可以使用 Python 代码调整油门值和转向值来控制小车的动作,并且可以得到小车每次动作后新视角采集的图像数据。下面就可以通过逐帧分析图像,建立自动驾驶模型,然后输出小车的这两个参数来控制小车完成自动驾驶。

接下来将正式进入自动驾驶算法研发环节。

1.4.3　车道线检测

本节将使用传统图像处理算法检测车道线,然后根据车道线方向逐帧调整小车运行状态。这个过程涉及两方面:感知和动作规划。感知部分主要通过车道线检测来实现,动作规划则通过操控转向角度来实现。车道线检测的目的就是希望能够根据检测到的车道线位置来计算最终应该转向的角度,从而控制小车始终行驶在当前车道线内。

由于道路环境比较简单,可以进一步简化控制变量。对于油门值,可以在运行时保持低匀速,这样只需要控制转向角度即可,实现起来更加容易。这种模式类似于现实生活中在驾驶汽车时开启了定速巡航功能。

下面针对模拟环境采集到的图像,进行算法分析。

1. 基于 HSV 空间的特定颜色区域提取

从仿真平台捕获的图像上进行分析，小车左侧是黄实线，右侧是白实线。最终目标是希望小车一直运行在这两条车道线中间。因此，首先要提取出这两条线以定性分析出它们的斜率，从而为小车转向角度提供依据。具体的，可以通过颜色空间变换来提取车道线区域。为了方便将黄色线和白色线从图像中提取出来，可以将图像从 RGB 空间转换到 HSV 空间再处理。这里首先解释下 RGB 和 HSV 颜色空间的区别。

RGB 是平时接触最多的颜色空间，由三个通道表示一幅图像，分别为红色（R）、绿色（G）和蓝色（B）。RGB 颜色空间是图像处理中最基本、最常用的颜色空间，其利用三个颜色分量的线性组合来表示颜色，任何颜色都与这三个分量有关。这三个分量是高度相关的，想对图像的颜色进行调整需要同时更改这三个分量。在图像处理领域，针对特定颜色提取问题，使用较多的是 HSV 颜色空间，它比 RGB 空间更接近人类对色彩的感知经验，可以非常直观地表达色彩的色调、鲜艳程度和明暗程度，方便进行颜色对比。

HSV 表达彩色图像的方式由三部分组成：色调（Hue）、饱和度（Saturation）、明度（Value）。其中，色调用角度表示，取值范围为 0～360，不同角度代表不同的色彩信息，即所处的光谱颜色的位置。

如果想要提取出黄色线，可以将色调范围控制在 30～90。注意，在 OpenCV 中色调取值范围是[0～180]，因此上述黄色范围需要缩小 1 倍，即[15～45]。检测白色车道线也是采用类似的原理。读者可以自行查找色调表来找到特定颜色的色调范围。

具体实现代码如下（opencv_drive/img_analysis.py）：

```
import cv2
import numpy as np
import math
# --------------------- 1.基于 HSV 空间的特定颜色区域提取 -----------------
# 读取图像并转换到 HSV 空间
frame = cv2.imread('test.jpg')
hsv = cv2.cvtColor(frame, cv2.COLOR_BGR2HSV)
# 黄色线检测
lower_blue = np.array([15, 40, 40])
upper_blue = np.array([45, 255, 255])
yellow_mask = cv2.inRange(hsv, lower_blue, upper_blue)
# 白色线检测
lower_blue = np.array([0, 0, 200])
upper_blue = np.array([180, 30, 255])
white_mask = cv2.inRange(hsv, lower_blue, upper_blue)
# 保存中间结果
cv2.imwrite('yellow_mask.jpg', yellow_mask)
cv2.imwrite('white_mask.jpg', white_mask)
```

上述代码首先将图像从 BGR 空间转换到了 HSV 空间，然后使用 cv2.inRange()函数提取特定颜色范围内的图像区域。

特定颜色区域提取效果如图 1.37 所示。

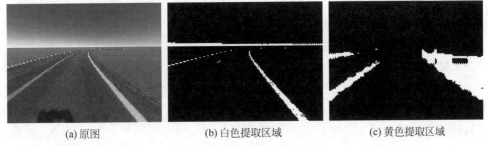

(a) 原图　　　　　　　　(b) 白色提取区域　　　　　　　(c) 黄色提取区域

图 1.37　特定颜色区域提取效果

2. 基于高斯模糊的噪声滤除

观察前面的颜色区域提取效果,会发现有不少的孤立噪声点,这些噪声会对后面的计算造成干扰,因此可以先提前用滤波算法处理一下。这里可以使用 1.3 节中介绍过的高斯模糊来消除这些高频噪声,具体可以通过 OpenCV 提供的高斯模糊函数 cv2.GaussianBlur()来实现。

实现代码如下:

```
frame = cv2.imread('test.jpg')
frame = cv2.GaussianBlur(frame,(5,5),1)        # 添加高斯模糊代码
```

在读入图像后立即用高斯模糊操作一下,高斯核大小选择 5×5,然后再进行特定颜色提取,最终效果如图 1.38 所示。

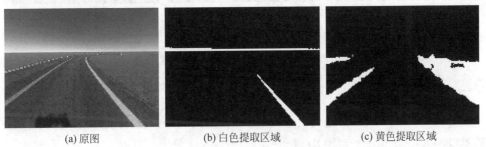

(a) 原图　　　　　　　　(b) 白色提取区域　　　　　　　(c) 黄色提取区域

图 1.38　高斯模糊后特定颜色区域提取

对比上述处理效果,可以看到使用高斯模糊后孤立噪声点被有效滤除了,整个检测结果更"干净"了。

3. 基于 Canny 算法的边缘轮廓提取

目前仅获得了车道线区域,为了方便后续计算车道线角度,需要得到车道线具体的线段信息,即从区域中提取出线段。这里可以使用 Canny 算法来实现。

Canny 边缘检测是从图像中提取结构信息的一种技术,于 1986 年被提出,目前已得到广泛应用。

Canny 算法包括 5 个步骤:

(1) 使用高斯滤波器,以平滑图像、滤除噪声;

（2）计算图像中每个像素点的梯度强度和方向；

（3）应用非极大值抑制（Non-Maximum Suppression，NMS），消除边缘检测带来的杂散响应；

（4）应用双阈值检测来确定真实的和潜在的边缘；

（5）抑制孤立的弱边缘。

具体实现细节本书不再详细阐述，感兴趣的读者可以自行阅读相关资料。OpenCV中集成了 Canny 算法，只需要一行代码即可实现。

具体实现代码如下：

```
# 黄色线边缘提取
yellow_edge = cv2.Canny(yellow_mask, 200, 400)
# 白色线边缘提取
white_edge = cv2.Canny(white_mask, 200, 400)
```

上述代码中 200 和 400 这两个参数表示 Canny 算子的低、高阈值，一般可以不用修改。Canny 边缘检测效果如图 1.39 所示。

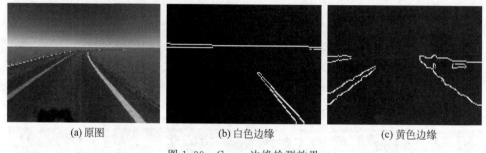

(a)原图   (b)白色边缘   (c)黄色边缘

图 1.39 Canny 边缘检测效果

可以看到，通过 Canny 边缘检测，准确地将每个子区域的外围轮廓提取了出来，后续只需要处理整幅图像中的边缘线段即可，大幅减少了需要处理的图像数据量。

4. 感兴趣区域提取

在利用 OpenCV 对图像进行处理时，通常会遇到一种情况，就是只需要对部分感兴趣区域（Region Of Interest，ROI）进行处理。例如，针对本章这个仿真平台自动驾驶任务，正常情况下，黄色车道线位于图像左下角，白色车道线位于图像右下角，而图像中其他区域并不需要处理。因此，针对黄色车道线只需要提取图像左下部分，针对白色车道线只需要提取图像右下部分即可。

具体代码如下：

```
# ----------------------------4.感兴趣区域提取----------------------------
def region_of_interest(edges, color = "yellow"):
    height, width = edges.shape
    mask = np.zeros_like(edges)
    # 定义感兴趣区域掩码轮廓
    if color == 'yellow':
```

```
        polygon = np.array([[(0, height * 1 / 2),
                              (width * 1 / 2, height * 1 / 2),
                              (width * 1 / 2, height),
                              (0, height)]], np.int32)
    else:
        polygon = np.array([[(width * 1 / 2, height * 1 / 2),
                              (width, height * 1 / 2),
                              (width, height),
                              (width * 1 / 2, height)]], np.int32)
    # 填充感兴趣区域掩码
    cv2.fillPoly(mask, polygon, 255)
    # 提取感兴趣区域
    croped_edge = cv2.bitwise_and(edges, mask)
    return croped_edge

# 黄色车道线感兴趣区域提取
yellow_croped = region_of_interest(yellow_edge, color = "yellow")
cv2.imwrite("yellow_croped.jpg", yellow_croped)
# 白色车道线感兴趣区域提取
white_croped = region_of_interest(white_edge, color = "white")
cv2.imwrite("white_croped.jpg", white_croped)
```

上述代码定义了 region_of_interest() 函数来提取感兴趣区域。具体实现时预先设置好一个值全为 0 的掩码区域,然后将需要提取的掩码区域赋值为 255,最后使用 cv2.bitwise_and() 函数将掩码图像 mask 和待处理图像 edges 进行逐像素与运算,从而将非感兴趣区域像素赋值为 0。

感兴趣区域提取效果如图 1.40 所示。

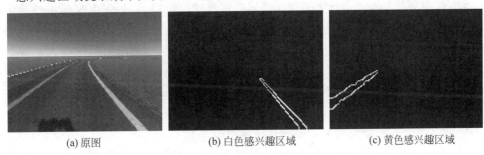

(a) 原图　　　　　　　(b) 白色感兴趣区域　　　　　　(c) 黄色感兴趣区域

图 1.40　感兴趣区域提取效果

到这一步,可以看到基本上已准确地把需要的黄色车道线和白色车道线提取了出来。

5. 基于霍夫变换的线段检测

目前提取出了比较精确的车道线轮廓,但是对于实际的自动驾驶任务来说还没有完成最终的目标,还需要对车道线轮廓再进一步处理,得到车道线的具体线段信息,即每条线段的起始点坐标,这样才能方便计算小车最终需要的转向角度。本小节将使用霍夫变换来完成这个任务。

霍夫变换（Hough Transform，HT），作用是检测图像中的直线、圆等几何图形。一条直线的表示方法有多种，最常见的是 $y=mx+b$ 的形式。结合这个任务，所要解决的问题就是对最终检测出的感兴趣区域，用图片中的直线提取出来。

这里可以设置两个坐标系，左边的坐标系表示的是 (x,y) 值，对应图像空间（image space）；右边的坐标系表示的是 (m,b) 的值，对应参数空间（parameter space），即直线的参数值，如图 1.41 所示。

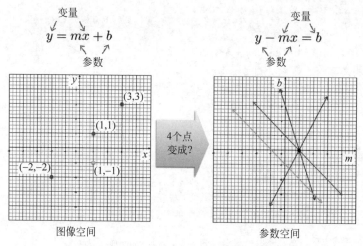

图 1.41　霍夫变换图像空间到参数空间的转换

很显然，一个左侧坐标系中的 (x,y) 点在右边坐标系中对应的就是一条线。假设将左边坐标系图像中所有目标区域的像素坐标都对应到右边坐标系中的每条直线，那么右边坐标系中的交点 (m,b) 就表示左侧坐标系中有多个点经过 (m,b) 确定的直线。当右侧坐标系中这个交点 (m,b) 上相交的直线超过指定数量时，可以认为左侧坐标系图像中存在着表达式为 $y=mx+b$ 的直线，有很多像素落在这条直线上。可以采用这种方法来估计图像中出现的直线，但是该方法存在一个问题，就是 (m,b) 的取值范围太大。为了解决这个问题，在直线的表示方面可以改用 $x\cos\theta+y\sin\theta=p$ 的规范式代替一般直线表达式，参数空间由此变成 (θ,p)，$0\leqslant\theta\leqslant2\pi$。这样图像空间中的一个像素点在参数空间中就是一条曲线（三角函数曲线）。以上就是霍夫直线检测的基本原理。

具体的，基于霍夫变换的直线检测算法实现步骤如下：

（1）初始化 (θ,p) 空间，令 $(\theta,p)=0$，则 $N(\theta,p)=0$ 表示在该参数表示的直线上的像素点的个数。

（2）对于每个像素值大于 0 的像素点 (x,y)，在参数空间中找出满足 $x\cos\theta+y\sin\theta=p$ 的 (θ,p) 坐标，令 $N(\theta,p)=1$。

（3）统计所有 $N(\theta,p)$ 的大小，取出 $N(\theta,p)>$ threshold 的参数，threshold 是预设的阈值。

OpenCV 已经封装好了基于霍夫变换的直线线段检测方法 cv2.HoughLinesP()，下面将使用它进行线段检测，代码如下：

```
# ----------------------- 5.基于霍夫变换的直线检测 -----------------------
rho = 1 # 距离精度：1像素
angle = np.pi / 180 # 角度精度：1°
min_thr = 10 # 最少投票数
white_lines = cv2.HoughLinesP(white_croped, rho, angle, min_thr, np.array([]),
            minLineLength = 8, maxLineGap = 8)
yellow_lines = cv2.HoughLinesP(yellow_croped, rho, angle, min_thr, np.array([]),
            minLineLength = 8, maxLineGap = 8)
# 输出查看返回的线段
print(white_lines)
```

输出查看返回的 lines 内容，结果如下：

```
[[[112 87 142 117]]
 [[ 94 69 134 119]]
 [[111 85 137 111]]
 [[107 84 132 115]]
 [[119 98 134 117]]]
```

返回的每组值都是一条线段，表示线段的起始位置（x_start，y_start，x_end，y_end）。从输出结果看到检测出来了很多小线段，但最终需要的是两条车道线，因此可以对检测出来的小线段做聚类和平均：

```
# ----------------------- 6.小线段聚类 -----------------------
def make_points(frame, line):
    '''根据直线斜率和截距计算指定高度处的起始坐标'''
    height, width, _ = frame.shape
    slope, intercept = line
    y1 = height
    y2 = int(y1 * 1 / 2)
    x1 = int((y1 - intercept) / slope)
    x2 = int((y2 - intercept) / slope)
    return [x1, y1, x2, y2]

def average_lines(frame, lines, direction = "left"):
    """对小线段进行聚类"""
    lane_line = []
    if lines is None:
        print(direction + "没有检测到线段")
        return lane_line
    fits = []
    # 计算每条小线段的斜率和截距
    for line in lines:
        for x1, y1, x2, y2 in line:
            # 最小二乘法拟合
            fit = np.polyfit((x1, x2), (y1, y2), 1)
            slope = fit[0]                              # 斜率
            intercept = fit[1]                          # 截距
            if direction == "left" and slope < 0:
                fits.append((slope, intercept))
```

```
        elif direction == "right" and slope > 0:
            fits.append((slope, intercept))
    # 计算所有小线段的平均斜率和截距
    if len(fits) > 0:
        fit_average = np.average(fits, axis = 0)
        lane_line = make_points(frame, fit_average)
    return lane_line

# 聚合线段
yellow_lane = average_lines(frame, yellow_lines, direction = "left")
white_lane = average_lines(frame, white_lines, direction = "right")
print(white_lane)
```

上述代码定义了 average_lines() 函数用于聚合小线段，其中使用了 NumPy 库中的
polyfit() 函数来拟合数据点，该函数封装了最小二乘算法来拟合直线，从而得到图像中每
条小线段的斜率和截距。

需要注意的是，对于数字图像来说，y 坐标轴是向下的，其原点在图像的左上角，而
在数学上一般坐标系定义的 y 坐标轴是向上的，因此，测试图像中左侧黄色实线斜率是
负值（对应代码中 slope＜0），右侧白色实线斜率是正值（对应代码中 slope＞0）。

在求得每条小线段的斜率和截距后，使用自定义的 make_points() 函数重新计算了
该平均线对应到图像上指定高度处的起始坐标，计算方法如图 1.42 所示。

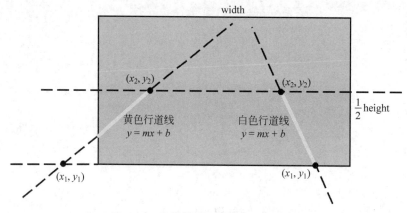

图 1.42　车道线线段起始位置示意图

在计算每条车道线的起始坐标时，分别令起始点的纵坐标 $y_1 =$ height，$y_2 = 0.5 \times$
height，然后计算对应的横坐标 x_1 和 x_2 的值，从而得到最终代表线段的起始点坐标
$[x_1, x_2, y_1, y_2]$。

上述代码最后计算得到的是坐标数值，这样观察线段的坐标值不是很直观，可以写
个函数显式地观察检测到的线段，代码如下：

```
# ----------------------- 7.可视化显示检测结果 -----------------------
def display_line(frame, line, line_color = (0, 0, 255), line_width = 3):
    '''在原图上合成展示线段'''
    line_img = np.zeros_like(frame)
```

```
    x1, y1, x2, y2 = line
    cv2.line(line_img, (x1, y1), (x2, y2), line_color, line_width)
    line_img = cv2.addWeighted(frame, 0.8, line_img, 1, 1) ♯ 图像合成方式显示检测结果
    return line_img

♯ 显示检测结果
img_yellow = display_line(frame, yellow_lane, line_color = (0, 0, 255), line_width = 3)
img_white = display_line(frame, white_lane, line_color = (0, 0, 255), line_width = 3)
cv2.imwrite("img_yellow.jpg", img_yellow)
cv2.imwrite("img_white.jpg", img_white)
```

车道线检测结果如图 1.43 所示，从左至右依次为原图、白色线检测结果和黄色线检测结果。

图 1.43　车道线检测结果

从图 1.43 可以看到，该方法已经能够准确地将两条车道线检测出来。接下来就是根据这两条车道线进行小车驾驶方向控制了。

1.4.4　动作控制

通过前面介绍的系列图像处理算法，可以在测试图像中成功检测出两条车道线。下面针对真实的小车运行过程，分析三种可能的情况。

（1）正常检测到两条车道线：这种情况一般是直线车道且车辆稳定运行在车道线内，这时候只需要根据检测出的两条车道线微调角度即可；

（2）检测出 1 条车道线：这种情况在转弯处容易出现，或者在小车开始大范围偏离时出现，这时候的策略应该是向已经检测到的这条车道线方向快速靠近；

（3）检测不到车道线：这种情况说明已经失控并冲出了车道，应该立即停下小车。

针对上述三种情况，需要不同的处理方式。代码如下：

```
♯ ----------------------- 8.动作控制(转向角计算) ---------------------------
def compute_steer_angle(yellow_lane, white_lane, height, width):
    x_offset = 0
    y_offset = int(height / 2)
    ♯ 分情况计算横纵偏移值
    if len(yellow_lane) > 0 and len(white_lane) > 0:              ♯ 检测到 2 条线
        _, _, left_x2, _ = yellow_lane
        _, _, right_x2, _ = white_lane
        mid = int(width / 2)
        x_offset = (left_x2 + right_x2) / 2 - mid
```

```
        elif len(yellow_lane) > 0:                          # 只检测到黄色车道线
            x1, _, x2, _ = yellow_lane
            x_offset = x2 - x1
        elif len(white_lane) > 0:                           # 只检测到白色车道线
            x1, _, x2, _ = white_lane
            x_offset = x2 - x1
        else:   # 都没检测到
            print("检测不到车道线,即将停止")
            return -1
        # 计算最终转向角度
        angle_to_mid_radian = math.atan(x_offset / y_offset)
        angle_to_mid_deg = int(angle_to_mid_radian * 180.0 / math.pi) # 转换为角度
        steering_angle = angle_to_mid_deg / 45.0 # 归一化到区间
        return steering_angle

# 计算转向角
height, width, _ = frame.shape
steering_angle = compute_steer_angle(yellow_lane, white_lane, height, width)
print(steering_angle)
```

最终输出如下：

```
-0.24444444444444444
```

该值对应的是一个轻度左转,对照测试图像上观察,此时小车偏向右方,因此该输出值合理。

到这里,针对测试图像,对整个算法各个步骤进行了详细分析。下面,将各个步骤串联起来,形成完整的自动驾驶控制脚本,让小车能够长时间稳定运行。

完整代码如下(opencv_drive/auto_drive.py)：

```
import cv2
import numpy as np
import gym
import gym_donkeycar

# 导入自定义库
from img_analysis import region_of_interest, average_lines, compute_steer_angle

# 设置模拟器环境
env = gym.make("donkey-generated-roads-v0")
obv = env.reset()

# 开始启动,并获取首帧图像
action = np.array([0, 0.2])   # 动作控制,第1个参数为转向值,第2个参数为油门值
frame, reward, done, info = env.step(action)

# 运行2000次动作
for t in range(2000):
    # 高斯滤波去噪
```

```
frame = cv2.GaussianBlur(frame, (5, 5), 1)

# 转换图像到 HSV 空间
height, width, _ = frame.shape
hsv = cv2.cvtColor(frame, cv2.COLOR_RGB2HSV)

# 特定颜色区域检测
lower_blue = np.array([15, 40, 40])
upper_blue = np.array([45, 255, 255])
yellow_mask = cv2.inRange(hsv, lower_blue, upper_blue)
lower_blue = np.array([0, 0, 200])
upper_blue = np.array([180, 30, 255])
white_mask = cv2.inRange(hsv, lower_blue, upper_blue)

# 边缘检测
yellow_edge = cv2.Canny(yellow_mask, 200, 400)
white_edge = cv2.Canny(white_mask, 200, 400)

# 感兴趣区域提取
yellow_croped = region_of_interest(yellow_edge, color = "yellow")
white_croped = region_of_interest(white_edge, color = "white")

# 直线检测
rho = 1   # 距离精度：1 像素
angle = np.pi / 180   # 角度精度：1°
min_thr = 10   # 最少投票数
white_lines = cv2.HoughLinesP(
    white_croped, rho, angle, min_thr, np.array([]), minLineLength = 8, maxLineGap = 8
)
yellow_lines = cv2.HoughLinesP(
    yellow_croped, rho, angle, min_thr, np.array([]), minLineLength = 8, maxLineGap = 8
)

# 小线段聚类
yellow_lane = average_lines(frame, yellow_lines, direction = "left")
white_lane = average_lines(frame, white_lines, direction = "right")

# 计算转向角
steering_angle = compute_steer_angle(yellow_lane, white_lane, height, width)
print(steering_angle)
action = np.array([steering_angle, 0.2])   # 油门值恒定

# 执行动作并重新获取图像
frame, reward, done, info = env.step(action)

# 运行结束后重置当前场景
obv = env.reset()
```

首先打开模拟器，然后运行上述脚本。最终运行效果如图 1.44 所示。

读者可以自行测试并观察每帧图像计算的转角输出，分析对应的动作控制是否合理。

图 1.44　基于 OpenCV 的自动驾驶运行效果

本节内容通过简单的图像处理方法实现了模拟平台上的小车自动驾驶控制，尽管上述操作步骤是针对这个自动驾驶模拟平台的，但是以上步骤同样适用于很多其他图像处理任务。

在现实世界中，很多图像处理系统都需要滤波去噪、颜色空间变换、特定颜色区域提取、感兴趣区域过滤、边缘检测、霍夫变换等步骤，因此掌握上述图像处理技术是非常重要的，也是进一步学习深度学习技术的基础。

需要说明的是，本章使用的模拟平台每次生成的赛道地图都是随机的，如果当前生成的赛道存在十字交叉路口，那么在运行的时候可能会出现检测失败、跑出赛道等情况。如何规避这个问题，读者可以自行研究和改进。

1.5　小结

本章主要介绍了图像处理基本概念以及如何使用 OpenCV 库进行基本的图像处理操作。为了让读者能够更有效地掌握图像处理应用技能，本章在最后详细阐述了一个基于模拟平台的自动驾驶项目。通过滤波去噪、特定颜色区域检测、感兴趣区域提取、边缘检测、霍夫变换等步骤，基本实现了小车的长时间自动稳定驾驶。但是，上述每个步骤都需要人工分析图像特征并选择合适的阈值，且各个步骤之间是紧耦合的，每个步骤处理得好坏都会直接影响下一个步骤，需要丰富的经验和人工反复地调参。这种传统的图像处理方法设计烦琐、适应性差，精度无法得到保障。

那么有没有更加鲁棒、性能更好的算法来处理这种任务呢？答案就是深度学习。第 2 章开始将详细介绍深度学习技术。

第 **2** 章

深度学习基础

视频讲解

2.1 深度学习概述

2.1.1 人工智能、机器学习和深度学习

近些年人工智能、机器学习和深度学习的概念十分火热,但很多从业者却很难说清它们之间的关系,外行人更是雾里看花。在研究深度学习之前,先对三个概念追根溯源。概括来说,人工智能、机器学习和深度学习覆盖的技术范畴是逐层递减的,三者的关系如图 2.1 所示,即人工智能⊃机器学习⊃深度学习。

人工智能(Artificial Intelligence,AI)是最宽泛的概念,是研发用于模拟、延伸和扩展人的智能的理论、方法、技术及应用系统的一门技术科学。

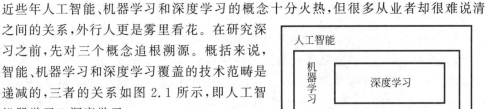

图 2.1 人工智能、机器学习和深度学习的关系

由于这个定义只阐述了目标,而没有限定方法,因此实现人工智能存在的诸多方法和分支,导致其变成一个"大杂烩"式的学科。机器学习(Machine Learning,ML)是当前比较有效的一种实现人工智能的方式。深度学习(Deep Learning,DL)则是机器学习算法中最热门的一个分支,近些年取得了显著的进展,并替代了大多数传统机器学习算法。

2.1.2 深度学习起源和发展

随着智能化时代的到来,人工智能的应用已经深入社会的各行各业。作为人工智能的主要研究分支,神经网络的研究和发展成为主导当前智能化发展的主要力量。神经网络是通过模拟人脑中神经元的连接方式来实现类脑的信息处理过程。在过去 70 年的发展历史中,神经网络的发展也经历了质疑和低谷,得幸于研究者的坚持探索才使它被普遍认可并有机会更好地造福人类。神经网络模型不断发展,经历了从浅层神经网络到深度神经网络的重要变革,在语音识别、自然语言处理、图像理解、视频分析等应用领域取得了突破性进展。相比今天神经网络的发展速度,其基础理论研究在初期却经历重重波折。

最早的神经网络数学模型来自心理学家沃伦·麦卡洛克（Warren McCulloch）教授和数学家沃尔特·皮茨（Walter Pitts）教授于 1943 年提出的模拟人类大脑神经元的 McCulloch-Pitts 神经元模型，该模型被称为 M-P 模型。M-P 模型通过简单的线性加权来模拟人类神经元处理信号的过程，如图 2.2 所示。M-P 模型被称为人工神经网络的起点，随后出现的神经网络模型均是以该模型为基础的。然而，M-P 模型性能的好坏完全由分配的权重决定，这就使得该模型很难达到最优效果。

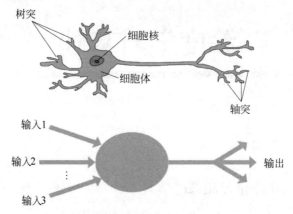

图 2.2　人工神经网络模仿生物神经元处理信息

1957 年，康奈尔大学的实验心理学家罗森·布拉特（Frank Rosenblatt）提出感知机模型，该模型是第一个真正意义上的人工神经网络，标志着神经网络研究进入了第一次高潮期。然而，马文·明斯基（Marvin Minsky）和西摩尔·帕珀特（Seymour Papert）等学者对感知机模型进行了透彻的分析，认为该模型无法求解简单的异或等线性不可分问题，从此神经网络的发展进入低潮期。随后，并行分布处理、反向传播算法以及 Hopfield 神经网络模型的提出为研究者重新打开了思路，开启了神经网络发展的又一个春天。

1986 年，反向传播算法得到进一步发展，也成为后续神经网络模型发展的基石。但是由于无法有效地训练深层神经网络模型，导致该时期研究学者们更钟情于另一种被称为支持向量机的机器学习算法。

2006 年，加拿大多伦多大学教授、机器学习领域泰斗杰弗里·辛顿（Geoffrey Hinton）在顶尖学术刊物《科学》上提出了深度置信网络模型，给出了深层神经网络在训练问题上的解决方法，自此开启了深度神经网络在学术界和工业界的浪潮。

2012 年，杰弗里·辛顿和他的学生 Alex 参加了 ImageNet ILSVRC 大规模图像分类比赛，并首次使用深度学习算法夺得比赛冠军，将识别错误率从 26% 降到了 15%，识别率远远超过第二名，一举震惊了世界，使得原本处于"黔驴技穷"的神经网络技术重新获得了学术界和产业界的重点关注，其研究热潮一直持续到今天。

从深度学习发展历史来看，深度学习并非一个彻彻底底的新概念或新算法，它本质上属于机器学习中的神经网络领域，只不过传统的神经网络都是浅层网络模型，而深度学习网络加深了网络层数，并且在训练策略上做了适当的改进。深度学习之所以能成功，有两个重要因素：硬件 GPU 和大数据支持。首先，GPU 硬件的飞速发展提供了强大的并行计算能力,使得训练大规模神经网络成为可能。其次,大数据的出现在很大程度上缓解了训练过拟合的问题,使得模型能充分地从大量样本中学习到数据的本质,提升了泛化性。

在图像处理领域,深度学习之所以值得学习主要原因是它脱离了手工设计图像特征的烦恼,只要拥有丰富的图像数据,就可以跳过中间的特征设计过程,从目标出发直接"教会"计算机自动分析图像。

2.1.3　深度学习框架

传统的图像处理方法通过特征工程人工来提取特征,往往步骤较多、衔接复杂。基于深度学习的方法通过标注和训练,由机器自动从数据中学习到适合目标任务的特征,流程更加简化,通用性更强,在性能上大幅超越了传统方法。以典型的图像识别任务流程为例,如图 2.3 所示。

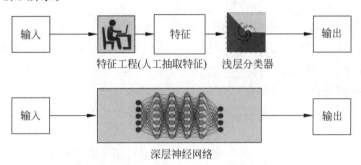

图 2.3　传统图像识别流程和深度学习识别流程对比

很明显,深度学习方法是一种新的编程范式,数据如何标注、如何使用 GPU、如何训练、如何部署等,都成为困扰开发者的难题。因此,深度学习框架应运而生,它的出现是为了降低使用门槛,使开发者更好地落地项目应用,使研究人员可以更快速地尝试新的科研想法。

深度学习框架本质上是一款软件,它的作用在于屏蔽底层硬件复杂、烦琐的使用方式,对外提供简单的接口函数,方便使用者更好地利用 GPU 等机器资源,完成自己的定制化 AI 任务。图 2.4 展示了一台同时接入 6 张英伟达 GPU 显卡的服务器,这些 GPU 显卡通过服务器上的 PCIE 卡槽连接到主板上,可以加速深度学习任务的训练和推理过程。

目前,国外比较流行的深度学习框架有 PyTorch (脸书)、TensorFlow(谷歌)、MXNet(亚马逊)等,国内则有 PaddlePaddle(百度)、MindSpore(华为)等。从使用份额来看,PyTorch、TensorFlow 和 PaddlePaddle现在是主流的深度学习框架。TensorFlow 出现得较早,工程部署能力强。而 PyTorch 主打简洁,其特有的动态图设计模式几乎引领了现在所有的深度学习框架,大大降低了使用者编写、调试深度学习模型的难度。随着 TensorFlow2 的发布,TensorFlow 也正式

图 2.4　单台服务器接入 6 张
英伟达 GPU 显卡

全面转向了动态图编程模式，其编程风格与 PyTorch 越来越相近。

本书在框架上选择了 PaddlePaddle，其中文名为飞桨。PaddlePaddle 是百度自主研发的国产深度学习框架，于 2016 年正式开源推出。相比国内其他框架，其开源最早，社区也更活跃。目前，PaddlePaddle 全面支持动态图编程模式，其 API 与 PyTorch 非常相近，可以非常方便地在 PyTorch 和 PaddlePaddle 之间进行转换。

PaddlePaddle 作为国产开源基础平台支撑了越来越多行业实现产业智能化升级，并已广泛应用于文心一言大模型、智慧城市、智能制造、智慧金融、泛交通、泛互联网、智慧农业等领域。

2.2　环境安装

2.2.1　安装说明

一般来说，深度学习的训练和推理需要特定的硬件环境才能满足运算需求，尤其是深度学习训练任务，一般需要 GPU 环境支持。GPU 显卡起初专门用于处理游戏类图形任务，主要由控制器、寄存器和逻辑单元构成。GPU 包含几千个流处理器，可将运算并行化执行，大幅缩短并行任务的运算时间。

在深度神经网络中，大多数计算都是基于矩阵的线性运算，它涉及大量并行运算任务。对于这些庞大的计算任务，GPU 的并行处理器表现出极大的优势。2012 年 Alex 就采用了 GPU 显卡来加速深度学习训练，并在 ImageNet 比赛中取得了优异成绩。自此，GPU 就被广泛应用于深层神经网络的训练和推理。

考虑到英伟达 GPU 显卡目前成熟的生态环境，本书主要讲解如何基于英伟达 GPU 显卡进行深度学习环境安装。具体包括安装 GPU 显卡驱动、CUDA、CUDNN、NCCL 和 PaddlePaddle 等步骤。

在具体安装前先简单介绍一下 CUDA、CUDNN 和 NCCL 这些工具库的作用。

1. CUDA

随着 GPU 显卡的发展，其性能越来越强大，在图形计算上已经超越了通用的 CPU。如此强大的芯片如果只是作为显卡就太浪费了，因此英伟达推出 CUDA，让显卡不仅可以用于图像渲染，还可以执行通用并行计算任务。统一计算设备架构（Compute Unified Device Architecture，CUDA）是英伟达利用 GPU 平台进行通用并行计算的一种架构，它包含 CUDA 指令集架构以及 GPU 内部的并行计算引擎。开发人员可以利用 C、OpenCL、Fortran、C++ 等语言为 CUDA 架构编写程序。

2. CUDNN

尽管可以用 CUDA 来让 GPU 显卡完成并行计算任务，但是所有的操作还是比较复杂的。是否在 CUDA 之上有一个专门用于深度神经网络的 SDK 库来加速完成相关特定的深度学习操作呢？ 这个答案就是统一计算设备架构深度神经网络库（CUDA Deep Neural Network library，CUDNN）。

英伟达推出的 CUDNN 是专门应用于深度神经网络的 GPU 加速库。它强调性能、易用性和低内存开销。CUDNN 可以集成到更高级别的 AI 框架中,如 TensorFlow、PyTorch、PaddlePaddle 等。

简单来理解,CUDA 就是用来定义 GPU 显卡并行运算的一系列底层接口库,CUDNN 则是在 CUDA 基础上专门针对深度学习定制的高级接口库。

3. NCCL

英伟达通用多 GPU 通信库(NVIDIA Collective Multi-GPU Communication Library, NCCL)是一个实现多 GPU 通信的软件库。英伟达针对多 GPU 通信问题做了很多优化,使用 NCCL 可以让多个 GPU 显卡在 PCIe、NVlink、InfiniBand 上实现较高的通信速度。当单台 GPU 服务器具备多张 GPU 显卡时,可以利用 NCCL 技术将这些显卡组合在一起进行深度学习训练和推理,充分发挥所有显卡的性能,加速训练和推理,做到物尽其用。

需要注意的是,截至目前 NCCL 还不完全支持在 Windows 上的安装使用,导致有些框架在 Windows 平台上不能实现多卡训练,如本书使用的 PaddlePaddle。因此,在 Windows 平台上不建议安装 NCCL。

深度学习环境安装流程如图 2.5 所示。

图 2.5　深度学习环境安装流程

由于操作系统不同,对应的安装方式也会不一样。本书主要介绍在 Windows 和 Ubuntu 操作系统上的安装方法。为了方便读者安装,本书配套资源中提供了相关环境软件包(windows_install.zip 和 ubuntu_install.zip),下载网址详见前言二维码。

另外,为了方便读者入门使用,本书也将介绍如何在不配置本地服务器环境的情况下通过 AI Studio 线上云平台直接进行深度学习编程。

2.2.2　Windows 平台

1. 安装英伟达显卡驱动

首先需要到英伟达官网去确定自己的计算机显卡是不是支持 GPU 运算,如图 2.6 所示,网址详见前言二维码。该网站上列出的每一款型号的显卡后面都跟着 Compute Capability 数值,这个数值代表该款显卡的 GPU 计算性能,数值越高性能越强。

接下来就可以安装对应的显卡驱动。Windows 平台可以到英伟达官网下载驱动,下载网址详见前言二维码。读者可以手动选择驱动,也可以下载 GeForce Experience 工具自动更新和安装驱动。

下载后按照默认提示安装即可。安装好显卡驱动以后,打开 Windows 的 cmd 命令行工具,输入以下命令检验安装是否成功:

```
nvidia-smi
```

正常运行情况下,如图 2.7 所示。对照图 2.7,可以看到当前系统有两张型号为 NVIDIA GeForce RTX 3080 Ti 的显卡,每张显卡显存容量均为 12288MiB,其中一张显

图 2.6　英伟达官网显卡型号列表

卡已经使用了 528MiB。一张显卡的使用率（Volatile GPU-Util）为 3％，另一张显卡使用率为 0。需要注意的是，右上角的"CUDA Version：12.2"表示的是现有驱动可以支持的最高的 CUDA 版本，后续安装的 CUDA 版本不能高于该版本。

```
命令提示符                                                            —    □    ×
C:\Users\dl>nvidia-smi
Tue Nov 28 09:37:29 2023

NVIDIA-SMI 536.23          Driver Version: 536.23      CUDA Version: 12.2

GPU  Name                  TCC/WDDM  | Bus-Id       Disp.A | Volatile Uncorr. ECC
Fan  Temp    Perf      Pwr:Usage/Cap |          Memory-Usage | GPU-Util  Compute M.
                                     |                       |           MIG M.

  0  NVIDIA GeForce RTX 3080 Ti  WDDM | 00000000:73:00.0  On |           N/A
 0%  45C     P8          18W / 350W |  528MiB / 12288MiB |    3%        Default
                                     |                       |           N/A

  1  NVIDIA GeForce RTX 3080 Ti  WDDM | 00000000:D5:00.0  Off |           N/A
 0%  31C     P8           6W / 350W |    0MiB / 12288MiB |    0%        Default
                                     |                       |           N/A


Processes:
GPU   GI   CI       PID   Type   Process name                        GPU Memory
      ID   ID                                                        Usage

  0   N/A  N/A     5276   C+G   C:\Windows\explorer.exe              N/A
  0   N/A  N/A     8796   C+G   ...CBS_cw5n1h2txyewy\TextInputHost.exe  N/A
  0   N/A  N/A    12788   C+G   ....Search_cw5n1h2txyewy\SearchApp.exe  N/A
  0   N/A  N/A    15000   C+G   ...t.LockApp_cw5n1h2txyewy\LockApp.exe  N/A

C:\Users\dl>
```

图 2.7　显卡基本信息

2. 安装 CUDA

要使用英伟达显卡进行深度学习运算,需要安装 CUDA。为了能够兼容后面的 PaddlePaddle 安装,需要先去 PaddlePaddle 官网确认可以使用的 CUDA 版本。

PaddlePaddle 安装官网如图 2.8 所示。此页面上会自动列出当前最稳定的 PaddlePaddle 版本。在操作系统上选择 Windows,安装方式选择 pip,此时可以看到官方推荐的计算平台选项。就当前页面的版本来看,考虑到稳定性,可以选择 CUDA11.8 来进行安装。随着软件版本更新,读者可以根据自己计算机的驱动版本选择更新 CUDA 版本。

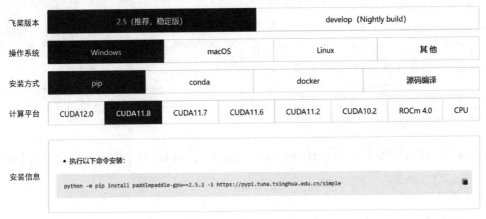

图 2.8　PaddlePaddle 官网安装版本选择页面

确定好 CUDA 版本后就可以去英伟达 CUDA 官网下载对应版本的 CUDA,下载网址详见前言二维码。具体的,进入页面后可以选择 CUDA Toolkit 11.8.0 版本进行下载。单击对应版本后进入版本配置界面,按图 2.9 所示进行选择即可。

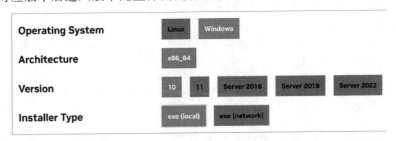

图 2.9　下载 Windows 版 CUDA

选择好版本以后单击 Download 按钮下载 CUDA 安装包,然后按照默认提示安装。

安装完成后,打开文件夹 C:\Program Files\NVIDIA GPU Computing Toolkit\CUDA,可以看到当前目录已经存在 v11.8 文件夹,表示已经成功安装 CUDA11.8 版本,并且上述安装程序已经自动地向 Windows 环境变量中添加了对应的 CUDA 路径,使得后续 PaddlePaddle 可以正常调用和执行。

最后,测试 CUDA 是否安装成功。打开 cmd 命令行终端,然后输入以下命令:

```
nvcc - V
```

正常输出如图 2.10 所示，可以看到当前 CUDA 版本为 11.8。

```
C:\Users\dl>nvcc -V
nvcc: NVIDIA (R) Cuda compiler driver
Copyright (c) 2005-2022 NVIDIA Corporation
Built on Wed_Sep_21_10:41:10_Pacific_Daylight_Time_2022
Cuda compilation tools, release 11.8, V11.8.89
Build cuda_11.8.r11.8/compiler.31833905_0
```

图 2.10　查看 CUDA 版本

3. 安装 CUDNN

CUDNN 官方下载网址详见前言二维码。进入网站后，单击 Download CUDNN Library 按钮，首次登录需要注册账号并填写相关个人信息，然后才可以进入到真正的下载页面。按照提示一步步操作即可，最终下载页面如图 2.11 所示。

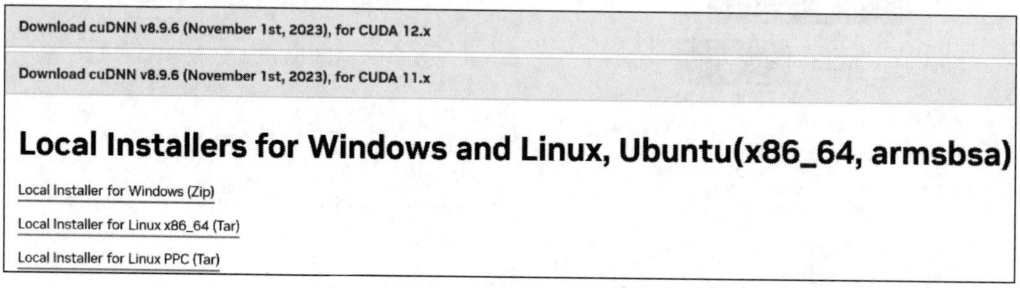

Download cuDNN v8.9.6 (November 1st, 2023), for CUDA 12.x

Download cuDNN v8.9.6 (November 1st, 2023), for CUDA 11.x

Local Installers for Windows and Linux, Ubuntu(x86_64, armsbsa)

Local Installer for Windows (Zip)

Local Installer for Linux x86_64 (Tar)

Local Installer for Linux PPC (Tar)

图 2.11　下载 CUDNN

选择 Local Installer for Windows(Zip)进行下载。下载之后，解压缩，将 CUDNN 压缩包里面的 bin、include、lib 文件直接复制到 CUDA 的安装目录下（C:\Program Files\NVIDIA GPU Computing Toolkit\CUDA\v11.8），直接覆盖替换即可。

4. 安装 PaddlePaddle

在前面安装 CUDA 的时候需要提前查看 PaddlePaddle 官网来决定安装的 CUDA 版本，这里继续参照 PaddlePaddle 官网来安装 PaddlePaddle。

在 PaddlePaddle 官网选择好版本以后会自动给出对应的安装命令，使用对应命令安装即可，如下所示：

```
python3 - m pip install paddlepaddle - gpu == 2.5.2 - i https://pypi.tuna.tsinghua.edu.cn/simple
```

安装完成后进入 Python 交互式命令环境，然后使用下面的代码来验证 PaddlePaddle 是否安装成功：

```
import paddle
paddle.utils.run_check()
```

正常输出如图 2.12 所示。

到这里 Windows 下的深度学习环境就全部准备好了。

```
命令提示符 - python                                                      —  □  ×
C:\Users\dl>python
Python 3.9.12 (tags/v3.9.12:b28265d, Mar 23 2022, 23:52:46) [MSC v.1929 64 bit (AMD64)] on win32
Type "help", "copyright", "credits" or "license" for more information.
>>> import paddle
>>> paddle.utils.run_check()
Running verify PaddlePaddle program ...
I1128 10:52:43.642282 57752 interpretercore.cc:237] New Executor is Running.
W1128 10:52:43.643280 57752 gpu_resources.cc:119] Please NOTE: device: 0, GPU Compute Capability: 8.6,
 Driver API Version: 12.2, Runtime API Version: 11.8
W1128 10:52:44.189287 57752 gpu_resources.cc:149] device: 0, cuDNN Version: 8.9.
I1128 10:52:48.649322 57752 interpreter_util.cc:518] Standalone Executor is Used.
PaddlePaddle works well on 1 GPU.
```

图 2.12　Windows 环境下验证 PaddlePaddle 是否安装成功

2.2.3　Ubuntu 平台

1. 安装英伟达显卡驱动

首先,检测 NVIDIA 图形显卡和推荐的驱动程序,在终端输入:

```
ubuntu – drivers devices
```

然后根据推荐的显卡驱动包进行安装,具体可以使用类似下面的命令进行安装:

```
sudo apt – get install nvidia – driver – 535
```

安装完成后重启系统,然后在终端中输入命令:

```
nvidia – smi
```

显卡运行正常状态下的效果如图 2.13 所示。

```
qb@DESKTOP-8N0A5Q6: $ nvidia-smi
Tue Nov 28 12:19:55 2023

 NVIDIA-SMI 535.54.04        Driver Version: 536.23       CUDA Version: 12.2

 GPU  Name           Persistence-M | Bus-Id        Disp.A | Volatile Uncorr. ECC
 Fan  Temp   Perf    Pwr:Usage/Cap |         Memory-Usage | GPU-Util  Compute M.
                                   |                       |               MIG M.
 ===============================================================================
   0  NVIDIA GeForce RTX 3080 Ti   On | 00000000:73:00.0  On |               N/A
 0%  37C    P8      15W / 350W |    901MiB / 12288MiB |   0%     Default
                                   |                       |               N/A

   1  NVIDIA GeForce RTX 3080 Ti   On | 00000000:D5:00.0 Off |               N/A
 0%  32C    P8       6W / 350W |      0MiB / 12288MiB |   0%     Default
                                   |                       |               N/A

 -------------------------------------------------------------------------------
 Processes:
  GPU   GI   CI       PID   Type   Process name                      GPU Memory
        ID   ID                                                      Usage
 ===============================================================================
  No running processes found
```

图 2.13　Ubuntu 系统中查看 GPU 显卡运行状态

对照图 2.13,与 Windows 环境下看到的内容类似,当前系统有两张型号为 NVIDIA

GeForce RTX 3080 Ti 的显卡，每张显卡显存容量均为 12288MiB，其中一张显卡已经使用了 901MiB 显存。两张显卡的使用率（Volatile GPU-Util）均为 0。需要注意的是，右上角的"CUDA Version：12.2"表示的是现有驱动可以支持的最高的 CUDA 版本，后续安装的 CUDA 版本不能高于该版本。

2. 安装 CUDA

要使用英伟达显卡进行深度学习运算，需要先安装 CUDA。与 Windows 系统一样，为了能够兼容后面的 PaddlePaddle 安装，需要先去 PaddlePaddle 官网确认适配的 CUDA 版本。

PaddlePaddle 官网安装页面如图 2.14 所示。此页面上会自动列出当前最稳定的 PaddlePaddle 版本。在操作系统上选择 Linux，安装方式选择 pip，此时可以看到官方推荐的计算平台选项。就当前页面的版本来看，考虑到稳定性，可以选择 CUDA 11.8 来进行安装。

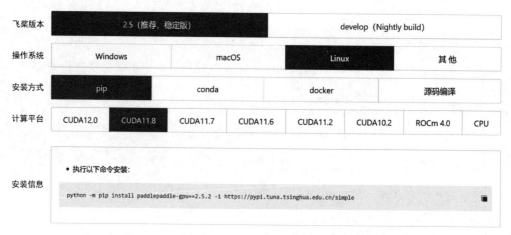

图 2.14　PaddlePaddle 官网安装页面

确定好 CUDA 版本后就可以去英伟达 CUDA 官网下载对应版本的 CUDA，下载网址详见前言二维码。具体的，进入页面后选择 CUDA Toolkit 11.8.0 版本进行下载。单击对应版本后进入版本配置界面，对照自己的操作系统环境逐项进行选择即可。在 Installer Type 选项上选择 runfile(local) 进行下载，如图 2.15 所示。

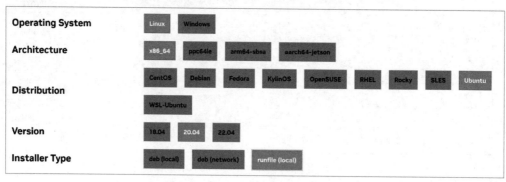

图 2.15　CUDA 版本选择

下载完成后进行安装,安装命令如下所示:

```
sudo sh cuda_11.8.0_520.61.05_linux.run
```

在安装过程中按照提示进行操作,最后单击 Install 进行安装,如图 2.16 所示。

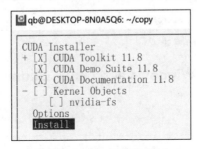

图 2.16　CUDA 安装界面

最后一步,配置环境变量。在终端输入下面的命令打开环境变量文件:

```
sudo gedit ~/.bashrc
```

然后在打开的文件末尾添加代码:

```
export PATH = /usr/local/cuda - 11.8/bin ${PATH: + : ${PATH}}
export LD_LIBRARY_PATH = /usr/local/cuda - 11.8/lib64 ${LD_LIBRARY_PATH: + : ${LD_LIBRARY
_PATH}}
```

上面语句需要结合读者安装的 CUDA 版本进行修改,本书安装的是 CUDA 11.8 版本。

读者如果使用的是基于 Windows WSL 的 Ubuntu 双系统,那么还需要额外配置 libcuda 的环境变量。紧接上述代码后添加:

```
export LD_LIBRARY_PATH = /usr/lib/wsl/lib: $ LD_LIBRARY_PATH
```

视频讲解

保存修改后,使用下面的命令更新环境变量:

```
source ~/.bashrc
```

至此 CUDA 安装完成。输入下述命令查看 CUDA 版本信息:

```
nvcc - V
```

CUDA 版本信息正常情况输出如图 2.17 所示,可以看到当前 CUDA 版本为 11.8。

```
qb@DESKTOP-8N0A5Q6:/copy$ nvcc -V
nvcc: NVIDIA (R) Cuda compiler driver
Copyright (c) 2005-2022 NVIDIA Corporation
Built on Wed_Sep_21_10:33:58_PDT_2022
Cuda compilation tools, release 11.8, V11.8.89
Build cuda_11.8.r11.8/compiler.31833905_0
```

图 2.17　CUDA 版本信息

3. 安装 CUDNN

CUDNN 官网下载网址详见前言二维码。单击 Download CUDNN Library，首次登录需要注册账号并填写相关个人信息，然后才可以进入到真正的下载页面。按照提示操作即可，最终下载页面如图 2.18 所示。

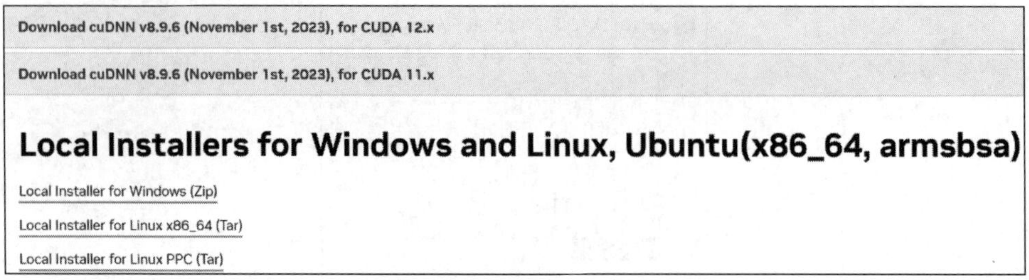

Download cuDNN v8.9.6 (November 1st, 2023), for CUDA 12.x

Download cuDNN v8.9.6 (November 1st, 2023), for CUDA 11.x

Local Installers for Windows and Linux, Ubuntu(x86_64, armsbsa)

Local Installer for Windows (Zip)

Local Installer for Linux x86_64 (Tar)

Local Installer for Linux PPC (Tar)

图 2.18　下载 CUDNN

由于前文中安装的是 CUDA11.8，因此这里选择适配的 cuDNN8.9.6 for CUDA 11.x。最终选择 Local Installer for Linux x86_64（Tar），单击进行下载。然后打开终端输入下面的命令进行解压并复制：

```
tar -xf cudnn-linux-x86_64-8.9.6.50_cuda11-archive.tar.xz
cd cudnn-linux-x86_64-8.9.6.50_cuda11-archive
sudo cp lib/* /usr/local/cuda-11.8/lib64/
sudo cp include/* /usr/local/cuda-11.8/include/
```

注意，将上面代码中的 11.8 版本号替换为读者自己的版本。到这里 CUDNN 就安装完成了。其实，CUDNN 的安装本质上就是复制相应的文件到 CUDA 的安装目录中。

可以使用如下命令查看安装好的 CUDNN 版本信息：

```
cat /usr/local/cuda-11.8/include/cudnn_version.h | grep CUDNN_MAJOR -A 2
```

CUDNN 版本信息正常情况输出如图 2.19 所示。

```
qb@DESKTOP-8N0A5Q6:~/copy/cudnn-linux-x86_64-8.9.6.50_cuda11-archive$ cat /usr/local/cuda-11.8/include/cudnn_version.h | grep CUDNN_MAJOR -A 2
#define CUDNN_MAJOR 8
#define CUDNN_MINOR 9
#define CUDNN_PATCHLEVEL 6

#define CUDNN_VERSION (CUDNN_MAJOR * 1000 + CUDNN_MINOR * 100 + CUDNN_PATCHLEVEL)

/* cannot use constexpr here since this is a C-only file */
```

图 2.19　CUDNN 版本信息

4. 安装 NCCL

由于深度学习分布式训练需要 NCCL 支持，因此接下来安装 NCCL。当然，如果读者的服务器只有 1 张显卡，那么不需要安装 NCCL。

NCCL 下载网址详见前言二维码。进入官网后，进行账户登录并填写相关问卷信息，然后即可进入 NCCL 版本选择页面。选择和前文 CUDA 对应的版本，这里选择 NCCL 2.16.5，for CUDA 11.8，展开后单击 O/S agnostic local installer 选项进行下载，如图 2.20 所示。

下载完成后进行解压，然后进入下载目录完成文件复制，具体命令如下：

Download NCCL 2.16.5, for CUDA 11.8, February 1st, 2023

Local installers (x86)

> O/S agnostic local installer
> Local installer for Ubuntu 20.04
> Local installer for RedHat/CentOS 7

图 2.20 下载 NCCL

```
tar -xf nccl_2.16.5-1+cuda11.8_x86_64.txz
cd nccl_2.16.5-1+cuda11.8_x86_64
sudo cp include/nccl*.h /usr/local/cuda/include
sudo cp -r lib/* /usr/local/cuda/lib64
```

到这里 NCCL 就安装完成了。

5. 安装 PaddlePaddle

在前面安装 CUDA 的时候需要提前查看 PaddlePaddle 官网来决定安装的 CUDA 版本，这里继续参照 PaddlePaddle 官网来安装 PaddlePaddle。

在 PaddlePaddle 官网选择好版本以后会自动给出对应的安装命令，使用对应命令安装即可，如下所示：

```
python3 -m pip install paddlepaddle-gpu==2.5.2 -i https://pypi.tuna.tsinghua.edu.cn/simple
```

安装完成后进入 Python 交互式命令环境，然后使用下面的代码来验证 PaddlePaddle 是否安装成功：

```
import paddle
paddle.utils.run_check()
```

在 Ubuntu 环境下验证 PaddlePaddle 是否安装成功如图 2.21 所示。

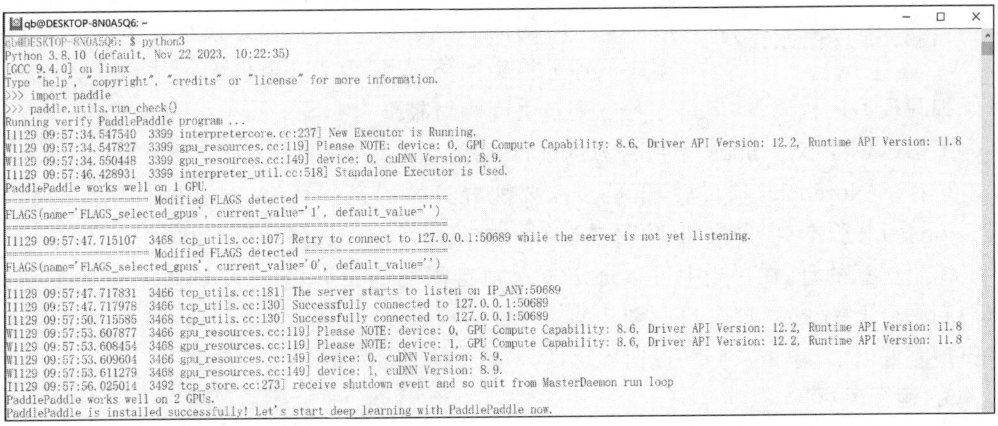

图 2.21 在 Ubuntu 环境下验证 PaddlePaddle 是否安装成功

从图 2.21 所示中可以看到倒数第二行输出了 PaddlePaddle works well on 2 GPUs，说明当前基于 PaddlePaddle 的深度学习环境已经全部安装完成，后续可以正常执行多 GPU 训练了。

2.2.4 AI Studio 平台

前面两节内容详细介绍了如何在本地服务器上搭建深度学习环境，前提是本地服务器拥有英伟达 GPU 显卡。如果没有英伟达 GPU 显卡，可以使用相关网站平台提供的线上编程环境。本小节主要介绍 PaddlePaddle 的线上编程环境 AI Studio。

AI Studio 是基于 PaddlePaddle 的人工智能学习社区，提供了在线编程环境。官方网址详见前言二维码。

下面详细讲解如何使用 AI Studio。

1. 注册和登录

首次登录 AI Studio 官网的用户需要注册账号才能使用，具体注册方法请参考官网上的提示来操作。注册成功后一般会赠送一定时长的 GPU 算力卡，对于本书任务来说，依赖这些赠送的算力卡足够支持本书所有内容的学习。项目创建时会自动安装显卡驱动、CUDA、CUDNN、NCCL 和 PaddlePaddle 等相关软件，配置好深度学习环境。对于暂时没有高性能显卡的读者，使用 AI Studio 进行学习和项目开发是不错的选择。

需要说明的是，AI Studio 线上编程环境是基于 Linux 平台的，因此，在 AI Studio 上进行编程最好能够熟悉一些基本的 Linux 操作命令。

2. 创建项目

在 AI Studio 官网首页登录后，可以在菜单栏中单击"创建项目"，然后按照需求创建对应的项目，如图 2.22 所示。

这里有三种项目方案选择，第一种是基于 Notebook 的编程项目，所见即所得，在这种模式下可以采用类似写博客的方式一段段执行代码，适合编写和调试代码。第二种是纯脚本项目，在这种模式下使用命令行进行操作，支持多 GPU 显卡运行，这种模式主要是针对已经调试好的模型代码需要长时间高效训练的。第三种是模板任务项目，这种模式下各个神经网络模块可以以组件的形式组合，大大减少了编写模型的代码量，但是这种方式自由度相对较低。

图 2.22　创建项目

下面以创建 Notebook 型项目为例进行演示。

选择了 Notebook 项目后，下一步需要配置具体的运行环境，包括项目使用的数据集、Notebook 版本、项目框架、项目描述等。按照提示进行选择即可，如图 2.23 所示。

需要注意的是，在这步中可以绑定本次项目需要的数据集，这个数据集可以是别人上传到平台上的，也可以是自己创建的。

配置好以后，单击"创建"按钮即可。

3. 运行项目

创建项目成功后就可以启动环境，如图 2.24 所示。

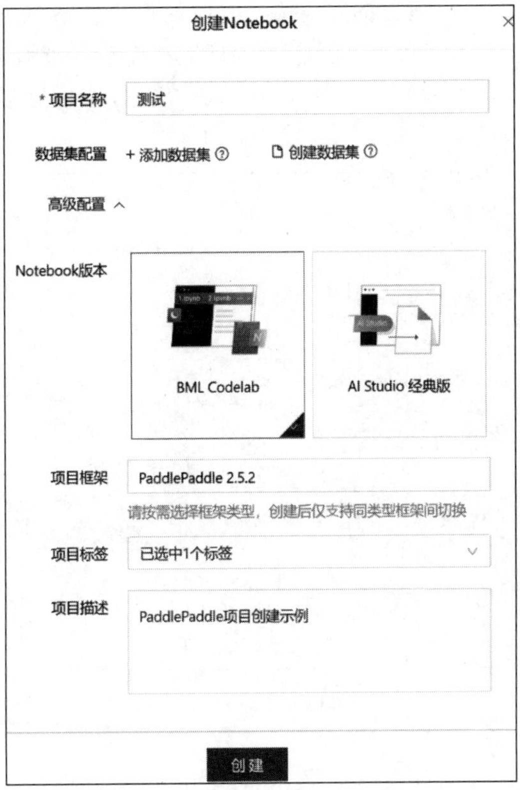

图 2.23　配置 AI Studio 项目环境

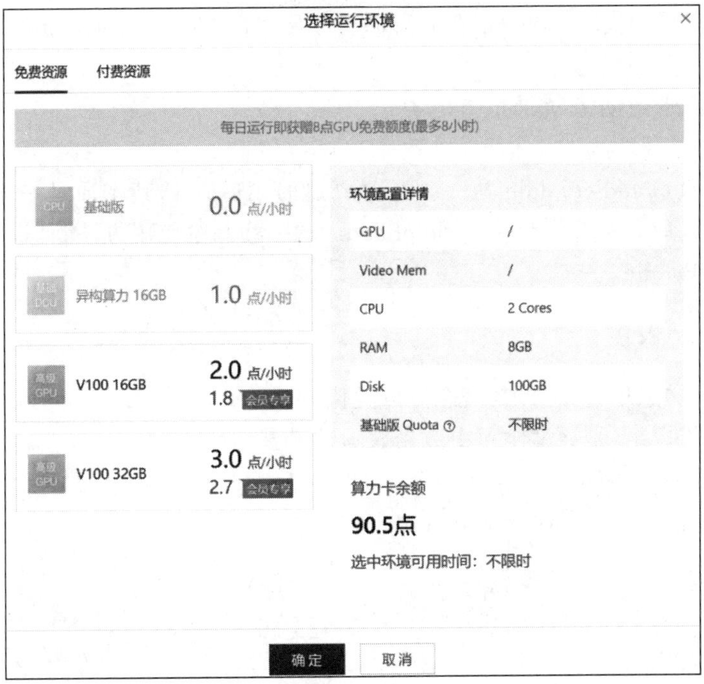

图 2.24　选择运行环境

这里需要注意,每次运行项目都需要选择对应的运行环境,每种环境都有相关说明。在实际使用时请按照当前项目进度选择不同的环境从而节省算力卡资源。

进入主界面后可以在当前脚本中编写 Python 代码,然后逐段运行代码,如图 2.25 所示。

图 2.25　AI Studio 线上编程主界面

4. Folk 项目

在 AI Studio 上有众多开发者开发的项目,这些项目大部分都是开源的。读者如果喜欢某个项目,那么可以在 AI Studio 上直接 Folk 别人的项目,此时会同步该项目运行时所需要的完整环境和代码,Folk 完以后可以直接运行别人的项目而无须担心环境不一致。

2.3　PaddlePaddle 基础

前面介绍过,PaddlePaddle 是一款开源成熟的 AI 框架,其本质是一个基于 Python 的深度学习软件库。本节将介绍 PaddlePaddle 的一些基本使用方法,帮助读者快速熟悉和上手 PaddlePaddle。

2.3.1　Tensor 表示

Tensor,中文意思是张量,其概念可以类比 NumPy 中的 ndarray,本质上就是一个带梯度信息的多维数组,是深度学习中数据表示的最基本形式。

下面的代码用来演示如何构建一个 5×3 的 Tensor,Tensor 中的每个元素类型定义为 32 位 float 型,代码如下(demo/demo1.py):

```python
import paddle
tensor_empty = paddle.empty(shape = [5,3],dtype = 'float32')
print(tensor_empty)
```

上述代码使用 paddle.empty()函数创建了一个 5×3 的张量,张量中每个元素默认

初始值为 0。输出结果(如果是 CPU 环境,输出结果略有区别)如下:

```
Tensor(shape = [5, 3], dtype = float32, place = Place(gpu:0), stop_gradient = True,
        [[0., 0., 0.],
         [0., 0., 0.],
         [0., 0., 0.],
         [0., 0., 0.],
         [0., 0., 0.]])
```

注意,使用 print()函数打印输出 Tensor 信息时,除了返回 Tensor 每个元素值以外,还会返回一些其他信息项,包括:

- shape:表示 Tensor 的维度;
- dtype:表示 Tensor 中每个元素的类型;
- place:表示当前运行环境,此处 Place(gpu:0)表示使用第 0 号 GPU;
- stop_gradient:表示当前 Tensor 是否停止传播梯度。

paddle.ones()和 paddle.zeros()也是常用的 Tensor 初始化函数。按照函数意思非常好理解,paddle.ones()函数用于创建元素值全为 1 的 Tensor,paddle.zeros()用于创建元素值全为 0 的 Tensor,代码如下:

```
tensor_ones = paddle.ones([2, 3])
print(tensor_ones)
tensor_zeros = paddle.zeros([2, 3])
print(tensor_zeros)
```

其输出结果为:

```
Tensor(shape = [2, 3], dtype = float32, place = Place(gpu:0), stop_gradient = True,
        [[1., 1., 1.],
         [1., 1., 1.]])
Tensor(shape = [2, 3], dtype = float32, place = Place(gpu:0), stop_gradient = True,
        [[0., 0., 0.],
         [0., 0., 0.]])
```

除了常见的 0、1 取值的初始化,还可以进行随机初始化。paddle.rand()和 paddle.randn()就是两个常用的随机初始化函数。

paddle.rand()用于生成服从区间[0,1)均匀分布的随机 Tensor,代码如下:

```
tensor_rand = paddle.rand([5, 3])
print(tensor_rand)
```

输出如下:

```
Tensor(shape = [5, 3], dtype = float32, place = Place(gpu:0), stop_gradient = True,
        [[0.68210554, 0.76153767, 0.44551539],
         [0.69805700, 0.31456539, 0.98931015],
         [0.43727642, 0.31598026, 0.48267344],
         [0.32874393, 0.75220251, 0.13546221],
         [0.05477471, 0.40740317, 0.67578572]])
```

paddle.randn()用于生成服从均值为 0、方差为 1 正态分布的随机 Tensor，代码如下：

```
tensor_randn = paddle.randn([5, 3])
print(tensor_randn)
```

输出如下：

```
Tensor(shape = [5, 3], dtype = float32, place = Place(gpu:0), stop_gradient = True,
        [[ -0.82212120, -1.80854058, -0.67530596],
         [ 0.03965529, 0.87011033, 0.44460696],
         [ -0.13173500, -0.23574546, 0.13501364],
         [ -0.09552619, -0.36920878, -0.48894903],
         [ 0.98790330, 1.57164097, 0.45782539]])
```

还可以直接用现有数据进行 Tensor 初始化，例如使用 Python 的 List 列表数据来初始化 Tensor，代码如下：

```
tensor_x = paddle.to_tensor([5.5, 4, 8.7, 9])
print(tensor_x)
```

输出如下：

```
Tensor(shape = [4], dtype = float32, place = Place(gpu:0), stop_gradient = True,
        [5.50000000, 4.        , 8.69999981, 9.        ])
```

注意，这里使用了 paddle.to_tensor()函数将 Python 的 List 转成了 Tensor。

更一般的，可以使用 paddle.to_tensor()函数将 Python 的 NumPy 数组直接转成 Tensor，代码如下（demo/demo2.py）：

```
import paddle
import numpy as np
x = np.ones([2,3])
y = paddle.to_tensor(x)
print(y)
```

输出如下：

```
Tensor(shape = [2, 3], dtype = float64, place = Place(gpu:0), stop_gradient = True,
        [[1., 1., 1.],
         [1., 1., 1.]])
```

可以看到，默认转换好的数据其元素类型为 float64。

既然 NumPy 可以转成 Tensor，那么 PaddlePaddle 肯定也支持将 Tensor 转成 NumPy，具体代码如下（demo/demo3.py）：

```
import paddle
import numpy as np
```

```
# NumPy 转 Tensor
x = np.ones([2,3])
y = paddle.to_tensor(x)
# Tensor 转 NumPy
z = y.numpy()
print(z)
```

可以看到只需要使用对应 Tensor 变量的 numpy() 函数即可完成转换。输出结果如下：

```
[[1. 1. 1.]
 [1. 1. 1.]]
```

2.3.2 Tensor 计算

1. 加减乘除

数据用 Tensor 表示以后可以进行四则运算,包括加、减、乘、除等。这里的加、减、乘、除指的是 Tensor 对应的元素进行加、减、乘、除,以加法为例(demo/demo4.py)进行说明,具体代码如下所示：

```
import paddle
x = paddle.to_tensor([[1, 2], [3, 4]])
y = paddle.to_tensor([[5, 6], [7, 8]])
z1 = x + y
print(z1)
```

上述代码构建了 2 个 Tensor,每个 Tensor 均是 2×2 大小,输出结果如下：

```
Tensor(shape = [2, 2], dtype = int64, place = Place(gpu:0), stop_gradient = True,
      [[6 , 8 ],
       [10, 12]])
```

除了上述这种方法以外,还可以使用下面的命令来完成 Tensor 相加：

```
z1 = paddle.add(x, y)
```

上述代码执行结果是一样的。

在实际编程应用时,经常会遇到一种写法 add_,即在 add 后面加一个下画线,这种函数后带一个下画线的操作符表示计算完成后将结果覆盖到原 Tensor 上面。由于 y.add_(x) 不创建新的 Tensor,它通常比 $y = y + x$ 更节省内存。如下所示：

```
y.add_(x)
```

此时会将 x 和 y 相加,并且将相加后的结果覆盖掉原来的 y。

Tensor 之间的减、乘、除方法也类似,具体如下所示：

```
# 减法
z2 = paddle.subtract(x, y)
```

```
print(z2)
# 乘法
z3 = paddle.multiply(x, y)
print(z3)
# 除法
z4 = paddle.divide(x, y)
print(z4)
```

输出结果如下：

```
Tensor(shape = [2, 2], dtype = int64, place = Place(gpu:0), stop_gradient = True,
      [[-5, -6],
       [-7, -8]])
Tensor(shape = [2, 2], dtype = int64, place = Place(gpu:0), stop_gradient = True,
      [[6 , 16],
       [30, 48]])
Tensor(shape = [2, 2], dtype = int64, place = Place(gpu:0), stop_gradient = True,
      [[0, 0],
       [0, 0]])
```

注意，上述操作都是基于 Tensor 元素进行的，例如 paddle. multiply() 函数执行的是两个 Tensor 元素之间的相乘。如果想要按照数学中矩阵乘法的方式，需要使用 paddle. matmul() 函数，代码如下（demo/demo5. py）：

```
import paddle
x = paddle.to_tensor([[1, 2], [3, 4], [5, 6]], dtype = "float32")
y = paddle.to_tensor([[1, 2, 3], [4, 5, 6]], dtype = "float32")
z = paddle.matmul(x, y)
print(z)
```

上述代码分别构建了一个 3×2 和 2×3 大小的 Tensor，然后使用 paddle. matmul() 函数执行矩阵乘法，最终应该得到一个 3×3 大小的 Tensor。输出结果如下：

```
Tensor(shape = [3, 3], dtype = float32, place = Place(gpu:0), stop_gradient = True,
      [[9., 12., 15.],
       [19., 26., 33.],
       [29., 40., 51.]])
```

可以看到，最终结果确实是一个 3×3 大小的 Tensor。这里注意，paddle. matmul() 函数默认的 Tensor 元素类型必须是 float 型，其中 dtype 参数用于创建 Tensor 时定义 Tensor 类型。

2. 取绝对值和求幂

Tensor 除了上述常见的加减乘除操作以外还支持取绝对值和求幂操作。paddle. abs() 函数可以用来计算 Tensor 的绝对值，代码如下（demo/demo6. py）：

```
import paddle
x = paddle.to_tensor([[-1, -2], [-3, 4]], dtype = "float32")
z1 = paddle.abs(x)
print(z1)
```

输出结果为

```
Tensor(shape = [2, 2], dtype = float32, place = Place(gpu:0), stop_gradient = True,
       [[1., 2.],
        [3., 4.]])
```

paddle.pow()函数用于进行求幂操作,代码如下:

```
z2 = paddle.pow(x, 3)
print(z2)
```

输出结果为

```
Tensor(shape = [2, 2], dtype = float32, place = Place(gpu:0), stop_gradient = True,
       [[ - 1.,  - 8.],
        [ - 27.,  64.]])
```

3. 更改形状

在建立神经网络模型时,为了能够匹配输出维度,往往需要改变 Tensor 形状。具体的,可以使用 paddle.reshape()函数来实现。

前面介绍过用于 Tensor 相乘的 paddle.matmul()函数,如果输入的两个 Tensor 形状不匹配,那么就会报错,例如下面的代码:

```
import paddle
x = paddle.to_tensor([[1, 2],[3, 4],[5, 6]], dtype = 'float32')
y = paddle.to_tensor([1, 2, 3, 4, 5, 6], dtype = 'float32')
z = paddle.matmul(x, y)
print(z)
```

上述代码中 x 是一个 3×2 的 Tensor, y 是一个 1×6 的 Tensor,如果直接相乘会报错。为了避免这个问题,可以使用 paddle.reshape()函数先将 y 变成 2×3 大小的 Tensor 再做乘法,代码如下(demo/demo7.py):

```
import paddle
x = paddle.to_tensor([[1, 2], [3, 4], [5, 6]], dtype = "float32")
y = paddle.to_tensor([1, 2, 3, 4, 5, 6], dtype = "float32")
paddle.reshape_(y, [2, 3])
z = paddle.matmul(x, y)
print(z)
```

上述代码使用了 paddle.reshape_()函数将 y 变成了大小为 2×3 的 Tensor 并且覆盖了原来的 y,这样就可以正常运算了,运行结果如下:

```
Tensor(shape = [3, 3], dtype = float32, place = Place(gpu:0), stop_gradient = True,
       [[9., 12., 15.],
        [19., 26., 33.],
        [29., 40., 51.]])
```

PaddlePaddle 除了上述常用算子以外,还有很多其他功能函数,本节不再一一阐述,后面在项目实战部分遇到时再作具体解释。

2.3.3　自动求梯度

深度学习模型的训练就是不断更新权值,权值的更新需要求解梯度,梯度在模型训练中是至关重要的。PaddlePaddle 提供自动求导功能,不需要手动计算梯度,只需要搭建好前向传播的计算图,然后利用 PaddlePaddle 中的自动求导功能就可以得到所有 Tensor 的梯度。PaddlePaddle 中,所有神经网络的核心是 autograd 包。autograd 包为 Tensor 上的所有操作提供了自动求导机制。

下面看一段示例代码(demo/demo8.py):

```python
import paddle
import numpy as np
x = np.ones([2, 2]) * 3
x = paddle.to_tensor(x, stop_gradient = False)
y = paddle.pow(x, 2)
y.backward()
print((x.grad).numpy())
```

上述代码构建了一个 2×2 大小且每个元素值全为 3 的 x,然后通过 paddle.pow() 函数计算 x 的平方,即 $y=x^2$。很显然,此时 y 对 x 的导数为

$$\frac{\partial y}{\partial x}=2x=2\times\begin{bmatrix}3 & 3\\3 & 3\end{bmatrix}=\begin{bmatrix}6 & 6\\6 & 6\end{bmatrix}$$

上述代码中 y 对 x 求导使用的是 y.backward()方法,其本质上是调用了 paddle.autograd.backward()函数。最终 y 对 x 的梯度值保存在了 x.grad 中,可以转成 NumPy 数值输出显示。

运行代码后输出结果如下:

```
[[6. 6.]
 [6. 6.]]
```

可以看到这个自动计算出来的梯度跟前面手工推理的是一致的。

需要注意的是,上述例子在创建 x 的时候使用了一个参数 stop_gradient＝False,表示当前允许该 Tensor 计算梯度。如果该参数设置为 True,那么执行 backward 之后,计算图的梯度会被清空。为什么要设置这样一个参数呢?这是因为在深度学习训练的时候,需要计算 Tensor 对应的导数用于计算反向传播误差,从而不断地更新 Tensor 值,使所有 Tensor 迭代到一个令人满意的值。一旦训练完成进入推理阶段,这时候就希望所有 Tensor 的值全部固定下来,不再需要更新了。

梯度在反向传播过程中是累加的,这意味着每一次运行反向传播,梯度都会累加之前的梯度,所以一般在反向传播之前需要把梯度清零,具体可以使用下面的代码实现:

```python
x.clear_grad()
```

2.4 PaddlePaddle 实现机器学习：线性回归投资预测

通过前面的学习相信读者已经熟悉了 PaddlePaddle 的基本用法。深度学习本质上属于机器学习，因此本节内容将从机器学习的基本案例出发，运用 PaddlePaddle 来实现一个简单的线性回归模型用于投资预测。

2.4.1 问题定义

表 2.1 是某渔业养殖项目在 15 年内的一组"投资-收益"对照表，需要根据这些数据来计算一个模型，用于预测第 16 年这个项目如果投资 12.5 万元所对应的收益值。

表 2.1 某渔业养殖项目"投资-收益"对照表

年　份	投资 x/万元	收益/万元
1	3.3	17
2	4.4	28
3	5.5	21
4	6.7	32
5	6.9	17
6	4.2	16
7	9.8	34
8	6.2	26
9	7.6	25
10	2.2	12
11	7	28
12	10.8	35
13	5.3	17
14	8	29
15	3.1	13
16	12.5	?

一般来说，拿到这些数据首先应该分析一下，查找其规律。由于这个任务只有一个变量，因此可以在二维图中画出这些数据，方便观察分析。

首先安装可视化工具库：

```
pip install matplotlib
```

可视化分析代码如下（machine_learning/visual_analysis.py）：

```
import matplotlib.pyplot as plt
import numpy as np

# 输入数据
x_train = np.array(
    [3.3, 4.4, 5.5, 6.7, 6.9, 4.2, 9.8, 6.2, 7.6, 2.2, 7, 10.8, 5.3, 8, 3.1],dtype = np.float32,
```

```
)
y_train = np.array(
    [17, 28, 21, 32, 17, 16, 34, 26, 25, 12, 28, 35, 17, 29, 13], dtype = np.float32
)

# 可视化展示
plt.plot(x_train, y_train, "go", label = "Original Data")
plt.xlabel("investment")
plt.ylabel("income")
plt.legend()
plt.savefig("analysis.png")
```

数据可视化分析效果如图 2.26 所示。

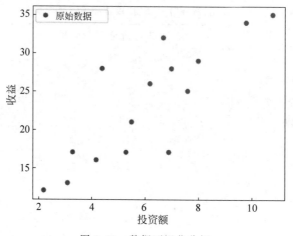

图 2.26　数据可视化分析

从图 2.26 看出，投资额越大收益越高。通过数据分析可以猜测投资额 x 和收益 y 之间存在线性关系，可以将模型定义为 $y=ax+b$。这个模型只有 a 和 b 两个参数，所以理论上，只需要两组数据建立两个方程，即可解出这两个未知数。但是在上述例子中，共有 15 组数据，且从可视化结果上看出这 15 组数据并没有完全在一条直线上，因此上述直线方程无确定解。

虽然没有确定解，但是可以退而求其次，想办法找出近似解，让这条直线对于每组数据 x 的预测输出 $\hat{y}$ 和真实输出 y 尽可能接近。使用一种更数学的表达方式，即让所有样本的预测误差的平方和最小，如下面公式所示：

$$L = \sum_{i=1}^{n}(\hat{y}_i - y_i)^2 = \sum_{i=1}^{n}(ax_i + b - y_i)^2$$

式中，i 表示样本序号；n 表示样本总数。对于上述例子，$n=15$。此时，上述问题就变成了数学上经典的最小二乘问题，求解使得 L 最小的一组参数 a 和 b。这里所谓"二乘"就是平方的意思。

那么具体怎么求解呢？相信很多读者能够联想到高中数学中经典的导数法。下面首先使用导数法来完成这个任务。由此再引申出一种更工程化的方法——梯度下降法。

2.4.2 导数法

要使误差 $L = \sum\limits_{i=1}^{n} (ax_i + b - y_i)^2$ 最小,可以将 L 当作多元函数来处理,采用多元函数求偏导的方法来计算函数的极小值。

具体的,分别对 a 和 b 求偏导,并令偏导等于 0,得到:

$$\frac{\partial L}{\partial a} = 2\sum_{i=1}^{n} (ax_i + b - y_i)x_i = 0$$

$$\frac{\partial L}{\partial b} = 2\sum_{i=1}^{n} (ax_i + b - y_i) = 0$$

上面两式联立,可以得到:

$$a = \frac{n\sum\limits_{i=1}^{n} x_i y_i - \sum\limits_{i=1}^{n} x_i \sum\limits_{i=1}^{n} y_i}{n\sum\limits_{i=1}^{n} x_i^2 - \left(\sum\limits_{i=1}^{n} x_i\right)^2}$$

$$b = \frac{\sum\limits_{i=1}^{n} x_i^2 \sum\limits_{i=1}^{n} y_i - \sum\limits_{i=1}^{n} x_i \sum\limits_{i=1}^{n} x_i y_i}{n\sum\limits_{i=1}^{n} x_i^2 - \left(\sum\limits_{i=1}^{n} x_i\right)^2}$$

可以按照上式编写代码求解,如下所示(machine_learning/manual_diff.py):

```python
import matplotlib.pyplot as plt
import numpy as np

# 输入数据
x_train = np.array(
    [3.3, 4.4, 5.5, 6.7, 6.9, 4.2, 9.8, 6.2, 7.6, 2.2, 7, 10.8, 5.3, 8, 3.1],
    dtype = np.float32,
)
y_train = np.array(
    [17, 28, 21, 32, 17, 16, 34, 26, 25, 12, 28, 35, 17, 29, 13], dtype = np.float32
)

# 求解直线方程的 a 和 b 参数
n = len(x_train)
sum_xy = sum(x_train * y_train)
sum_x = sum(x_train)
sum_y = sum(y_train)
sum_x2 = sum(pow(x_train, 2))
a = (n * sum_xy - sum_x * sum_y) / (n * sum_x2 - sum_x * sum_x + 0.00001)
b = (sum_x2 * sum_y - sum_x * sum_xy) / (n * sum_x2 - sum_x * sum_x + 0.00001)
```

```
# 可视化输出
x_pred = np.arange(0, 15)
y_pred = a * x_pred + b
plt.plot(x_train, y_train, "go", label = "Original Data")
plt.plot(x_pred, y_pred, "r－", label = "Fitted Line")
plt.xlabel("investment")
plt.ylabel("income")
plt.legend()
plt.savefig("result.png")

# 预测第 16 年的收益值
x = 12.5
y = a * x + b
print(y)
```

上述代码按照前面的推导公式进行编写，直接计算参数 a 和 b 的值，并将拟合出来的直线画到数据分析图上进行可视化展示，导数法拟合结果如图 2.27 所示。

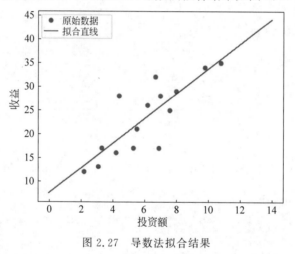

图 2.27　导数法拟合结果

从可视化结果上看到，拟合出来的直线基本符合数据点走势。最终预测的收益结果为

```
40.198289616408566
```

从上面的求解方法看到，对于这样一个简单的直线拟合任务，需要手工求解导数，然后联立方程计算最终的直线参数，求解过程耗时耗力。很显然，针对上述数据如果建立更加复杂的函数，如引入非线性或多阶函数，那么上述方法就很难手工求解了。

下面介绍一种更加工程化的方法——梯度下降法。梯度下降法允许通过迭代计算来自动逼近函数极小值点。

2.4.3　梯度下降法

梯度下降法是机器学习领域非常重要和具有代表性的算法，它通过迭代计算来逐步寻找目标函数极小值。既然是一种迭代计算方法，那么最重要的就是往哪个方向迭代，梯度下降法选择从目标函数的梯度切入。首先需要明确一个数学概念，即函数的梯度方向是函数值变化最快的方向。梯度下降法就是基于此来进行迭代。

图 2.28 对应一个双自变量函数 $J = J(\theta_0, \theta_1)$。想要求得该函数极小值，只需要随机选择一个初始点，然后计算当前点对应的梯度，按照梯度反方向下降一定高度，然后重新计算当前位置对应的梯度，继续按照梯度反方向下降。按照上述方式迭代，最终就可以用最快的速度到达极小值附近。

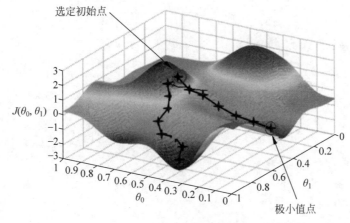

选定初始点

极小值点

图 2.28 梯度下降法示意图

如果函数很复杂并有多个极小值点，那么选择不同的初始值，按照梯度下降算法的计算方式很有可能会到达不同的极小值点，并且耗时也不一样。因此，在工程实现上选择一个好的初始值是非常重要的。

对于前面的直线拟合任务来说，其目标函数就是 L，模型参数就是 a 和 b。按照梯度下降法的原理，对应实现步骤如下：

（1）初始化模型参数 a 和 b；

（2）输入每个样本 x，根据公式 $y = ax + b$ 计算每个样本数据的预测输出值 $\hat{y}$；

（3）计算所有样本的预测值 $\hat{y}$ 和真值 y 之间的平方差 L；

（4）计算当前 L 对模型参数 a 和 b 的梯度值，即 $\dfrac{\partial L}{\partial a}$ 和 $\dfrac{\partial L}{\partial b}$；

（5）按照下式更新参数 a 和 b：

$$a_{t+1} = a_t - \eta \frac{\partial L_t}{\partial a_t}$$

$$b_{t+1} = b_t - \eta \frac{\partial L_t}{\partial b_t}$$

其中，t 表示当前迭代的轮次；η 是一个提前设置好的参数，其作用是代表每一步迭代下降的跨度，专业术语叫学习率；

（6）重复步骤（2）～步骤（5），直至迭代次数 t 超过某个预设值。

注意到，上述算法第（5）步中，需要计算目标函数 L 对 a 和 b 的偏导。尽管对于这个直线拟合任务来说其偏导求取非常简单，但是依然需要手工进行求导。在 2.3.3 节中，介绍过可以通过 PaddlePaddle 来自动计算梯度，因此，可以使用 PaddlePaddle 来更便捷地实现这个梯度下降法。

完整代码如下（machine_learning/auto_diff.py）：

```python
import matplotlib.pyplot as plt
import numpy as np
import paddle

# 输入数据
x_train = np.array(
    [3.3, 4.4, 5.5, 6.7, 6.9, 4.2, 9.8, 6.2, 7.6, 2.2, 7, 10.8, 5.3, 8, 3.1],
    dtype = np.float32,
)
y_train = np.array(
    [17, 28, 21, 32, 17, 16, 34, 26, 25, 12, 28, 35, 17, 29, 13], dtype = np.float32
)

# NumPy 转 tensor
x_train = paddle.to_tensor(x_train)
y_train = paddle.to_tensor(y_train)

# 随机初始化模型参数
a = np.random.randn(1)
a = paddle.to_tensor(a, dtype = "float32", stop_gradient = False)
b = np.random.randn(1)
b = paddle.to_tensor(b, dtype = "float32", stop_gradient = False)

# 循环迭代
for t in range(10):
    # 计算平方差损失
    y_ = a * x_train + b
    loss = paddle.sum((y_ - y_train) ** 2)
    # 自动计算梯度
    loss.backward()
    # 更新参数(梯度下降),学习率默认使用 1e-3
    a = a.detach() - 1e-3 * float(a.grad)
    b = b.detach() - 1e-3 * float(b.grad)
    a.stop_gradient = False
    b.stop_gradient = False
    # 输出当前轮的目标函数值 L
    print("epoch: {}, loss: {}".format(t, (float(loss))))

# 训练结束,终止 a 和 b 的梯度计算
a.stop_gradient = True
b.stop_gradient = True

# 可视化输出
x_pred = paddle.arange(0, 15)
y_pred = a * x_pred + b
plt.plot(x_train.numpy(), y_train.numpy(), "go", label = "Original Data")
plt.plot(x_pred.numpy(), y_pred.numpy(), "r-", label = "Fitted Line")
plt.xlabel("investment")
```

```
plt.ylabel("income")
plt.legend()
plt.savefig("result.png")

# 预测第 16 年的收益值
x = 12.5
y = a * x + b
print(y.numpy())
```

上述代码对每轮迭代的目标函数进行了输出,同时预测了第 16 年的收益值,结果如下:

```
epoch: 0, loss: 9141.90625
epoch: 1, loss: 1103.665283203125
epoch: 2, loss: 397.5347900390625
epoch: 3, loss: 335.0281982421875
epoch: 4, loss: 329.02337646484375
epoch: 5, loss: 327.982421875
epoch: 6, loss: 327.381103515625
epoch: 7, loss: 326.8223571777344
epoch: 8, loss: 326.2711486816406
epoch: 9, loss: 325.72442626953125
[44.96492]
```

可以看到,随着迭代的不断进行,目标函数逐渐减少,说明模型的预测输出越来越接近真值。最终训练好的模型所预测的第 16 年的收益值与 2.4.2 节使用导数法求解的标准解非常接近,验证了梯度下降法的有效性。

梯度下降法拟合结果如图 2.29 所示。

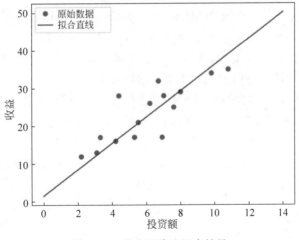

图 2.29　梯度下降法拟合结果

从图 2.29 所示的拟合结果看到,利用 PaddlePaddle 自动帮助求导,通过梯度下降迭代更新模型参数,最后得到了令人满意的结果,拟合出来的直线基本吻合数据的分布。整个过程不需要手工计算梯度,实现非常简单。

　　注意，上述代码使用了随机值来初始化模型参数，因此每次运算的结果可能略有不同。另外，使用了固定的学习率 1e-3，并得到了一个比较好的训练结果。如果训练过程中目标函数没有逐步下降，那么就需要适当调整学习率重新训练。

　　本节案例是一个非常简单的使用 PaddlePaddle 进行机器学习的示例，旨在帮助读者熟悉和巩固 PaddlePaddle 的基本使用方法。虽然任务简单，但是该案例"五脏俱全"，整个建模学习过程分为 4 部分，如图 2.30 所示。

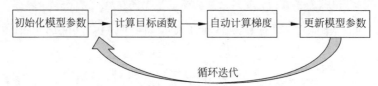

图 2.30　基于 PaddlePaddle 的梯度下降法步骤

　　对于后面的深度学习任务，也会按照上述方式进行模型训练。下面正式开始介绍如何基于 PaddlePaddle 实现更复杂的深度学习图像应用。

视频讲解

2.5　PaddlePaddle 实现深度学习：自动驾驶小车控制

　　有了前面的基础，接下来将延续第 1 章的自动驾驶小车案例来讲解如何使用 PaddlePaddle 完成深度学习图像处理任务。整个算法将基于卷积神经网络实现。

2.5.1　卷积神经网络基础

　　卷积神经网络（Convolution Neural Network，CNN）是一类特殊的人工神经网络，是深度学习中最重要的一个分支。卷积神经网络在很多领域都表现优异，精度比传统学习算法高很多。特别是在图像处理领域，卷积神经网络是解决图像分类、目标检测和语义分割的主流模型。本节内容会进行更多工程上的讲解，不会涉及太多理论公式，读者如果对于理论部分不熟悉也没关系，可以在学会工程技巧之后再去反哺数学理论，从工程实践去引领理论知识的学习能够起到事半功倍的效果。

　　PaddlePaddle 将深度神经网络模型按照层（Layer）的概念呈现。在本书接下来的内容中，会见到各种不同类型的层。那么怎么理解神经网络中层这个概念呢？

　　在 2.4 节投资预测案例中使用了直线方程 $y=ax+b$ 来拟合数据，这个模型非常简单，拟合精度有限。如果希望强化这个模型，让它能够与观测数据更契合，这时候可以在直线方程基础上继续提高 x 的阶数，如下所示：

$$y_1=ax+b$$

$$y_2=y_1\times x+c=(ax+b)\times x+c=ax^2+bx+c$$

　　很明显，提高阶数后的 y_2 模型要比 y_1 模型更复杂，属于二次非线性函数，具备更强的数据拟合能力。这里的 y_2 是在 y_1 的基础上乘上 x 再加上常数 c 完成的。因此，可以将 y_1 和 y_2 看作两层，且 y_2 是在 y_1 的基础上做了某些特定操作完成的，这就是最简单的层的概念。如果继续按照上述层操作，依次得到 y_3、y_4 等，那么越往后阶数越高，模型越复杂。

神经网络与高阶函数一样,理论上随着层数的增加函数的表达能力越强。卷积神经网络是通过一层层具备不同功能的操作堆叠出来的,一般由卷积层、激活函数层、池化层、线性变换层组成。下面将介绍各层的基本原理和计算规则。

1. 卷积层

卷积层的作用就是提取图像卷积特征。典型二维卷积操作如图 2.31 所示。

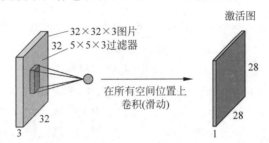

图 2.31　典型二维卷积操作示意图

在图 2.31 所示中,输入图像形状是 $32\times32\times3$,其中宽和高均为 32 像素,通道数为 3,卷积层是一个 $5\times5\times3$ 的滤波器,通过这样一个滤波器与输入图像进行卷积(卷积操作时假设 padding=0),可以得到一个 $28\times28\times1$ 大小的特征图。

一般情况会使用多层卷积来提取更深层次的特征。随着卷积层的加深,提取到的特征越来越抽象,对图像的理解能力也越来越强,如图 2.32 所示。在高层特征之后一般可以级联分类器对最终提取的高层特征进行分类,得到物体的最终类别。

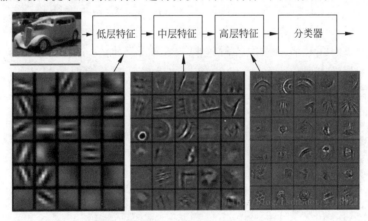

图 2.32　基于多层卷积的特征提取

那么卷积层是怎么计算的呢?

其实卷积层计算原理与1.3节中介绍的图像卷积类似,只不过图像卷积操作一般 1 次只使用 1 个卷积,而深度学习中的卷积层可以 1 次使用多个卷积进行操作。例如对于形状为 $32\times32\times3$ 的图像,如果使用 1 个卷积滤波器(形状为 $5\times5\times3$)对其进行卷积可以得到 $28\times28\times1$ 的特征图像;如果使用 n 个同样大小的卷积滤波器,那么就会产生 n 个 $28\times28\times1$ 的特征图,这些特征图合并就组成了 $28\times28\times n$ 大小的特征图。可以看到,通过这样的卷积层操作,将原本只有 $32 \times 32 \times 3$ 大小的输入图像变成了 $28 \times 28 \times n$ 大小。

PaddlePaddle 提供了封装好的二维卷积层函数:Conv2D(),完整定义如下:

```
paddle.nn.Conv2D( in_channels, out_channels, kernel_size, stride = 1, padding = 0, dilation = 1,
groups = 1, padding_mode = 'zeros', weight_attr = None, bias_attr = None, data_format = 'NCHW')
```

各参数说明如下:

- in_channels:类型为 int,表示输入图像或特征的通道数;
- out_channels:类型为 int,表示输出特征的通道数;
- kernel_size:类型为 int、list 或 tuple,表示卷积核大小;
- stride:类型为 int、list 或 tuple,表示步长大小,默认值为 1;
- padding:类型为 int、list、tuple 或 str,表示边缘扩增大小,默认值为 0;
- dilation:类型为 int、list 或 tuple,表示空洞大小,默认值为 1;
- groups:类型为 int,表示二维卷积层的组数,默认值为 1;
- padding_mode:类型为 str,表示填充模式,具体模式包括 zeros、reflect、replicate、circular,默认值为 zeros;
- weight_attr:类型为 ParamAttr,表示使用默认的权重参数属性,默认值为 None;
- bias_attr:类型为 ParamAttr 或 bool,表示使用默认的偏置参数属性,默认值为 None;
- data_format:类型为 str,表示输入的数据格式,可以是 NCHW 或 NHWC,默认值为 NCHW,其中 N 表示批样本数 batch_size,C 表示特征通道数,H 表示特征高度,W 表示特征宽度。

上述参数比较多,读者第一次接触这些参数如果不能完全掌握也没有关系,后面在案例部分遇到具体的问题时会再深入讲解。这里需要重点掌握的就是如何根据输入特征形状计算卷积的输出特征形状。

下面是使用 Conv2D() 的一个简单示例(demo/demo9.py):

```
import paddle
import paddle.nn as nn
# 创建输入
x = paddle.uniform((2, 3, 8, 8), dtype = "float32", min = 0.0, max = 1.0)
# 构建卷积层
conv = nn.Conv2D(3, 6, (5, 5))
# 执行一层卷积
y = conv(x)
# 输出 Tensor 转 NumPy
y_np = y.numpy()
print(y_np.shape)
```

在实际的图像处理应用中,为了能够方便运算,一般将多张图像按照通道方向拼在一起进行训练和推理。例如有两幅图像,其形状均为 $[3,8,8]$,其中 3 表示图像是 3 通道的,第 1 个 8 表示图像高度为 8 像素,第 2 个 8 表示图像宽度为 8 像素。将两幅图像按照通道拼接在一起后形成了一个 4 维的数组,其形状为[2,3,8,8](顺序为 NCHW),这里的 2 就是指一次拼接的图像样本数。上述代码中,直接使用 paddle. uniform()函数构建了一个均匀分布的形状为[2,3,8,8]的 Tensor,紧接着构建了一个二维卷积层 conv,并使用这个卷积层对输入的 进行 1 次特征提取,这个卷积层的输入特征通道数为 3,输出特征通道数为 6,卷积核大小为 5×5,最终输出结果为

```
(2, 6, 4, 4)
```

这里需要关注 3 点。

(1) 由于输入特征 x 的通道数为 3,因此 Conv2D 的第一个参数输入通道数必须也为 3,否则执行运算会报错。

(2) Conv2D 的输出特征通道数是 6,所以最终的 y 的输出通道数也为 6。

(3) 输入特征 x 的高、宽为[8,8],最终输出特征 y 的高、宽变为[4,4],这个是怎么计算的呢? 这里可以套用简单的公式:

$$out = (in - kernel + 2 \times padding)/stride + 1$$

式中,out 表示输出形状大小; in 表示输入特征形状大小; kernel 表示核大小; padding 表示边缘扩增尺寸(默认为 0); stride 表示步长(默认为 1)。

对于这个示例,参考上述公式计算如下:

```
out = (8 - 5 + 2 × 0) / 1 + 1 = 4
```

2. 激活函数层

显然,单纯的线性模型的特征提取能力有限,不足以对复杂的实际问题进行建模。例如对于图像卷积,其操作就是对每个像素点赋予一个权值然后与滤波器核对应位置元素相乘再累加,这个操作显然就是线性的。对于真实图像来说,仅依赖卷积不能很好地进行区分。为了解决这个问题,可以进行非线性变换,解决线性模型所不能解决的问题。激活函数层就是深度学习中用来引入非线性能力的模块。

深度神经网络需要保证可以计算每个节点的梯度,从而可以使用反向传播更新梯度信息,因此选取的激活函数也需要能保证其输入输出都是可微的。

下面介绍三种在深度学习模型构建过程中常见的激活函数。

(1) Sigmoid 函数。函数形式如下:

$$f(x) = \frac{1}{1 + e^{-x}}$$

该激活函数可以将任意输入映射到 0～1,在一定程度上对数据进行了归一化,如图 2.33 所示。但是该激活函数有个明显的缺点,就是饱和时梯度非常小。由于神经网络算法反向传播时后面的梯度是以乘性方式传递到前层的,因此当层数比较深的时候,传到前面的梯度就会非常小,网络权值得不到有效的更新,产生所谓的"梯度消失"现象。

PaddlePaddle 中提供了 Sigmoid()激活函数层,示例代码如下(demo/demo10. py):

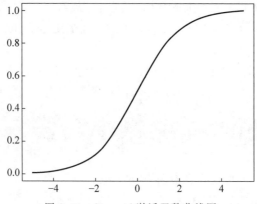

图 2.33　Sigmoid 激活函数曲线图

```
import matplotlib.pyplot as plt
import paddle
# 构建 x 轴数据
x = paddle.linspace(-5, 5, 200, "float32")
# 创建 Sigmoid 激活函数层
sigmod = paddle.nn.Sigmoid()
# 执行计算
y = sigmod(x)
# 输出打印
plt.plot(x.numpy(), y.numpy(), c = "red")
plt.savefig("result.png")
```

（2）ReLU 函数。函数形式如下：

$$f(x) = \max(0, x)$$

该激活函数由 Alex 在 2012 年提出，在很大程度上解决了优化深度神经网络时梯度消失的问题，曲线图如图 2.34 所示。ReLU 是目前构建深度学习网络使用最频繁的激活函数，比较简单且运算量小。当 $x > 0$ 时，ReLU 的梯度恒等于 1，无梯度消失问题，收敛快。

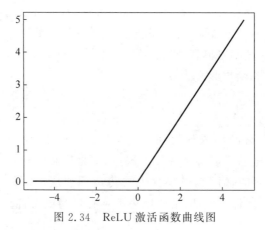

图 2.34　ReLU 激活函数曲线图

PaddlePaddle 中提供了 ReLU() 激活函数层，示例代码如下（demo/demo11.py）：

```
import matplotlib.pyplot as plt
import paddle
# 构建 x 轴数据
x = paddle.linspace(-5, 5, 200, "float32")
# 创建 ReLU 激活函数层
relu = paddle.nn.ReLU()
# 执行计算
y = relu(x)
# 输出打印
plt.plot(x.numpy(), y.numpy(), c = "red")
plt.savefig("result.png")
```

（3）ELU 函数

函数形式如下：

$$f(x) = \begin{cases} x, & x > 0 \\ \alpha * (e^x - 1), & x \leqslant 0 \end{cases}$$

ELU 训练速度快，相比 Sigmoid 和 ReLU 等激活函数，它实现了更高的准确性，其函数曲线如图 2.35 所示。

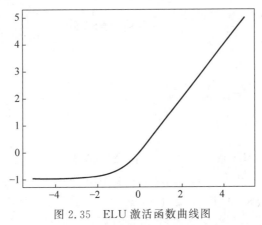

图 2.35　ELU 激活函数曲线图

PaddlePaddle 中提供了 ELU()激活函数层，示例代码如下（demo/demo12.py）：

```
import matplotlib.pyplot as plt
import paddle
# 构建 x 轴数据
x = paddle.linspace(-5, 5, 200, "float32")
# 创建 ELU 激活函数层
elu = paddle.nn.ELU()
# 执行计算
y = elu(x)
# 输出打印
plt.plot(x.numpy(), y.numpy(), c = "red")
plt.savefig("result.png")
```

3. 池化层

池化层的作用主要是对输入的特征图进行压缩。图 2.36 所示是一种典型的池化操作——最大池化。该池化层的滤波器参数为 2×2，步长为 2。其具体含义是指在 2×2 局部滑动窗口内找到当前最大元素值作为输出特征值，并以步长为 2 进行滑动，遍历整个输入特征图像得到最后的输出。除了最大池化操作以外还有平均池化操作。与最大池化操作不同的是，平均池化操作在局部滑动窗口内使用的是局部特征的平均值作为输出。

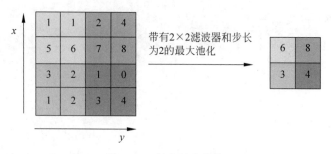

图 2.36　最大池化操作

针对图像处理任务，PaddlePaddle 提供了最大池化层函数 MaxPool2D()，其完整定义如下：

```
paddle.nn.MaxPool2D(kernel_size, stride = None, padding = 0, ceil_mode = False, return_mask =
False, data_format = 'NCHW', name = None)
```

各参数含义如下：

- kernel_size(int|list|tuple)：池化核大小；
- stride(int|list|tuple，可选)：池化层的步长，默认为 None，这时会使用 kernel_size 作为 stride；
- padding(str|int|list|tuple，可选)：边缘扩增大小，默认为 0；
- ceil_mode(bool，可选)：是否用 ceil 函数计算输出高度和宽度，默认为 False；
- return_mask(bool，可选)：是否返回最大索引和输出，默认为 False；
- data_format(str，可选)：输入和输出的数据格式，默认值为 NCHW；
- name(str，可选)：函数的名字，默认为 None。

通过池化操作，可以有效缩小原特征图尺寸，实现空间上的特征融合。在深度卷积神经网络模型中，经常会使用池化操作，而池化层往往跟在卷积层后面。

示例代码如下(demo/demo13.py)：

```
import paddle
# 构建输入数据
input = paddle.uniform([1, 3, 32, 32], dtype = "float32", min = -1, max = 1)
# 创建最大池化层
maxpool2d = paddle.nn.MaxPool2D(kernel_size = 2, stride = 2, padding = 0)
# 计算
output = maxpool2d(input)
# 输出
print(output.shape)
```

上述代码中构建了一个形状为$[1,3,32,32]$的输入特征,然后使用了最大池化操作paddle.nn.MaxPool2D()对其进行特征聚合,最终输出的特征形状如下:

```
[1, 3, 16, 16]
```

这里依然可以套用二维卷积层Conv2D()的简单公式进行特征尺寸计算:

$$out = (in - kernel + 2 \times padding)/stride + 1$$

式中,out表示输出形状大小;in表示输入特征形状大小;kernel表示池化核大小;padding表示边缘扩增尺寸(默认为0);stride表示步长(默认为1)。对于这个示例,参考上述公式计算如下:

```
out = (32 - 2 + 2 × 0) / 2 + 1 = 16
```

4. 线性变换层

线性变换层中的每一层是由许多神经元组成的平铺结构,一般会放在网络的最后,用来融合所有特征并进行降维,其数学形式如下:

$$Y = XW + b$$

式中,X表示输入的Tensor;W表示权重;b表示偏置。图2.37所示展示了常见的线性变换层接入形式。

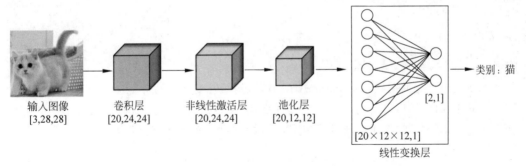

图2.37　接入线性变换层

在图2.37中,原始输入图像大小为$[3,28,28]$,经过卷积层、非线性激活层和池化层以后变为$[20,12,12]$,后面接着线性变换层,这个线性变换层的作用就是把尺寸为$[20,12,12]$大小的特征图展平成$[20 \times 12 \times 12,1]$的特征图,然后再降维成大小为$[2,1]$的低维序列,用于最后的分类输出。

PaddlePaddle提供了线性变换层Linear(),其定义如下:

```
paddle.nn.Linear( in_features, out_features, weight_attr = None, bias_attr = None, name = None )
```

各参数说明如下:

- in_features(int):线性变换层输入单元的数目;
- out_features(int):线性变换层输出单元的数目;
- weight_attr(ParamAttr,可选):指定权重参数的属性,默认值为None;

- bias_attr(ParamAttr|bool,可选)：指定偏置参数的属性，默认值为 None；
- name(str,可选)：线性变换层名称，一般无须设置，默认值为 None。

示例代码如下（demo/demo14.py）：

```
import paddle
# 定义线性变换层 W 和 b 的初始权重
weight_attr = paddle.ParamAttr(
    name = "weight", initializer = paddle.nn.initializer.Constant(value = 0.5)
)
bias_attr = paddle.ParamAttr(
    name = "bias", initializer = paddle.nn.initializer.Constant(value = 1.0)
)
# 创建线性变换层
linear = paddle.nn.Linear(2, 4, weight_attr = weight_attr, bias_attr = bias_attr)
print("W:")
print(linear.weight.numpy())
print("b:")
print(linear.bias.numpy())
# 创建输入数据
x = paddle.randn((3, 2), dtype = "float32")
print("x:")
print(x.numpy())
# 执行计算
y = linear(x)
# 输出
print("y:")
print(y.numpy())
```

上述代码首先使用 paddle.ParamAttr()函数对线性变换层的 weight_attr 和 bias_attr 参数进行了初始化，然后以此构建了一个线性变换层。接下来通过 paddle.randn()函数随机构建一个[3,2]大小的特征 x，然后使用线性变换层对 x 进行运算得到大小为[3,4]的 y。

输出结果如下：

```
W:
[[0.5 0.5 0.5 0.5]
 [0.5 0.5 0.5 0.5]]
b:
[1. 1. 1. 1.]
x:
[[-0.77213407 -1.3029497 ]
 [ 0.867346   -1.1684941 ]
 [-2.0121474  -0.35440806]]
y:
[[-0.03754187 -0.03754187 -0.03754187 -0.03754187]
 [ 0.8494259   0.8494259   0.8494259   0.8494259 ]
 [-0.18327773 -0.18327773 -0.18327773 -0.18327773]]
```

除了上述基本操作以外，还可以通过 PaddlePaddle 提供的 Sequential()函数将两个线性变换层级联，组合成一个新的层再对特征 Tensor 进行操作，如下所示（demo/demo15.py）：

```
import paddle
# 创建输入数据
paddle.seed(102) # 固定随机数,使结果可复现
x = paddle.randn((3, 2), dtype = "float32")
# 构建两个线性变换层
myLayer1 = paddle.nn.Linear(2, 4, bias_attr = True)
myLayer2 = paddle.nn.Linear(4, 5, bias_attr = True)
# 使用两个线性变换层逐个对 x 进行计算
y1 = myLayer1(x)
y2 = myLayer2(y1)
print(y2)
# 将两个线性变换层组合成新的层,再对 x 进行计算
myLayer3 = paddle.nn.Sequential(myLayer1, myLayer2)
y3 = myLayer3(x)
print(y3)
```

输出结果如下:

```
Tensor(shape = [3, 5], dtype = float32, place = Place(gpu:0), stop_gradient = False,
    [[  1.34472251,  -1.01754034,  -1.81379116,   1.13994193,  -0.10199785],
     [ -0.08902796,  -0.01092793,  -0.06287639,  -0.02927473,   0.06255329],
     [ -1.91072500,   1.30424082,   2.24636221,  -1.53621030,   0.24583957]])
Tensor(shape = [3, 5], dtype = float32, place = Place(gpu:0), stop_gradient = False,
    [[  1.34472251,  -1.01754034,  -1.81379116,   1.13994193,  -0.10199785],
     [ -0.08902796,  -0.01092793,  -0.06287639,  -0.02927473,   0.06255329],
     [ -1.91072500,   1.30424082,   2.24636221,  -1.53621030,   0.24583957]])
```

可以看到两个输出结果是一样的。有了类似这样的级联功能,就可以更加简洁快速地编写模型代码,高效实现模型组网。

2.5.2　算法原理

第 1 章通过 OpenCV 图像处理算法实现了一个简单的自动驾驶小车,该算法需要大量人工定义的参数,如车道线颜色、分割阈值等。一旦道路环境有所改变,所有这些参数都需要重新调整。由于参数之间存在强耦合性,参数调优工作量大且对经验要求高。

那么能不能模仿前面的投资预测案例,丢给机器一大堆图片数据,让机器自己去学习如何从当前图像中分析出小车下一步合适的转向角度呢? 答案是可以的。深度学习能够从大量图像数据中自行学习特征,完成媲美人类甚至超越人类的推理水平。整个学习过程不用人为干预,所要做的就是"喂"一堆图片并且设定好需要优化的目标函数即可。"喂"的图片越多,覆盖场景越丰富,最终机器学习到的驾驶水平越高。

本章算法实现思路来源于 2016 年英伟达发表的论文 *End to End Learning for Self-Driving Cars*。这篇论文的核心思想就是使用卷积神经网络自动提取图像特征,实现端到端的控制。该论文使用了深度网络结构,大大增强了图像特征表达能力,最终取得了不错的效果。所训练出来的模型无论是普通道路还是高速道路、无论是有道路标线还是没有道路标线都非常有效,解决了传统算法泛化性能不足的问题。在 2016 年自动驾驶研究火热时,该论文是一篇影响力很大的文章,即使放到现在,也可以作为自动驾驶

入门的学习材料。

整个算法原理很简单，是对真实人类操作的一个模拟。对于人类驾驶员来说，假设要驾驶车辆，首先用眼睛查看前方路面情况，然后大脑根据当前眼睛看到的画面进行分析，最后将分析结果反馈到手部转动方向盘，从而控制车辆始终行驶在规定区域内。这篇论文算法实现原理也是一样的，具体流程如图 2.38 所示。

图 2.38　算法原理流程

在图 2.38 所示中，由摄像头采集图像，然后将图像输入预先训练好的 CNN 网络，这个网络的输出是方向盘的转向角度，从而可以控制小车按照这个角度打方向盘。接下来需要解决的就是如何构建这个 CNN 模型。

针对每帧图像，都可以认为有一个最佳的转向角度，即网络的输入是图像，输出是一个代表方向盘转向角的回归值。具体模型结构如图 2.39 所示。

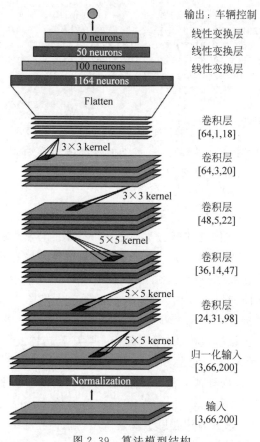

图 2.39　算法模型结构

在图 2.39 所示中，算法输入在底部，输出在顶部。整个模型结构并不复杂，就是一堆的卷积神经网络模块按照顺序堆叠。这个模型一共包含 30 层，由于其输入图像的精度比较低（高 66 像素、宽 200 像素），因此推理速度比较快。借助 GPU，该算法可以实现实时推理。具体的,输入图像首先进行归一化,然后经过 5 组卷积层处理,最后拉平以后通过多个线性变换层计算得到一个回归值,这个回归值就是所需要的转向角。

这里会遇到一个问题,训练上述深度神经网络需要大量的数据,即每帧图像以及对应的最佳转向值,这些数据从哪里获取呢? 这篇论文里提出了一个方法,既然是模拟人类行为,那么只要让驾驶员在相关赛道上进行驾驶,驾驶时一边记录每帧图像的同时也记录当前帧对应的操控的转向角,这样一组组数据记录下来就是"最佳"训练数据。

获得训练数据以后,在模型训练阶段,每次迭代时计算模型预测角度与当前图像期望角度的误差,这个误差通过神经网络反向传播来更新模型参数。整个过程一直循环重复,直到误差足够低,这意味着模型已经学会了如何合理地转向,最终模型的输出结果是非常符合人类驾驶经验的。

上述学习过程省去了传统算法中的颜色区域提取、感兴趣区域选择、霍夫变换等一系列复杂的图像处理步骤。该论文研究团队通过收集不到 100h 的训练数据进行训练,最后得到的模型足以支持在各种条件下稳定操控车辆,比如高速公路、普通公路和居民区道路,以及可以面对多种不同的天气状况,如晴天、多云和雨天等。这里需要额外说明的是,这个模型的输出仅有一个转向角度,模型相对简单。如果输出变量再多一些,如考虑油门值、摄像头角度、行人避障等,那么这个模型还需要再进一步优化。

下面将按照这个算法思路实现本项目。

2.5.3 数据采集

针对本书采用的自动驾驶仿真平台,为了能够采集到每帧图像及对应的最佳转向角度,可以按照 1.4 节的内容,通过手动操作键盘来控制小车运动,然后记录每帧转向角数据。这种模式是真实的自动驾驶经常采用的方式,但是需要读者自行操控小车来重复采集数据。针对本章任务,下面介绍一种更简便的方法。

具体的,可以使用 1.4 节基于 OpenCV 的自动驾驶算法来控制小车运行,然后记录每帧图像及对应角度,收集好大量数据以后再来训练深度学习算法。尽管第 1 章中所设计的算法性能一般,但是胜在能够基本满足任务。因此,还是可以信赖这位水平一般的"OpenCV 驾驶员"来收集训练数据的。

参照 1.4.4 节的代码(opencv_drive/auto_drive.py),油门值设置为恒定,然后由 OpenCV 计算每帧图像对应的车道线角度,最后换算成转向角控制小车转向即可。为了能够记录每帧图像数据,只需要在每帧图像处理完并做出动作后将当前帧图像和对应的转向角度记录下来即可。

完整代码如下所示(dl_drive/collect_data.py),部分脚本函数的实现请参考(dl_drive/img_analysis.py):

```python
import os
import cv2
import numpy as np
import gym
import gym_donkeycar
```

```
# 导入自定义库
from img_analysis import region_of_interest, average_lines, compute_steer_angle

# 创建数据集目录
folder = "./data"
if not os.path.exists(folder):
    os.makedirs(folder)

# 设置模拟器环境
env = gym.make("donkey-generated-roads-v0")
obv = env.reset()

# 开始启动,并获取首帧图像
action = np.array([0, 0.2])    # 动作控制,第1个转向值,第2个油门值
frame, reward, done, info = env.step(action)

# 运行 2000 次动作
pic_index = len(os.listdir(folder))
for t in range(2000):
    # 高斯滤波去噪
    frame_g = cv2.GaussianBlur(frame, (5, 5), 1)

    # 转换图像到 HSV 空间
    height, width, _ = frame_g.shape
    hsv = cv2.cvtColor(frame_g, cv2.COLOR_RGB2HSV)

    # 特定颜色区域检测
    lower_blue = np.array([15, 40, 40])
    upper_blue = np.array([45, 255, 255])
    yellow_mask = cv2.inRange(hsv, lower_blue, upper_blue)
    lower_blue = np.array([0, 0, 200])
    upper_blue = np.array([180, 30, 255])
    white_mask = cv2.inRange(hsv, lower_blue, upper_blue)

    # 边缘检测
    yellow_edge = cv2.Canny(yellow_mask, 200, 400)
    white_edge = cv2.Canny(white_mask, 200, 400)

    # 感兴趣区域提取
    yellow_croped = region_of_interest(yellow_edge, color="yellow")
    white_croped = region_of_interest(white_edge, color="white")

    # 直线检测
    rho = 1                        # 距离精度：1 像素
    angle = np.pi / 180            # 角度精度：1°
    min_thr = 10                   # 最少投票数
    white_lines = cv2.HoughLinesP(
        white_croped, rho, angle, min_thr, np.array([]), minLineLength=8, maxLineGap=8
    )
    yellow_lines = cv2.HoughLinesP(
        yellow_croped, rho, angle, min_thr, np.array([]), minLineLength=8, maxLineGap=8
    )
```

```
# 小线段聚类
yellow_lane = average_lines(frame, yellow_lines, direction = "left")
white_lane = average_lines(frame, white_lines, direction = "right")

# 计算转向角
steering_angle = compute_steer_angle(yellow_lane, white_lane, height, width)
print(steering_angle)
action = np.array([steering_angle, 0.2])            # 油门值恒定

# 记录图像和转向角
img_path = folder + "/{:d}_{:.4f}.jpg".format(pic_index, steering_angle)
frame = cv2.cvtColor(frame, cv2.COLOR_RGB2BGR)
cv2.imwrite(img_path, frame)
pic_index += 1

# 执行动作并重新获取图像
frame, reward, done, info = env.step(action)

# 运行结束后重置当前场景
obv = env.reset()
```

上述代码每次运行都会在 data 目录下生成 2000 张图片,由于每次运行的赛道都是随机生成的,因此读者可以多运行几次,最终收集 10000 张图像,每张图像命名规则为"图像帧号_转向角度.jpg",如图 2.40 所示。

342_0.2000.jpg 343_0.2444.jpg 344_0.2222.jpg 345_0.2444.jpg 346_0.2222.jpg 347_0.2222.jpg

图 2.40　图像数据采集示例

这里需要注意,第 1 章采用 OpenCV 传统图像处理算法来实现自动驾驶,在遇到道路交叉或超大拐角时容易出现脱离车道的情况。因此,在数据采集的过程中,读者要时刻观察当前小车状态,检查小车是否稳定运行在车道线内,这样才能确保采集到的数据是有效的。

读者可以使用上述代码自行收集图片,也可以使用本书收集好的数据集进行后续算法训练,下载网址详见前言二维码。

接下来需要对这些图片进行整理,拆分数据集用于算法训练和验证。实际操作中,并不需要将数据集中的图像按照训练集、验证集归类到不同的文件夹中,只需要将图像路径以及转向角度信息写入训练集和验证集对应的 txt 文件即可。

完整代码如下(dl_drive/gen_list.py):

```
import os
import random
from tools import creat_data_list, getFileList
```

```
org_img_folder = "./data"              # 数据集根目录
train_ratio = 0.8                      # 训练集占比

# 检索 jpg 文件
jpglist = getFileList(org_img_folder, [], "jpg")
print("检索到 " + str(len(jpglist)) + " 个 jpg 文件\n")

# 解析转向值
file_list = list()
for jpgpath in jpglist:
    print(jpgpath)
    curDataDir = os.path.dirname(jpgpath)
    basename = os.path.basename(jpgpath)
    angle = (basename[:-4]).split("_")[-1]
    imgPath = os.path.join(curDataDir, basename).replace("\\", "/")
    file_list.append((imgPath, angle))

# 切分数据
random.seed(256)
random.shuffle(file_list)
train_num = int(len(file_list) * train_ratio)
train_list = file_list[0:train_num]
val_list = file_list[train_num:]

# 创建列表文件
creat_data_list(train_list, mode = "train")
creat_data_list(val_list, mode = "val")
```

上述代码将所有图片按照 0.8/(1−0.8)＝ 4/1 的比例拆分为训练集和验证集，并将列表分别保存为 train.txt 和 val.txt。其中，creat_data_list() 和 getFileList() 函数分别用于实现文件写入和文件检索，具体代码请参考配套资源（dl_drive/tools.py）。

执行完上述脚本以后，在项目当前根目录下会生成 train.txt 和 val.txt 文件，内容如下所示：

```
./data/4647_-0.1778.jpg -0.1778
./data/5989_0.1556.jpg 0.1556
./data/6386_0.1556.jpg 0.1556
```

每一行表示一个样本，由图像路径和转向角度组成，中间用空格分隔。训练集列表 train.txt 共有 8000 行，验证集列表 val.txt 共有 2000 行。

到这里，数据采集部分已经全部完成。接下来将按照 2.5.2 节介绍的算法原理来搭建模型进行算法训练。

2.5.4　数据读取

2.5.3 节已经采集好了道路训练数据，并且拆分成训练集和验证集。本节将构建数据读取管道，通过批（batch）采样的方式每次加载一定数量的图片进行训练。

在 2.4 节的投资预测案例中，样本是一个接着一个进行误差计算的，最后把所有样本的误差累积起来再求梯度。这种串行的误差计算方法对于深度学习任务来说效率较低,因为当今的 GPU 为批处理操作进行了大量优化工作,多个样本并行计算的开销远远小于单个样本串行计算。这种样本批处理的方式有效减少了资源内耗,充分利用了 GPU 强大的并行计算能力。一般情况下,在实际项目中一次采样的图片数越多越好,但是采样的图片数量受到 GPU 显存容量的限制。因此,GPU 显存越大,可以设置的采样数(batch_size)越多,训练效率越高。

PaddlePaddle 提供了自定义数据集类 paddle. io. Dataset 和数据加载类 paddle. io. DataLoader 来简化上述批处理操作,通过这两个类的使用可以完成数据样本分批、乱序和异步读取等功能,大幅提高了开发效率。

下面首先给出针对本章自动驾驶任务的自定义数据类 AutoDriveDataset 完整代码(dl_drive/dataset. py):

```python
import numpy as np
import cv2
import paddle

class AutoDriveDataset(paddle.io.Dataset):
    """自定义数据集类"""
    def __init__(self, mode, transform = None):
        """
        :参数 mode: 'train' 或者 'val'
        :参数 transform: 图像预处理方式
        """
        self.mode = mode.lower()
        self.transform = transform
        assert self.mode in {"train", "val"}
        # 读取数据集列表文件信息
        if self.mode == "train":
            file_path = "./train.txt"
        else:
            file_path = "./val.txt"
        self.file_list = list()
        with open(file_path, "r") as f:
            files = f.readlines()
            for file in files:
                if file.strip() is None:
                    continue
                self.file_list.append([file.split(" ")[0], float(file.split(" ")[1])])

    def __getitem__(self, i):
        """
        :参数 i: 图像检索号
        :返回: 返回第 i 个图像和转向值
        """
        # 读取图像
        img = cv2.imread(self.file_list[i][0])
        img = cv2.cvtColor(img, cv2.COLOR_BGR2RGB)
        # 预处理
```

```
        if self.transform:
            img = self.transform(img)
        # 读取转向值
        label = self.file_list[i][1]
        label = paddle.to_tensor(np.array([label]), dtype = "float32")
        return img, label

    def __len__(self):
        """返回:图像总数"""
        return len(self.file_list)
```

针对上述代码的重点内容给出相关说明:

(1) 自定义类 AutoDriveDataset 继承自 paddle.io.Dataset 类,在类内显式地实现了 __getitem__()和__len__()函数,这样自定义的类实例才能在后续处理中实现自动批采样操作。

(2) 在__init__()函数中,设置了 mode 参数,使得自定义类可以同时兼顾 train(训练)和 val(验证)两种不同的模式,根据不同的 mode 类型读取对应的列表文件,并将列表文件信息读取到了类内变量 file_list 中。

(3) __getitem__()函数需要根据传入的检索号来返回对应的图像数据和真值(转向角)。这个函数是必须要实现的函数,并且其传入参数永远是某张图片的列表索引号。在 2.5.3 节,将每张图像的相对路径和转向角度写到图像列表文件的某一行,因此,这里在读取的时候也要按照这种格式进行读取。在读取图像数据后对图像进行了 RGB 空间转换,这样后续的模型训练和推理也要在 RGB 空间内完成。

(4) 在 AutoDriveDataset 的__len__()函数中需要返回当前读取的总的图片数量,这个函数是必须要实现的函数。

在定义完自定义数据集类后,可以使用 paddle.io.DataLoader 进行数据读取,并且可自动完成分批的任务。使用示例如下(dl_drive/test_data.py):

```
import paddle
import paddle.vision.transforms as transforms
from dataset import AutoDriveDataset
# 定义预处理操作
transformations = transforms.Compose([transforms.ToTensor()])
# 创建数据集实例
dataset = AutoDriveDataset(mode = "train", transform = transformations)
total_num = dataset.__len__()
print("数据集图片总数量: ", total_num)
# 创建数据集加载器
batch_size = 16
loader = paddle.io.DataLoader(
    dataset,
    batch_size = batch_size,
    shuffle = True,
    drop_last = True,
    num_workers = 0,
```

```
        return_list = True,
    )
    # 计算遍历1次完整数据集需要加载的次数(total_num/batch_size)
    print("加载次数:", len(loader))
```

输出如下:

```
数据集图片总数量:8000
加载次数:500
```

下面对上述代码重要部分进行解释:

(1)首先定义了预处理操作,这里使用了 paddle. vision. transforms 库中预处理函数 ToTensor()实现,并通过 Compose()函数来组装预处理操作。具体的,ToTensor()会实现两个操作:一是将图像数据从 0~255 线性映射至 0~1;二是调整图像数据形状,从 HWC 调整为 CHW(C 是图像通道数,H 是图像高度,W 是图像宽度)。之所以这样操作,是因为在 PaddlePaddle 的卷积操作中默认将 Tensor 的通道放在最前面进行处理。

(2)创建数据集类实例时,使用了前面定义好的 AutoDriveDataset 类,并且 mode 设置为了 train,对应训练集。通过 dataset. __len__()函数可以获取到当前数据集的总的图片数量,这里对应的是训练集,因此输出为 8000。

(3)通过使用 paddle. io. DataLoader()函数来创建数据集加载器,其中 dataset 就是前面创建好的 AutoDriveDataset 类实例;batch_size 参数表示每批次读取的图片数; shuffle 参数表示是否在读取图片时打乱读取顺序;drop_last 参数表示是否丢弃不完整的批次样本;num_workers 参数用来设置加载数据的子进程个数,在 Windows 和 Mac 操作系统上该参数只能设置为 0。

(4)最后使用了 len(loader)来获取遍历1次完整数据集需要加载的次数,这个次数可以方便后续评估模型的训练时间。

至此就按照深度学习的常规方式构建好了数据集读取的管道,一般每个深度学习项目都会按照上述步骤实现数据集读取。一些复杂的项目在实现时会将相关代码拆分到不同的模块中,代码会显得更复杂一些,但是无论如何拆解,其本质都是遵循上述流程。

2.5.5 网络模型

完成了数据读取管道构建以后,接下来就可以定义网络模型结构,这也是深度学习算法中最核心的部分。针对本章的自动驾驶任务,可以按照 2.5.2 节的算法原理来实现组网。

完整代码如下(dl_drive/model. py):

```python
import paddle.nn as nn
import paddle


class AutoDriveNet(nn.Layer):
    """端到端自动驾驶模型"""
    def __init__(self):
```

```
        """初始化"""
        super(AutoDriveNet, self).__init__()
        self.conv_layers = nn.Sequential(
            nn.Conv2D(3, 24, 5, stride = 2),
            nn.ELU(),
            nn.Conv2D(24, 36, 5, stride = 2),
            nn.ELU(),
            nn.Conv2D(36, 48, 5, stride = 2),
            nn.ELU(),
            nn.Conv2D(48, 64, 3),
            nn.ELU(),
            nn.Conv2D(64, 64, 3),
            nn.Dropout(0.5),
        )
        self.linear_layers = nn.Sequential(
            nn.Linear(in_features = 64 * 8 * 13, out_features = 100),
            nn.ELU(),
            nn.Linear(in_features = 100, out_features = 50),
            nn.ELU(),
            nn.Linear(in_features = 50, out_features = 10),
            nn.Linear(in_features = 10, out_features = 1),
        )

    def forward(self, input):
        """前向推理"""
        input = paddle.reshape(input, [input.shape[0], 3, 120, 160])
        output = self.conv_layers(input)                        # 卷积模块
        output = paddle.reshape(output, [output.shape[0], -1])  # 展平
        output = self.linear_layers(output)                     # 线性变换模块
        return output
```

代码解析：

（1）首先创建了一个自定义模型类 AutoDriveNet，该类继承基类 paddle. nn. Layer，表示这是一个 PaddlePaddle 支持的模型类，并且在类中显式地实现了前向推理方法 forward()，这个 forward()方法用来执行对输入特征的一系列层操作。

（2）在__init__()方法中将核心 Layer 都提前定义好，这样在 forward()方法中就可以直接使用__init__()中定义好的 Layer 进行前向推理。

（3）Paddle. nn. Dropout()是 PaddlePaddle 提供的一种丢弃层，在训练神经网络过程中随机丢掉一部分神经元来减少神经网络复杂度，从而防止过拟合。

（4）在 forward()方法中，为了能够让不同层之间的维度适配，使用了 paddle. reshape()函数来调整对应的输出特征维度，这个函数的功能类似 NumPy 库中的 reshape()。

考虑到本章任务的图像尺寸，上述组网过程并没有严格按照 2.5.2 节中设置的特征尺寸参数来实现，但是基本组网模块是一致的。读者可以按照 2.5.1 节中的公式自行分析每个模块的输入输出特征维度。

到这里就搭建好了本章自动驾驶所依赖的核心算法模型，由于使用了 PaddlePaddle 封装好的模块化算子，构建网络模型显得非常简单。

2.5.6　损失函数

加载完数据,并将数据"喂"给模型产生预测输出,接下来就需要对这个输出的好坏进行评价,这样才能根据评价的结果反馈给网络并调整参数。

损失函数用来评估模型的预测结果与真实结果之间的差距,模型训练的过程其实就是对损失函数采用梯度下降法使得损失函数不断减小到局部最优值,而得到对任务来说比较合理的模型参数。

一般在深度学习任务中,有许多常用的损失函数。例如,在图像分类任务中的 Cross Entropy 损失函数、在目标检测任务中的 Focal loss 损失函数、在图像识别任务中的 Center Loss 损失函数等。这些常见的损失函数在 PaddlePaddle 中均有函数接口可以调用。如果框架中提供的损失函数不能满足实际任务需要,也可以自定义损失函数。

本章自动驾驶任务的模型输出是一个回归值,因此可以采用均方差作为损失函数。PaddlePaddle 提供了均方差损失函数 paddle.nn.MSELoss()。

示例代码如下(demo/demo16.py):

```python
import paddle
# 创建对比数据
pred = paddle.to_tensor(1.5)
label = paddle.to_tensor(1.7)
# 定义损失函数
mse_loss = paddle.nn.MSELoss()
# 计算损失函数
output = mse_loss(pred, label)
print(output.numpy())
```

对应输出为

```
[0.04000002]
```

这个结果就是计算 $(1.5-1.7)^2$ 得到的。

2.5.7　优化算法

神经网络最终是一个数学上的最优化问题,在经过前向计算和反向传播后,每个节点的梯度都由 PaddlePaddle 自动计算出来,但是如何根据梯度来优化对应节点的参数,不同的算法有不同的处理方式。

常用的优化方法有两种:SGD 和 Adam。SGD 表示随机梯度下降算法,属于梯度下降算法的一种。当需要训练大量样本的时候,往往选择 SGD 来使损失函数更快地收敛。Adam 是一种自适应调整学习率的方法,适用于大多非凸优化、大数据集和高维空间场景。

在实际应用中,Adam 是最为常用的一种优化方法,因为它需要调整的参数相比SGD 更少,训练更加稳定。因此,本章任务选择 Adam 优化算法来完成。

PaddlePaddle 的 Adam()函数定义如下:

```
paddle.optimizer.Adam(learning_rate = 0.001, beta1 = 0.9, beta2 = 0.999, epsilon = 1e − 08,
parameters = None, weight_decay = None, grad_clip = None, name = None, lazy_mode = False,
multi_precision = False, use_multi_tensor = False, name = None)
```

其中主要参数说明如下：

- learning_rate：学习率，用于参数更新的计算，默认值为 0.001；
- beta1：一阶矩估计的指数衰减率，默认值为 0.9；
- beta2：二阶矩估计的指数衰减率，默认值为 0.999；
- epsilon：保持数值稳定性的短浮点类型值，默认值为 1e−08；
- parameters：指定优化器需要优化的参数；
- weight_decay：正则化方法；
- grad_clip：梯度裁剪的策略，默认值为 None，即不进行梯度裁剪；
- name：一般无须设置，默认值为 None；
- lazy_mode：当设为 True 时，仅更新当前具有梯度的元素。

简单示例如下（demo/demo17.py）：

```python
import paddle
import numpy as np
# 构建输入数据
inp = np.random.uniform( − 0.1, 0.1, [10, 10]).astype("float32")
inp = paddle.to_tensor(inp)
# 构建输入数据的真值标签
label = paddle.to_tensor(1.0)
# 创建线性变换层
linear = paddle.nn.Linear(10, 10)
# 定义损失函数
mse_loss = paddle.nn.MSELoss()
# 定义优化器
beta1 = paddle.to_tensor([0.9], dtype = "float32")
beta2 = paddle.to_tensor([0.99], dtype = "float32")
adam = paddle.optimizer.Adam(
    learning_rate = 0.1,
    parameters = linear.parameters(),
    beta1 = beta1,
    beta2 = beta2,
    weight_decay = 0.01,
)
# 前向计算
out = paddle.mean(linear(inp))
# 计算迭代前损失函数
loss = mse_loss(out, label)
print("迭代前损失函数:", float(loss))
# 后向传播，更新参数
loss.backward()
adam.step()
adam.clear_grad()
# 计算迭代后损失函数
```

```
out = paddle.mean(linear(inp))
loss = mse_loss(out, label)
print("迭代后损失函数:", float(loss))
```

上述代码构建了一个简单的线性层模型,并通过 Adam 优化器完成了 1 次迭代更新任务,最终输出了迭代前后的损失函数值。在构建完 adam 优化器以后,只需要使用优化器的 step() 函数就可以执行一次梯度优化,然后再使用 clear_grad() 函数就可以清空当前模型梯度值,从而为下一次优化计算做好准备。

输出结果如下:

```
迭代前损失函数: 0.9953431487083435
迭代后损失函数: 0.9296358227729797
```

可以看到,使用 Adam 进行 1 次迭代后的损失函数比迭代前的损失函数小了,说明模型正在朝着最小化损失函数方向"努力着"。

2.5.8 模型训练

前面的内容分别讲解了怎么构建数据读取管道、如何搭建网络模型、如何定义损失函数、如何定义优化器。本小节内容将根据本章自动驾驶任务将前面的内容串联起来,编写完整的训练代码。

完整训练代码如下(dl_drive/train.py):

```
# 导入 paddle 库
import paddle
from visualdl import LogWriter
import paddle.vision.transforms as transforms
# 导入自定义库
from model import AutoDriveNet
from dataset import AutoDriveDataset


# 参数定义
batch_size = 400              # 批大小
start_epoch = 1               # 轮数起始位置
epochs = 100                  # 遍历次数
lr = 1e-4                     # 学习率
# 设备参数
paddle.set_device("gpu")
# 全局记录器
writer = LogWriter()
# 初始化模型
model = AutoDriveNet()
# 初始化优化器
optimizer = paddle.optimizer.Adam(learning_rate = lr, parameters = model.parameters())
# 定义损失函数
criterion = paddle.nn.MSELoss()
# 定义预处理器
```

```python
transformations = transforms.Compose(
    [
        transforms.ToTensor(),              # 通道置前并且将 0～255 值映射至 0～1
    ]
)
# 定义数据集类变量
train_dataset = AutoDriveDataset(mode = "train", transform = transformations)
# 定义数据集加载器
train_loader = paddle.io.DataLoader(
    train_dataset,
    batch_size = batch_size,
    shuffle = True,
    drop_last = True,
    num_workers = 0,
    return_list = True,
)

# 开始逐轮迭代训练
for epoch in range(start_epoch, epochs + 1):
    # 开启训练模式
    model.train()
    # 统计单个 epoch 的损失函数
    loss_epoch = 0
    # 按批处理
    for i, (imgs, labels) in enumerate(train_loader):
        # 前向传播
        pre_labels = model(imgs)
        # 计算损失
        loss = criterion(pre_labels, labels)
        # 后向传播
        optimizer.clear_grad()
        loss.backward()
        # 更新模型
        optimizer.step()
        # 记录损失值
        loss_epoch += float(loss)
        # # 打印结果
        # print("第 " + str(i) + " 个 batch 训练结束")

    # 手动释放内存
    del imgs, labels, pre_labels
    # 监控损失值变化
    loss_epoch_avg = loss_epoch / train_dataset.__len__()
    writer.add_scalar("MSE_Loss", loss_epoch_avg, epoch)
    print("epoch:" + str(epoch) + "  MSE_Loss:" + str(loss_epoch_avg))

# 保存模型
paddle.save(model.state_dict(), "results/model.pdparams")
# 训练结束关闭监控
writer.close()
```

上述代码的整体结构跟前面介绍的深度学习实现步骤基本一致。建议读者可以先根据本书配套代码运行上述训练脚本，然后再来详细分析每行代码作用。整个训练过程一共执行了 100 次遍历(epoch)，每次遍历都按照批(batch)的概念加载一小部分图像进行计算。

在程序开始时从 visualdl 库中导入 LogWriter()函数。visualdl 是 PaddlePaddle 提供的非常强大的深度学习可视化工具，方便在训练时记录中间结果，并且可以以图形化方式展示。具体使用时只需要在每次迭代时将每次遍历完的损失函数，使用下面的代码记录下来即可：

```
writer.add_scalar('MSE_Loss', loss_epoch_avg, epoch)
```

其中，add_scalar()函数表示记录的是一个数值标量，MSE_Loss 表示该记录对应的名称，loss_epoch_avg 是需要记录的值(对应展示图表的纵坐标)，epoch 为迭代轮数(对应展示图表的横坐标)。在程序运行起来以后，相关记录结果会自动保存在 runs 文件夹中。

正式开启训练时，可以在终端中输入 nvidia-smi 命令，查看 GPU 显卡使用情况，如图 2.41 所示。

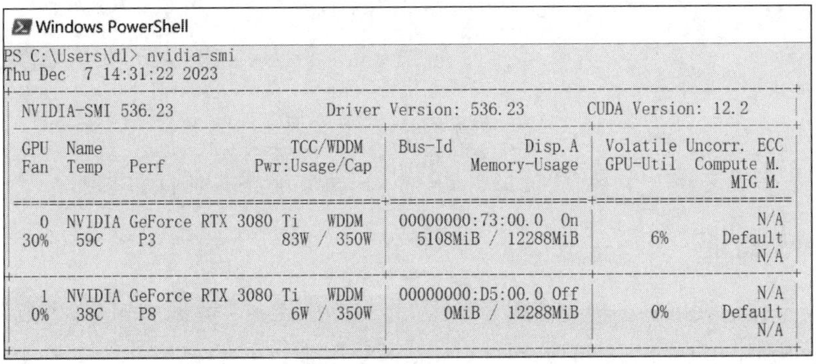
```
Windows PowerShell
PS C:\Users\dl> nvidia-smi
Thu Dec  7 14:31:22 2023
+-----------------------------------------------------------------------------+
| NVIDIA-SMI 536.23             Driver Version: 536.23    CUDA Version: 12.2  |
|-------------------------------+----------------------+----------------------+
| GPU  Name            TCC/WDDM | Bus-Id        Disp.A | Volatile Uncorr. ECC |
| Fan  Temp  Perf  Pwr:Usage/Cap|         Memory-Usage | GPU-Util  Compute M. |
|                               |                      |               MIG M. |
|===============================+======================+======================|
|   0  NVIDIA GeForce RTX 3080 Ti  WDDM | 00000000:73:00.0  On |          N/A |
| 30%   59C    P3     83W / 350W |  5108MiB / 12288MiB |      6%      Default |
|                               |                      |                  N/A |
+-------------------------------+----------------------+----------------------+
|   1  NVIDIA GeForce RTX 3080 Ti  WDDM | 00000000:D5:00.0 Off |          N/A |
|  0%   38C    P8      6W / 350W |     0MiB / 12288MiB |      0%      Default |
|                               |                      |                  N/A |
+-------------------------------+----------------------+----------------------+
```

图 2.41　训练时查看 GPU 显卡运行情况

从图 2.41 可以看到，当前仅使用 1 张显卡，其显存占用 5108MiB，使用率为 6%，远没有达到饱和状态。

训练完成后可以使用下面的命令启动 visualdl：

```
visualdl -- logdir ./runs
```

启动成功后打开浏览器访问 http://127.0.0.1:8040/，效果如图 2.42 所示。

图 2.42 所示中，此时 visualdl 以 epoch 为横坐标、以损失函数为纵坐标进行绘图，最终结果以这种图形化方式展示了出来，该曲线叫作收敛曲线。一般来说，随着训练的不断迭代，损失函数会越小。通过曲线也可以直观地发现，在 epoch=100 左右，这个曲线趋于水平，因此，可以认为这个模型训练 100 个 epoch 左右基本就可以收敛了。

在训练结束后，除了记录的日志文件以外，最重要的就是训练得到的模型参数文件，这个文件使用了 paddle.save()函数将其保存在了 results 文件夹下面，命名为 model.pdparams。这个模型文件记录了训练好的模型相关节点的参数值，可以理解为模型的

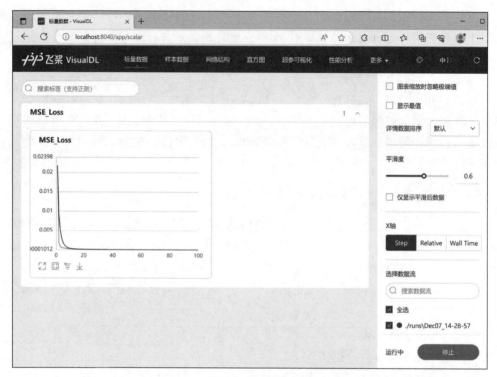

图 2.42　使用 Visualdl 查看训练过程

"记忆"，正是有了这样一个具有"记忆"的文件，后面才能够实现自动驾驶。

2.5.9　模型验证

本节需要评估训练好的模型性能。在 2.5.3 节中完成了数据的切分，生成了 train. txt 和 val. txt 分别用于训练和验证。因此，本节将使用训练好的模型在验证集上完成验证，检验这个训练好的模型对于新样本的预测能力。

验证代码如下（dl_drive/val.py）：

```python
# 导入系统库
import time
# 导入 Paddle 库
import paddle
import paddle.vision.transforms as transforms
# 导入自定义库
from dataset import AutoDriveDataset
from model import AutoDriveNet

# 定义设备运行环境
paddle.set_device("gpu")
# 加载训练好的模型文件
model = AutoDriveNet()
checkpoint = paddle.load("./results/model.pdparams")
model.set_state_dict(checkpoint)
```

```
# 定义预处理器
transformations = transforms.Compose(
    [
        transforms.ToTensor(),  # 通道置前并且将 0～255RGB 值映射至 0～1
    ]
)
# 创建验证数据集类实例
val_dataset = AutoDriveDataset(mode = "val", transform = transformations)
# 创建数据集加载器
val_loader = paddle.io.DataLoader(
    val_dataset,
    batch_size = 400,
    shuffle = True,
    drop_last = True,
    num_workers = 0,
    return_list = True,
)
# 定义评估指标
criterion = paddle.nn.MSELoss()
# 记录均方误差值
MSEs = 0
nbatch = 0
# 记录测试时间
model.eval()
start = time.time()
with paddle.no_grad():
    # 逐批样本进行推理计算
    for i, (imgs, labels) in enumerate(val_loader):
        # 前向传播
        pre_labels = model(imgs)
        # 计算误差
        loss = criterion(pre_labels, labels)
        MSEs += loss.numpy()[0]
        nbatch += 1
# 输出平均均方误差
print("MSE: " + ("%f" % (MSEs / nbatch)))
print("平均单张样本用时  {:.3f} 秒".format((time.time() - start) / len(val_dataset)))
```

上述脚本的执行流程与训练脚本差不多,主要不同点在于训练脚本最终要获得 model.pdparams 这个模型参数文件,而这个验证脚本则是直接通过 paddle.load() 加载这个训练好的模型文件。

需要注意的是,在推理时不希望整个网络模型继续更新权重了,只需要执行前向推理,而不再执行反向传播,因此在代码里使用了 model.eval() 和 paddle.no_grad() 这两个语句组合来实现这个功能。

上述代码执行后输出如下:

```
MSE: 0.002126
平均单张样本用时  0.002s
```

可以看到，最终的输出结果误差是非常小的，模型精度很高。读者如果运行上面的代码，最终的结果值可能会略微有些不同，这是因为神经网络在训练时很多节点都设置了随机初始化，导致最终训练出的结果会有细微的差别，但不会造成太大的影响。

到这里，完成了深度学习算法研发。下面就可以将算法集成到整个自动驾驶任务中了。

2.5.10　模型集成

前面完成了模型训练和验证，下面就可以构建整个自动驾驶流程，逐张获取图片，然后进行推理得到转向角，并操控小车执行相应角度的转向。

完整的代码如下（dl_drive/auto_drive.py）：

```python
# 导入系统库
import cv2
import numpy as np
import gym
import gym_donkeycar
import paddle
# 导入自定义库
from model import AutoDriveNet

# 设置模拟器环境
env = gym.make("donkey-generated-roads-v0")

# 重置当前场景
obv = env.reset()

# 设置 GPU 环境
paddle.set_device("gpu")

# 加载训练好的模型
model = AutoDriveNet()
checkpoint = paddle.load("./results/model.pdparams")
model.set_state_dict(checkpoint)
model.eval()

# 开始启动
action = np.array([0, 0.2])   # 动作控制,第 1 个转向值,第 2 个油门值

# 执行动作并获取图像
frame, reward, done, info = env.step(action)

# 运行 2500 次动作
for t in range(2500):
    # 图像转 Tensor
    img = paddle.to_tensor(frame.copy(), stop_gradient = True)
    # 归一化到 0~1
    img /= 255.0
    # 调整通道,从 HWC 调整为 CHW
```

```
img = img.transpose([2, 0, 1])
# 扩充维度,从 CHW 扩充为 NCHW
img.unsqueeze_(0)
# 模型推理
with paddle.no_grad():
    # 前向推导获得预测的转向角度
    prelabel = model(img).squeeze(0).cpu().detach().numpy()
    steering_angle = prelabel[0]
    # 执行动作并重新获取图像
    factor = 1.5  # 动作增强因子
    action = np.array([steering_angle * factor, 0.2])
    frame, reward, done, info = env.step(action)

# 运行完以后重置当前场景
obv = env.reset()
```

上述代码逐帧读取图像后,通过 paddle.to_tensor()函数将图像数据转换成 Tensor 变量,然后除以 255,这样就把图像数据从 0～255 归一化到 0～1。这里需要注意的是,在训练模型时是将图像转换到 RGB 空间中进行处理的,而此处由自动驾驶平台采集到的图像本身就是 RGB 格式的,因此不再需要进行转换了。

接下来使用 Tensor 的 transpose()函数调整通道顺序,从 HWC 调整为 CHW 格式。最后通过 unsqueeze_()函数在第 0 个维度扩充一个维度出来,变成 NCHW 格式。在最终模型推理结束后使用 squeeze()函数把第一个维度去掉,变回 CHW 格式,然后使用 cpu()函数将预测结果从 gpu 上转移到 cpu 上,再使用 detach()函数将这个预测结果值从整个模型前向推理逻辑中剥离出来,最后转成 NumPy 数值,这个数值即为模型预测的车辆转向角度。

在动作控制部分,额外增加了一个动作增强因子 factor,用来增强车辆在遇到大的拐弯时的变向能力,防止车辆偏离车道。

打开模拟器,运行上述脚本,可以看到车辆可以稳定地进行自动驾驶了,如图 2.43 所示。

图 2.43　基于深度学习的端到端自动驾驶

2.6　小结

本章内容介绍了深度学习框架 PaddlePaddle 以及多平台环境安装和基本使用方法，同时介绍了二维卷积层、激活层、线性层等常用的深度学习概念和定义方法。在此基础上，使用一个完整的基于深度学习的自动驾驶案例来巩固所学的基础知识，详细讲解了如何构建数据读取管道、如何搭建算法模型、如何设置优化器、如何定义损失函数等步骤，最后给出了完整的训练和验证脚本并进行了代码分析。需要说明的是，本章使用的自动驾驶案例是一个在固定模拟场景下的简单应用，旨在帮助读者能够灵活运用所学知识解决深度学习任务。

本章实现的深度学习算法本身比较简单，各个步骤都是手动"组装"，主要目的是让读者能够快速掌握 PaddlePaddle 的基本使用方法。对于实际的工业项目来说，采用这种方式来研发算法其效率是比较低的。开发者如果想要尝试不同算法的性能，需要深入掌握算法原理并编写大量的实现代码。为了提高开发者开发效率，飞桨官方提供了大量的算法套件，如图像分类套件 PaddleClas、目标检测套件 PaddleDetection、图像分割套件 PaddleSeg、生成对抗网络套件 PaddleGAN 等。接下来将基于算法套件进入案例实战篇。

第2部分

案 例 应 用

　　通过前面基础知识篇的学习，读者初步接触了深度学习算法以及 PaddlePaddle 深度学习框架，了解了如何手工组装深度学习任务的"生产线"，并且可以使用 PaddlePaddle 提供的底层 API 接口完成训练和推理。通过 PaddlePaddle 的使用，极大地简化了编写深度学习算法的难度，其中最重要的就是面对复杂的神经网络模型，不再需要手工推导每个参数的导数，省去了编写大量求导代码工作。

　　使用 PaddlePaddle 的底层 API 接口可以直接完成数据读取、模型搭建、前向推导、损失计算、后向传播、参数更新等一系列完整的深度学习步骤，但是，能够编写出这些步骤对应的代码，需要开发者深入掌握算法原理并且具备熟练的框架编程能力，这对开发者来说不是一件容易的事情。在某些任务场景下，开发者不仅满足于深度学习框架所提供的原生算子接口，而是希望能够再进一步简化，可以快速尝试、验证各种不同类型的算法性能，并进行落地应用。为了实现这个目标，飞桨官方团队在 PaddlePaddle 基础上研发了一系列工业级的算法套件，面向图像、语音、自然语言、三维点云等多种应用场景。简单来理解，如果将 PaddlePaddle 视为一种高级的深度学习编程语言，那么算法套件则是使用该语言编写的算法库，算法库中不仅包含多种多样的深度学习算法模型，更加简化了算法训练、调参、验证、推理、部署等功能。

　　目前，在图像处理领域，飞桨提供了 4 种最常用的算法套件，包括图像分类套件 PaddleClas、目标检测套件 PaddleDetection、图像分割套件 PaddleSeg、生成对抗网络套件 PaddleGAN。接下来的各章内容，将结合各个套件，深入讲解基础算法原理。考虑到帮助读者提升实战技能，每章将以工程项目为主线进行实战演练。通过这些项目的学习，读者可以掌握目前主流的基于深度学习的图像算法研发技巧，同时掌握端、边、云等多种平台下的工程部署知识。

第 **3** 章

图像分类（智能垃圾分拣器）

3.1 任务概述

视频讲解

3.1.1 任务背景

2020 年 11 月，住房和城乡建设部等 12 个部门联合发文，明确了到 2025 年 46 个重点城市要基本建立配套完善的生活垃圾分类法律法规制度体系，地级及以上城市建立生活垃圾分类投放、分类收集、分类运输、分类处理系统，这体现了国家对生活垃圾分类工作的高度重视。

面对每天庞大的生活垃圾，传统的人工分类方法耗时耗力、效率较低。为了解决这个问题，垃圾自动分类处理系统应运而生。通常垃圾分类处理系统由垃圾自动分拣机、可燃垃圾低温磁化炉、可腐烂有机垃圾资源化处理设备三部分组成，可以将城市小区、乡镇社区以及农村的生活垃圾进行分类，并在源头就地把分类后的垃圾资源化处理，起到节能减排、绿色环保的作用。如何设计出实用高效的智能垃圾自动分拣算法显得尤为重要。

按照垃圾分类方法，生活垃圾可以分为厨余垃圾、有害垃圾、可回收物和其他垃圾四大类，如图 3.1 所示。因四类垃圾在外观形态上有明显的不同，又考虑到摄像头成本低、无接触等优势，一般会采用基于图像的垃圾分类方法来构建垃圾分类系统，即通过摄像头捕获垃圾图像并进行自动分类。

基于图像的垃圾分类方法属于典型的图像分类应用，已有的方法主要分为两大类：基于传统特征描述的方法和基于深度学习的方法。基于传统特征描述的方法计算成本小，对硬件要求不高，在早期硬件资源受限条件下易于部署和应用。随着技术的发展以及海量数据的挖掘和利用，基于深度学习的垃圾分类方法逐渐成为主流。在图像样本充足的情况下，基于深度学习的方法识别率高、鲁棒性强，而伴随着各种轻量级深度学习模型的提出，在算法速度、硬件依赖、运算精度上深度学习分类方法均取得了显著进步，使得运算资源不再制约其应用。

本章内容将以垃圾分类任务为主线，使用图像分类套件 PaddleClas 实现高精度垃圾

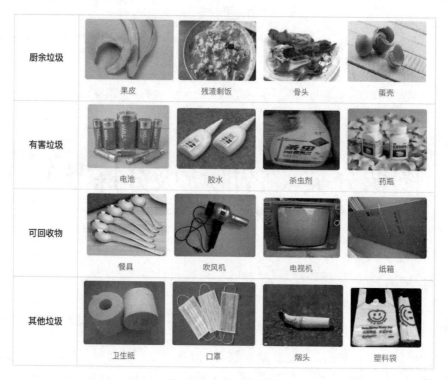

图 3.1　生活垃圾分类

分类，并最终脱离训练环境，通过 FastDeploy 部署工具，在 Jetson Nano 智能边缘设备上实现算法集成。

3.1.2　安装 PaddleClas 套件

　　PaddleClas 是飞桨为工业界和学术界所研发的一个图像分类算法库，助力开发者能够快速训练出视觉分类模型并完成部署应用。PaddleClas 功能结构如图 3.2 所示，其中功能图底部是一系列前沿的图像分类算法，每种算法在模型大小、推理速度上均有不同的性能表现，一般根据业务场景选择相应的算法模型。在算法层之上，面向工业界还提供了一些产业级特色方案，这些方案所采用的模型或算法精度高、稳定性好、易部署。针对算法的训练和推理部署，PaddleClas 提供了完备、统一的实现接口，参照官网教程可以快速完成整个算法研发任务。在最顶端的应用场景方面，PaddleClas 提供了诸多真实有效的场景应用案例，如商品识别、车辆属性分析、电动车进电梯识别等，感兴趣的读者可以针对性地借鉴和学习这些案例，并应用到实际的项目中。

　　下面开始介绍如何安装 PaddleClas 套件。在安装 PaddleClas 套件前，请先确保已正确安装 PaddlePaddle，详细安装方法请参考 2.2 节的内容。

　　首先下载 PaddleClas 套件，可以使用 GitHub 源进行下载，如因网络原因无法下载，也可以尝试从国内 Gitee 源进行下载，下载网址详见前言二维码。

　　下载完成后通过 cd 命令切换到 PaddleClas 根目录，然后安装相关的依赖库：

```
pip install - r requirements.txt - i https://mirror.baidu.com/pypi/simple
```

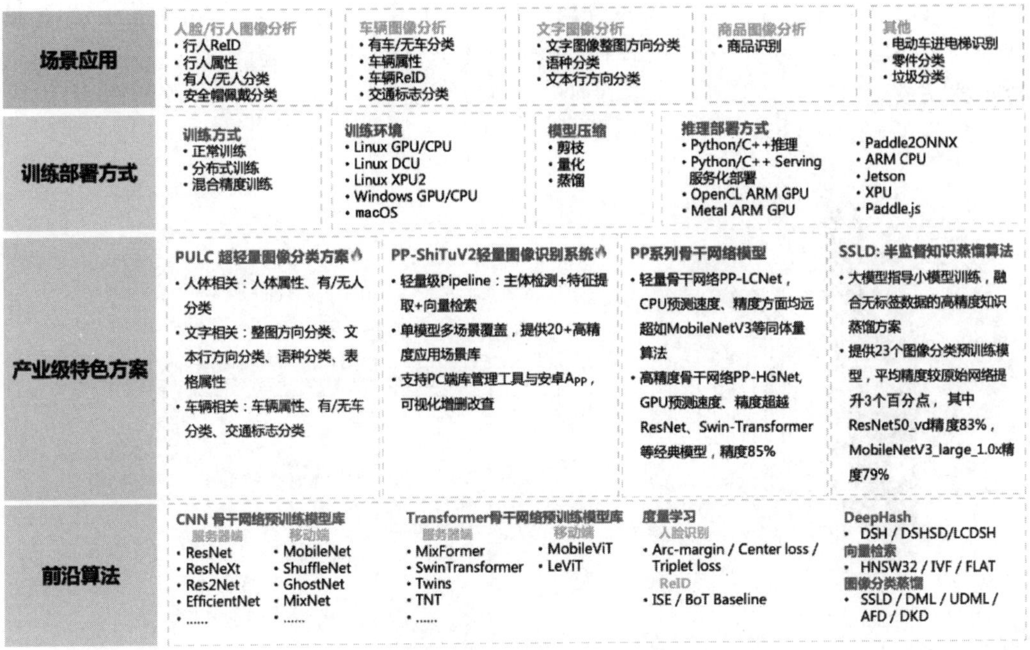

场景应用	**人脸/行人图像分析** • 行人ReID • 行人属性 • 有人/无人分类 • 安全帽佩戴分类	**车辆图像分析** • 有车/无车分类 • 车辆属性 • 车辆ReID • 交通标志分类	**文字图像分析** • 文字图像整图方向分类 • 语种分类 • 文本行方向分类	**商品图像分析** • 商品识别 **其他** • 电动车进电梯识别 • 零件分类 • 垃圾分类
训练部署方式	**训练方式** • 正常训练 • 分布式训练 • 混合精度训练	**训练环境** • Linux GPU/CPU • Linux DCU • Linux XPU2 • Windows GPU/CPU • macOS	**模型压缩** • 剪枝 • 量化 • 蒸馏	**推理部署方式** • Python/C++推理 • Python/C++ Serving服务化部署 • OpenCL ARM GPU • Metal ARM GPU • Paddle2ONNX • ARM CPU • Jetson • XPU • Paddle.js
产业级特色方案	**PULC 超轻量图像分类方案** • 人体相关：人体属性、有/无人分类 • 文字相关：整图方向分类、文本行方向分类、语种分类、表格属性 • 车辆相关：车辆属性、有/无车分类、交通标志分类	**PP-ShiTuV2轻量图像识别系统** • 轻量级Pipeline：主体检测+特征提取+向量检索 • 单模型多场景覆盖，提供20+高精度应用场景库 • 支持PC端管理工具与安卓App，可视化增删改查	**PP系列骨干网络模型** • 轻量级骨干网络PP-LCNet，CPU预测速度、精度方面均远超如MobileNetV3等同体量算法 • 高精度骨干网络PP-HGNet，GPU预测速度、精度超越ResNet、Swin-Transformer等经典模型，精度85%	**SSLD：半监督知识蒸馏算法** • 大模型指导小模型训练，融合无标签数据的高精度知识蒸馏方案 • 提供23个图像分类预训练模型，平均精度较原始网络提升3个百分点，其中ResNet50_vd精度83%，MobileNetV3_large_1.0x精度79%
前沿算法	**CNN 骨干网络预训练模型库** 服务器端 移动端 • ResNet • MobileNet • ResNeXt • ShuffleNet • Res2Net • GhostNet • EfficientNet • MixNet • ……	**Transformer骨干网络预训练模型库** 服务器端 移动端 • MixFormer • MobileViT • SwinTransformer • LeViT • Twins • TNT	**度量学习** 人脸识别 • Arc-margin / Center loss / Triplet loss ReID • ISE / BoT Baseline	**DeepHash** • DSH / DSHSD/LCDSH 向量检索 • HNSW32 / IVF / FLAT 图像分类蒸馏 • SSLD / DML / UDML AFD / DKD

图 3.2　图像分类套件 PaddleClas 功能结构图

最后安装 paddleclas：

```
python setup.py install
```

这样就完成了 PaddleClas 的安装。

3.2　算法原理

图像分类是计算机视觉的重要领域，它的目标是将图像分类到预定义的标签。近些年研究者提出很多不同种类的神经网络模型，极大地提升了图像分类算法的性能。下面着重介绍三个重要的图像分类网络模型及其基本原理。

3.2.1　VGG 算法

Alex 的成功指明了深度卷积神经网络可以取得出色的识别结果，但并没有提供相应的方案来指导后续的研究者如何设计新的网络来进一步提升性能。VGG 算法的提出证明了通过相同卷积模块的堆叠可以有效提升分类性能，这一理念也被延续至今。

VGG 是牛津大学的视觉几何小组（Visual Geometry Group）在 2014 年提出的一种神经网络模型，该模型证明了使用重复的卷积模块并且适当增加模型深度能够有效提高图像分类性能。VGG 有多种不同变体，如 VGG11、VGG13、VGG16 和 VGG19，这些变体本质上没有太大的区别，只是所使用的神经网络层数量不一样。

图 3.3 展示了 VGG16 对应的模型结构，该模型输入是 224×224×3 的 RGB 图像，然后经过一系列的卷积层 convolution、非线性激活层 ReLU 和最大池化层 max pooling

来提取高层语义特征，接下来对提取到的卷积特征使用 3 个全连接层 fully connected 和非线性激活层 ReLU 进行降维处理，映射到分类类别所对应的数量，最后使用 softmax 分类器完成分类。图 3.3 所示的下方列出了每层卷积的核参数和通道参数。

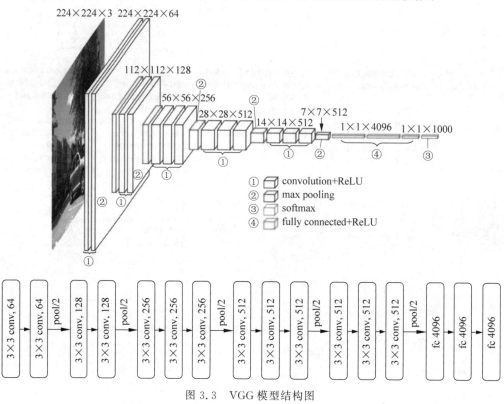

图 3.3　VGG 模型结构图

这里需要说明的是，VGG 所有的卷积层都采用 3×3 的卷积核（kernel_size），步长为 1（stride）、边缘填充为 1（padding），因此，按照 2.5.1 节中介绍的卷积计算公式，使用该类型卷积层不会改变输入特征尺寸。每个卷积模块后面的最大池化层采用的核大小为 2、步长为 2、边缘填充为 0，因此，使用该最大池化层计算后对应的特征图尺寸会变为原来的一半。

VGG 的完整代码请参考 PaddleClas/ppcls/arch/backbone/legendary_models/vgg.py，感兴趣的读者可以深入剖析该源码，提升对 VGG 模型的理解。

3.2.2　ResNet 算法

前面介绍的 VGG 模型证明了增加卷积层数可以提升模型性能。这里自然引申出来一个问题：神经网络堆叠得越深，学习的效果就一定会越好吗？答案无疑是否定的。研究学者发现当模型层数增加到某种程度，模型的效果将会不升反降。为此，研究学者给出了两种可能的解释：过拟合或梯度消失。但是进一步的研究表明，无论是过拟合还是梯度消失，都不能完美地解释这个现象。

目前，对于上述问题的一种直观解释就是神经网络的非线性表达能力让神经网络模型太发散，一旦走得太远太深，它就"忘记"了初心，使得特征随着层层前向传播越来越发散。这个解释有一定的哲学意味，应该说深度学习目前还存在很多理论上的不足，有些情形只能通过实验和直觉分析来定位，而在理论分析方面深度学习还有很多需要探索的地方。那么到底怎么解决深度学习模型随着网络层数加深而产生的性能下降问题呢？解决方法就是残差学习，这也是 ResNet 算法最核心的思想。

在 ILSVRC2015 图像分类任务竞赛中，由何恺明等提出的深度残差模型 ResNet 首次超越人类水平，斩获竞赛第一名，同时基于 ResNet 所发表的论文也获得 2016 年 CVPR 最佳论文奖。这篇论文提出了一种大道至简的残差模块，成功解决了前面所述的深度学习模型退化问题。

残差模块结构如图 3.4 所示。

从图 3.4 看到，残差网络让输入 x 经过两个神经网络层产生输出 $F(x)$，然后从输入直接引入一个短连接线到输出上。这样一种网络结构可以用下面的公式表示：

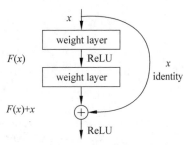

$$y = F(x) + x$$

前面提到过，深度学习模型的非线性特性使得神经网络如果堆叠得太深会容易"忘记"初始的输入特

图 3.4　残差模块结构图

征，因此残差模型在输出的地方额外地加入输入特征，构建这样一个恒等映射（identity），从而让模型在探索求解空间时产生一个强约束，这个约束保证模型参数不会朝着一个过分发散的方向前进。这样的构建方式完全是一种直觉上的改进，为了验证它的有效性，何恺明等通过大量实验进行了证明。

有了上述残差模块，就可以进行堆叠，从而得到不同深度的深度残差模型 ResNet。常见的 ResNet 模型有 ResNet18、ResNet34、ResNet50、ResNet101、ResNet152 和 ResNet200 等。大量的实验证明，残差模块堆叠得越深性能表现越强。目前，ResNet 已作为最常见的深度学习模型被广泛应用。图 3.5 展示了 ResNet18 的模型结构，其中 k 表示卷积核大小，s 表示步长，p 表示边界扩充大小。

ResNet 的完整实现代码请参考 PaddleClas/ppcls/arch/backbone/legendary_models/resnet.py。感兴趣的读者可以深入剖析该源码，提升对 ResNet 模型的理解。

3.2.3　MobileNet 算法

目前的深度学习算法已经可以在 GPU 服务器上实时运行，但是如果将训练好的模型直接移植到手机或嵌入式终端，模型的推理速度和内存消耗就是非常致命的问题。因此，只有对深度学习模型进行优化才有可能在这类资源有限的设备中使用。

模型优化主要有三种方法：设计轻量级的网络、压缩剪枝和量化加速。本章重点关注如何设计轻量级神经网络模型。

在轻量级网络设计中，MobileNet 系列算法最为经典。从 MobileNet 的名字也可以看出，该系列算法旨在为移动设备进行 AI 赋能，其系列模型包括 MobileNetV1、MobileNetV2 和 MobileNetV3。通过使用 MobileNet 模型，可以大幅减少计算参数，降低模型推理时

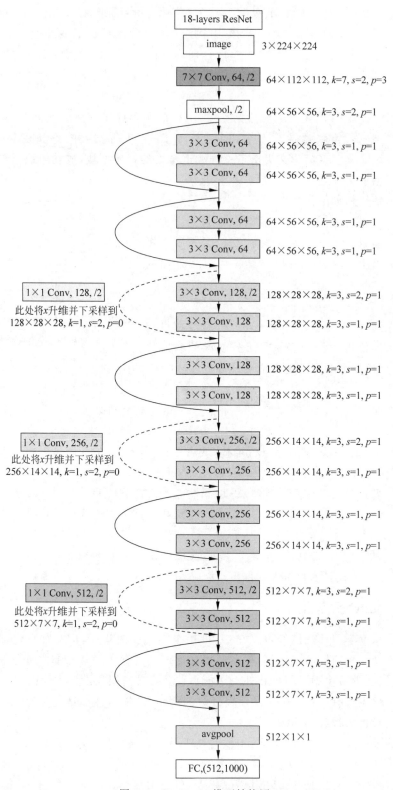

图 3.5　ResNet18 模型结构图

的内存消耗,这在实际工业场景研发过程中尤为重要。如果从产品部署角度考虑,目前深度学习的热潮已经逐步从服务器端转向小型终端,即所谓的边缘计算设备。众多企业纷纷在此发力,力求能够推出带 AI 功能的终端硬件产品,实现离线运行,保护客户的数据安全,其中以英伟达推出的 Jetson 系列开发板最为成功。Jetson 系列开发板不仅体积小巧,而且自带 GPU,因此一经推出便受到广泛关注。尽管有 GPU 加持,但是在这种资源有限的开发板上运行重量级的深度学习模型依然是一个难题,在速度上面也依然难以满足实时性要求。因此,对原模型进行优化使得能够利用低廉的终端设备实现 AI 应用已经成为 AI 工程师必须掌握的技能。本章工程实践部分将采用 MobileNet 算法在 Jetson 开发板上进行高性能深度学习推理。

下面首先讲解 MobileNetV1 和 MobileNetV2 的模型结构,了解 MobileNet 系列模型到底"轻"在何处。

1. MobileNetV1

传统的卷积神经网络在移动设备上运行速度慢且会消耗大量运算资源。因此,MobileNetV1 最大的贡献就是改进传统卷积神经网络的结构,降低卷积操作的计算量。

具体的,MobileNetV1 提出了深度可分离卷积(Depthwise Separable Convolution,DSC),以此来代替传统的二维卷积。假设输入图像是 3 通道图像,长、宽均为 256 像素,采用 5×5 卷积核进行卷积操作,输出通道数为 16(即 16 组卷积),步长为 1,边缘填充为 0,那么进行二维卷积后输出特征形状为 252×252×16,如图 3.6 所示。

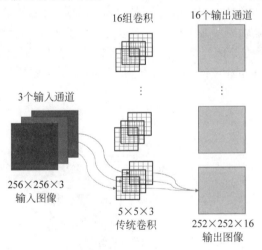

图 3.6　传统 CNN 卷积操作

图 3.6 中的 CNN 卷积使用 16 个不同的 5×5×3 的卷积核以滑窗的形式遍历输入图像,因此需要学习的参数个数为 5×5×3×16,实际对应的计算量为 5×5×3×16×256×256。可以看到,传统卷积计算量还是非常大的。MobileNetV1 的提出就是为了解决这个问题。

在 MobileNetV1 中,采用深度可分离卷积来代替传统的 CNN。深度可分离卷积可以分为两部分:深度卷积(Depthwise Convolution,DW)和逐点卷积(Pointwise Convolution,PW),如图 3.7 所示。

图 3.7　深度可分离卷积

深度卷积在处理特征图时对于特征图的每个通道有一个独立的卷积核，并且这个卷积核仅作用在这个通道上。例如，对于图 3.6 所示的 3 通道输入图像，如果采用深度卷积进行操作，那么就变成了使用 3 个卷积滤波器，每个卷积滤波器单独地作用于图像的某个通道上，每个卷积滤波器得到一个通道特征，最后合并产生 3 通道输出特征。从这个过程可以看出，使用深度卷积不会改变原始特征的通道数。图 3.8 展示了对于 3 通道图像的深度卷积操作步骤。

从计算量上来分析，因为只采用了 3 个 5×5 大小的卷积滤波器，因此对应的参数量为 $5 \times 5 \times 3$，计算量为 $5 \times 5 \times 3 \times 256 \times 256$。很明显，计算量降低了很多。那么这种深度卷积如何使用 PaddlePaddle 实现呢？

答案是非常简单的，只需要修改 paddle. nn. Conv2D（）函数中的 groups 参数即可（paddle. nn. Conv2D 的详细定义请参考 2.5.1 节），这里 groups 的意思就是将输入通道数分成多少组进行卷积运算。当 groups 等于 1 时（默认值），等价于传统 CNN；当 groups 等于输入通道数时，此时就对应深度卷积计算。因此，如果要将传统 CNN 改为深度卷积，只需要设置这个 groups 参数为输入通道数即可。

采用深度卷积实现了每个通道的特征计算，但是这些计算是在单一的特征通道上完成的，此时各个通道之间的信息是独立的，那么如何对各通道特征进行融合并改变最终的输出通道数呢？这里就需要通过逐点卷积来完成。逐点卷积使用卷积核为 1×1 的常规 CNN 来实现。使用逐点卷积并不会改变输入特征长宽尺寸，仅改变输入特征通道数。从本质上来说，逐点卷积的作用就是对特征通道进行升维和降维，如图 3.9 所示。

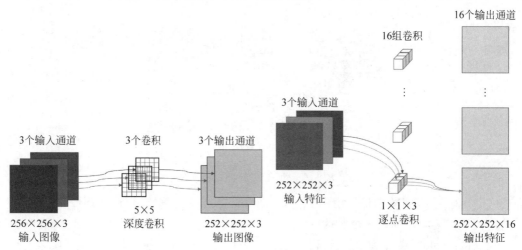

图 3.8　深度卷积操作示意图　　　　图 3.9　逐点卷积操作示意图

对应图 3.9，逐点卷积的参数量为 $1 \times 1 \times 3 \times 16$，计算量为 $1 \times 1 \times 3 \times 252 \times 252 \times 16$。

综合对比下，对于采用深度可分离卷积总的参数量为 $5 \times 5 \times 3 + 1 \times 1 \times 3 \times 16$，相比于普通卷积的 $5 \times 5 \times 3 \times 16$，占（1/16＋1/25）。从计算量上来看，采用深度可分离卷积总

的计算量为 $5\times5\times3\times256\times256+1\times1\times3\times252\times252\times16$，相比于普通卷积的 $5\times5\times3\times16\times256\times256$，同样占 $(1/16+1/25)$ 左右。如果采用的不是 5×5 卷积，而是常用的 3×3 卷积，那么使用深度可分离卷积只需要普通卷积 $1/9$ 左右的计算量。

　　MobileNetV1 正是基于深度可分离卷积，实现了模型参数和计算量的减少。值得称赞的是，尽管参数量显著降低了，但是通过大量实验证明，MobileNetV1 算法在精度上并不会下降很多，这也是为何 MobileNetV1 获得研究学者如此青睐的原因。

　　完整的 MobileNetV1 结构如图 3.10 所示。

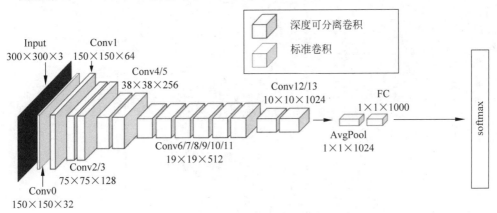

图 3.10　MobileNetV1 模型结构图

　　MobileNetV1 算法通过堆叠深度可分离卷积完成构建，完整代码请参考 PaddleClas 套件中的实现方案：PaddleClas/ppcls/arch/backbone/legendary_models/mobilenet_v1.py。

2. MobileNetV2

　　MobileNetV2 是由 Google 团队在 2018 年提出的，相比于 MobileNetV1 而言准确率更高，模型更小。

　　MobileNetV2 主要创新点就是在 MobileNetV1 中加入了残差模块，同时提出了一种新的激活函数 ReLU6。在 MobileNetV2 论文中指出，当输出特征通道数较少的时候，使用 ReLU 对其进行操作会导致信息严重损耗。为此，MobileNetV2 提出了 ReLU6 激活函数，其数学表达形式如下：

$$\mathrm{ReLU6}=\min(\max(0,x),6)$$

　　从上述公式可以看到，输入值 x 如果为 $0\sim6$，那么输出值不变，还是 x；当 x 超过 6 时输出值将被截断，恒等于 6；如果 x 小于 0，则输出恒等于 0。

　　ReLU6 对应的函数曲线如图 3.11 所示。

　　MobileNetV2 通过实验验证了 ReLU6 激活函数的有效性。实际在使用 PaddlePaddle 编程时，可以直接使用已有的接口实现，如下所示：

```
import paddle
import paddle.nn.functional as F
import numpy as np
x = paddle.to_tensor(np.array([-1, 0.3, 6.5]))
```

```
y = F.relu6(x)
print(y.numpy())
```

输出结果如下：

```
[0, 0.3, 6]
```

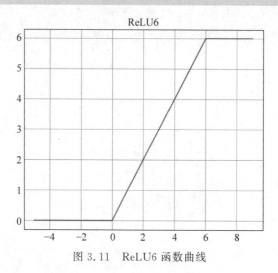

图 3.11　ReLU6 函数曲线

为了进一步提高分类性能，MobileNetV2 使用了前面介绍的残差模块，但是在设计整个模型结构时与 ResNet 算法有明显不同，MobileNetV2 设计了一种反向残差结构模型（Inverted Residuals）。ResNet 中的残差模块和 MobileNetV2 中的反向残差模型如图 3.12 所示。

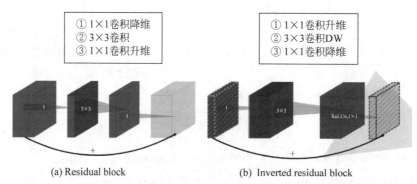

(a) Residual block　　　　　　　　(b) Inverted residual block

图 3.12　ResNet 中的残差模块和 MobileNetV2 中的反向残差模型

在 ResNet 提出的残差模块结构中，先使用 1×1 卷积实现降维，然后通过 3×3 卷积实现特征融合，最后通过 1×1 卷积实现升维，即两头大中间小。而 MobileNetV2 提出的反向残差模块，将降维和升维的顺序进行了调换，并且将 3×3 卷积替换成了 3×3 深度可分离卷积，即两头小中间大。这样的修改主要是考虑到深度卷积（DW）如果在低维度上工作，特征融合效果不会很好，所以 MobileNetV2 首先会扩张通道。通过前面可以知道逐点卷积（PW）所使用的 1×1 卷积可以用来升维和降维，那就可以在深度卷积（DW）

之前先使用逐点卷积（PW）进行升维（升维倍数为 t，论文中 $t=6$），然后再在一个更高维的空间中进行深度卷积（DW）操作来融合特征，最后再采用逐点卷积（PW）将通道数下降并还原回来。

MobileNetV2 中设计了两种反向模块，如图 3.13 所示。

图 3.13 中只有当步长 Stride＝1 且输入特征矩阵与输出特征矩阵形状相同的时候才有残差连接，此时就对应反向残差模块。

MobileNetV2 完整结构如图 3.14 所示。

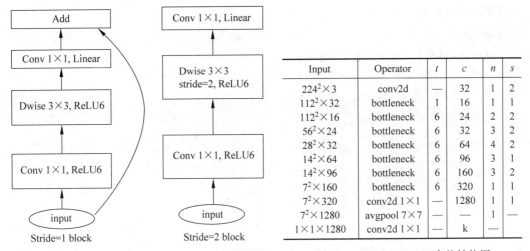

图 3.13　MobileNetV2 反向模块（bottleneck）结构图　　图 3.14　MobileNetV2 完整结构图

图 3.14 中，t 表示扩展因子（维度扩增倍数）；c 表示输出特征通道数；n 表示 bottleneck 的模块重复次数；s 表示步长，bottleneck 表示反向模块。

完整的 MobileNetV2 代码请参考 PaddleClas 套件中的实现方案，代码位于 PaddleClas/ppcls/arch/backbone/model_zoo/mobilenet_v2.py。感兴趣的读者可以深入剖析该源码，提升对 MobileNetV2 模型的理解。

至此，已介绍完 VGG、ResNet、MobileNet 等常见的深度学习图像分类算法。VGG 通过适当堆叠卷积模块来提高分类精度；ResNet 通过恒等映射连接来解决网络层数过度加深后出现的性能退化问题；MobileNet 则在传统 CNN 卷积结构基础上提出了深度可分离卷积来减少计算量。深度学习分类算法近些年一直在快速更新中，读者只有掌握这些经典的图像分类算法原理，了解其背后所面临的核心问题，才能洞察本质，提高实践能力。

下面将以图像分类算法套件 PaddleClas 为主，研发一款智能垃圾分类器应用，同时结合英伟达推出的 Jetson Nano 智能开发板，打造一款实战级的图像分类产品。为了能够在性能有限的 Jetson Nano 开发板上运行深度学习算法，将使用轻量级 MobileNetV2 算法来完成这个任务。

3.3　算法研发

本节开始将采用前面安装好的 PaddleClas 图像分类套件进行项目研发。

3.3.1　数据集准备

经过近 20 年的发展，垃圾分类方法已经作了数次调整，目前一种典型的方法就是把垃圾分为四个类别：有害垃圾、厨余垃圾、其他垃圾和可回收物。有害垃圾典型的有废旧干电池、蓄电池等；厨余垃圾典型的有剩菜、果皮等；其他垃圾典型的有厕所废纸、香烟头等；可回收物典型的有易拉罐、牛奶盒等。本项目依据这个分类准则进行模型研发。

首先从本章配套资源中获取数据集 garbage265.zip，下载网址详见前言二维码。下载后解压并放置在 PaddleClas/dataset 目录下。

该数据集包含近 15 万张常见的生活垃圾图像，覆盖食品、厨房用品、塑料制品等 265 个垃圾小类，其中训练集文件夹 garbage265/train 中包含 132674 张图像，验证集文件夹 garbage265/val 中包含 14612 张图像，数据集总大小接近 13GB 空间。

为了能够方便地使用 PaddleClas 套件进行算法研发，可以使用 TXT 格式文件来指定训练集和验证集的图片索引，在文件中每一行列出图片路径及其所属类别，如下所示：

```
val/262/4190939a8d26_520.jpg 3
val/57/fb4cfa85cf84_484.jpg 1
val/46/17ca888157ac_225.jpg 0
...
```

每一行图片路径后面的数字表示图片的类别序号。每一行采用空格来分隔图片路径与类别序号。一般使用 train.txt 表示训练集，val.txt 表示验证集。在算法训练时，只需要设置好这两个文件，PaddleClas 套件就会调用固定的接口去逐行读取这些数据。在 2.5.3 节中，也采用了类似的方法实现自动驾驶小车的数据采集和读取，只不过在第 2 章中每张图片对应的是一个转向角回归值，而本章对应的是所属垃圾类别序号。两个任务在本质上异曲同工。

本章将垃圾分类具体拆分为四个类别：厨余垃圾、可回收物、其他垃圾、有害垃圾。对应的，令这四个类别的类别索引分别为 0、1、2、3。下面写一个数据处理脚本，根据训练集图片和验证集图片生成对应的 train.txt 和 val.txt 文件。

代码如下（PaddleClas/gen_list.py）：

```python
import os
import random
import cv2

# 全局参数设置
dataset_folder = "./dataset/garbage265"          # 数据集路径

def writeLst(lstpath, namelst):
    """保存文件列表"""
    print("正在写入 " + lstpath)
    random.shuffle(namelst)                      # 打乱顺序写入
    f = open(lstpath, "a", encoding = "utf - 8")
    for i in range(len(namelst)):
```

```python
        text = namelst[i] + "\n"
        f.write(text)
    f.close()
    print(lstpath + "已完成写入")


def get_label(foldername):
    """类标签映射"""
    label = int(foldername)
    if 0 <= label <= 51:                    # 厨余垃圾
        return "0"
    if 52 <= label <= 200:                  # 可回收物
        return "1"
    if 201 <= label <= 250:                 # 其他垃圾
        return "2"
    if 251 <= label <= 264:                 # 有害垃圾
        return "3"
    return "0"


def gen_list(mode = "train"):
    '''生成文件列表'''
    filelst = list()
    # 查找文件夹
    mode_folder = os.path.join(dataset_folder, mode)
    subfolderlst = os.listdir(mode_folder)
    for foldername in subfolderlst:
        subfolderpath = os.path.join(mode_folder, foldername)
        if os.path.isfile(subfolderpath):
            continue
        label = get_label(foldername)
        # 查找图像文件
        imglst = os.listdir(subfolderpath)
        for imgname in imglst:
            imgpath = os.path.join(subfolderpath, imgname)
            print("正在检查图像  " + imgpath)
            img = cv2.imread(imgpath, cv2.IMREAD_COLOR)
            if img is None:
                continue
            text = os.path.join(mode, foldername, imgname) + " " + label
            filelst.append(text)
    # 生成并写入文件
    filelst_path = os.path.join(dataset_folder, mode + ".txt")
    writeLst(filelst_path, filelst)


# 生成训练集和验证集列表
gen_list("train")
gen_list("val")
```

通过 cd 命令进入 PaddleClas 目录内，然后运行上述脚本：

```
python gen_list.py
```

运行结束后在 dataset/garbage265 目录下会生成项目所需的 train. txt 和 val. txt 文件。

到这里就完成了整个数据集的准备工作，训练集图片总数为 132674，验证集图片总数为 14612。

3.3.2　算法训练

1. 准备配置文件

使用 PaddleClas 算法套件可以让开发者使用统一的 Python 接口快速实现各种模型的训练和推理。PaddleClas 采用结构化的方式将分散的脚本代码抽象成固定的模块，各个模块之间的协调由后缀为 yaml 的配置文件衔接。因此，如果要切换模型或者调整参数，只需要修改配置文件即可。

PaddleClas 套件的相关配置文件存放在 PaddleClas/ppcls/configs 文件夹中，该文件夹里面区分了不同任务对应的配置文件，如用于轻量级物体识别任务的 PULC、用于车辆属性分析任务的 Vehicle、用于传统图像分类任务的 ImageNet、用于行人重识别任务的 reid 等，如图 3.15 所示。

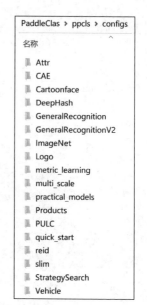

随着 PaddleClas 的不断迭代更新，上述文件夹也在不断扩充。由于 ImageNet 是比较权威的图像分类数据集，基本上大部分分类模型都会在这个数据集上进行验证和测试，因此，对于本章任务，读者可以参考 ImageNet 文件夹下对应的配置文件。

图 3.15　PaddleClas 相关任务配置文件夹

具体的，仿照 PaddleClas/ppcls/configs/ImageNet/MobileNetV2 文件夹中的 MobileNetV2. yaml 文件，对应地在 PaddleClas 目录下创建一个 config. yaml 文件，其完整内容如下（PaddleClas/config. yaml）：

```
############## 全局配置 ##############
Global:
    checkpoints: null                          # 断点模型路径
    pretrained_model: null                     # 预训练模型路径
    output_dir: ./output/                      # 训练结果保存目录
    device: gpu                                # 采用什么设备训练模型：cpu 或 gpu
    save_interval: 1                           # 模型保存间隔
    eval_during_train: True                    # 是否边训练边评估
    eval_interval: 1                           # 评估间隔
    epochs: 800                                # 训练总轮数
    print_batch_step: 10                       # 打印间隔
    use_visualdl: True                         # 是否开启可视化工具 visualdl
    image_shape: [3, 224, 224]                 # 静态图模型导出尺寸
    save_inference_dir: ./output/inference     # 静态图模型保存路径
    to_static: False                           # 是否采用静态图模式训练模型
############### 模型结构配置 ###############
Arch:
    name: MobileNetV2                          # 模型名称
```

```
    class_num: 4                           # 类别数
############### 损失函数配置 ###############
Loss:
  Train:
    - CELoss:                              # 交叉熵损失
        weight: 1.0
  Eval:
    - CELoss:
        weight: 1.0
############### 优化器设置 ###############
Optimizer:
  name: Momentum                           # 动量优化算法(属于梯度下降)
  momentum: 0.9
  lr:                                      # 学习率设置
    name: Cosine
    learning_rate: 0.045                   # 学习率大小,调整时与 GPU 卡数成正比
  regularizer:                             # 正则化(防止过拟合)
    name: 'L2'
    coeff: 0.00004
############### 数据读取管道 ###############
DataLoader:
  # 训练
  Train:
    dataset:
      name: ImageNetDataset                # 数据集类型
      image_root: ./dataset/garbage265/    # 数据集根路径
      cls_label_path: ./dataset/garbage265/train.txt   # 训练集列表文件路径
      # 数据预处理
      transform_ops:
        - DecodeImage:
            to_rgb: True                   # 转换到 RGB 空间
            channel_first: False
        - RandCropImage:                   # 随机中心化裁剪
            size: 224
        - RandFlipImage:                   # 随机水平翻转
            flip_code: 1
        - NormalizeImage:                  # 归一化: (x * scale - mean)/std
            scale: 1.0/255.0
            mean: [0.485, 0.456, 0.406]
            std: [0.229, 0.224, 0.225]
            order: ''
    # 数据读取
    sampler:
      name: DistributedBatchSampler        # 分布式读取
      batch_size: 32                       # 单次读取数量
      drop_last: False         # 图片总数不能被 batch_size 整除时是否丢弃最后剩余的样本
      shuffle: True                        # 采集图片时是否将数据打乱顺序
    # 数据加载
    loader:
      num_workers: 2                       # 是否开启多个进程来加载
```

```yaml
      use_shared_memory: True                    # 是否共享内存
  # 评估
  Eval:
    dataset:
      name: ImageNetDataset                      # 数据集类型
      image_root: ./dataset/garbage265/          # 数据集根路径
      cls_label_path: ./dataset/garbage265/val.txt  # 验证集列表文件路径
      # 图像预处理(需要与图像训练时设置的参数基本保持一致)
      transform_ops:
        - DecodeImage:
            to_rgb: True                         # 是否转换为 RGB 空间
            channel_first: False                 # 是否调整通道
        - ResizeImage:                           # 调整图像大小
            resize_short: 256                    # 短边对齐到 256,长边等比缩放
        - CropImage:                             # 中心化裁剪
            size: 224
        - NormalizeImage:                        # 归一化: (x * scale - mean)/std
            scale: 1.0/255.0
            mean: [0.485, 0.456, 0.406]
            std: [0.229, 0.224, 0.225]
            order: ''

    # 数据读取
    sampler:
      name: DistributedBatchSampler              # 分布式读取
      batch_size: 32                             # 单次读取图像数量
      drop_last: False      # 图片总数不能被 batch_size 整除时是否丢弃最后剩余的样本
      shuffle: False                             # 采集图片时是否将数据打乱顺序
    loader:
      num_workers: 2                             # 是否开启多个进程来加载
      use_shared_memory: True                    # 是否共享内存
################ 推理测试 #############
Infer:
  infer_imgs: dataset/garbage265/val/0/1be1245fa11c_1019.jpg   # 测试图片路径
  batch_size: 1                                  # 每批次读取的图片数量
  # 图像预处理(需要与图像训练时设置的参数基本保持一致)
  transforms:
    - DecodeImage:
        to_rgb: True                             # 转换到 RGB 空间
        channel_first: False                     # 是否调整通道
    - ResizeImage:                               # 调整图像大小
        resize_short: 256                        # 短边对齐到 256,长边等比缩放
    - CropImage:                                 # 中心化裁剪
        size: 224
    - NormalizeImage:                            # 归一化: (x * scale - mean)/std
        scale: 1.0/255.0
        mean: [0.485, 0.456, 0.406]
        std: [0.229, 0.224, 0.225]
        order: ''
    - ToCHWImage:
  PostProcess:                                   # 后处理
    name: Topk                                   # 采用 TopK 准确率来评测结果
```

```
      topk: 1
################### 评估指标 #############
Metric:
  Train:
    - TopkAcc:          # TopK 准确率：预测结果中概率最大的前 K 个结果包含正确标签的占比
        topk: [1, ]
  Eval:
    - TopkAcc:
        topk: [1, ]
```

本书针对上述配置给出了相关参数注释。对于一般的图像分类任务，大部分参数都可以沿用官方套件给出的配置文件进行修改。

PaddleClas 通过读取配置文件中的参数来衔接各个模块。首先通过 cd 命令切换到 PaddleClas 文件夹下面，然后按照前面的方式创建好配置文件，下面就可以使用 PaddleClas 的统一接口实现模型训练、验证和推理。

2. 训练

如果是单 GPU 的服务器，那么可以使用下面的命令来启动训练：

```
python tools/train.py - c config.yaml
```

如果使用多 GPU 服务器，为了最大化利用多卡训练优势、加快训练速度，可以使用分布式方式来训练。假设服务器有 2 个 GPU，可以使用下面的命令实现分布式训练：

```
export CUDA_VISIBLE_DEVICES = 0,1
python - m paddle.distributed.launch tools/train.py - c config.yaml
```

最终的模型输出结果会保存到 output/MobileNetV2 文件夹下面。训练结束后会自动保存所有训练过程中性能最佳的模型文件 best_model（包含 3 个文件），如图 3.16 所示。

best_model.pdopt	2023/12/10 21:30	PDOPT 文件	8,730 KB
best_model.pdparams	2023/12/10 21:30	PDPARAMS 文件	8,875 KB
best_model.pdstates	2023/12/10 21:30	PDSTATES 文件	1 KB

图 3.16 训练后的动态图模型文件

另外，在 YAML 配置文件中设置了 use_visualdl：True，即在训练过程中使用 visualdl 可视化工具保存训练结果。visualdl 是 PaddlePaddle 提供的非常强大的深度学习可视化工具，方便在训练时记录中间结果，并且可以以图形化方式展示。训练结束后在 output/vdl 目录下会自动保存对应的可视化训练结果。

可以使用下面的命令来启动 visualdl 查看训练过程（也可以在训练过程中开启 visualdl 实时查看）：

```
visualdl -- logdir output/vdl
```

正常开启 visualdl 后可以使用浏览器输入网址 http://127.0.0.1:8040/进行查看，

效果如图 3.17 所示。

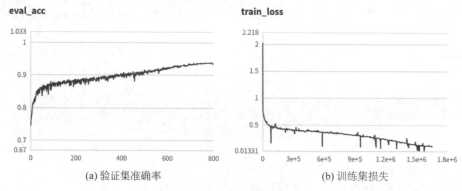

(a) 验证集准确率　　　　　　(b) 训练集损失

图 3.17　使用 visualdl 查看训练结果

可以看到，随着不断迭代训练，在验证集上的准确率越来越高，最佳 Top1 准确率达到 0.93909，训练集损失函数也越来越小。

从精度上可以看出，本章所选择的 MobileNetV2 模型基本能够满足任务需求。读者如果想进一步提高精度，可以尝试延长训练的迭代次数或者更改学习率等参数。整个训练过程大概需要 2 天时间，读者可以自行训练也可以直接使用本书配套资源中训练好的模型进行接下来的学习，下载网址详见前言二维码。

3. 推理测试

下面针对实际的任意单张图片进行测试，测试图片如图 3.18 所示。config.yaml 文件的 infer_imgs 参数设置了对应的测试图片路径，可以通过下面的命令使用训练好的动态图模型对测试图片进行推理：

```
python tools/infer.py - c config.yaml \
    - o Global.pretrained_model = output/MobileNetV2/best_model
```

图 3.18　测试图片

输出结果如下：

```
[{'class_ids': [0], 'scores': [0.99946], 'file_name': 'dataset/garbage265/val/0/
1be1245fa11c_1019.jpg', 'label_names': []}]
```

其中，class_ids 对应类别序号；scores 对应置信度；file_name 对应图片路径。这里的类别序号输出为 0，参考 3.3.1 节数据集准备部分，0 代表的是厨余垃圾。

训练好的 AI 模型最后输出的并不仅仅是某个类别对应的类别序号，也会包含所属类别的概率。例如上述输出 scores 为 0.99946，说明该模型以 99.946% 的概率确定这张图片类别序号为 0，对应厨余垃圾。在实际项目中，往往需要根据经验过滤掉 scores 过低的预测结果。读者可以按照上述代码自行修改路径预测其他图片。

到这里就完成了算法的研发工作。可以看到，通过 PaddleClas 套件的使用，整个研发过程是非常简单便捷的。本章项目使用的分类模型为 MobileNetV2，如果想要尝试其他模型，只需要修改对应的 YAML 配置文件参数即可。

读者如果感兴趣也可以采用 debug 单步调试的方法，跟踪相应的 Python 脚本，逐行分析每个模块的运行机制，进一步学习 PaddleClas 套件的工程化实现方法。

4. 动态图转静态图

深度学习框架分为静态图框架和动态图框架，早期的 TensorFlow、Caffe 和 PaddlePaddle 都是静态图框架，而 PyTorch 则是典型动态图框架。随着 PyTorch 动态图框架在深度学习领域逐渐流行起来，其他框架也相继进行了大的版本改进，纷纷转变为动态图框架，其中就包括 PaddlePaddle。从 2020 年开始，PaddlePaddle 从版本 1 系列过渡到 2 系列，正式全面迈入动态图框架行列。

静态图和动态图最大的区别就是他们采用不同的计算图表现形式。静态图框架需要先定义计算图，然后再调用它，而动态图则会根据当前输入情况动态生成计算图。

一般来说，在模型开发阶段，推荐采用动态图编程，这样可获得更好的编程体验、更易用的接口、更友好的调试交互机制。而在模型部署阶段，可将动态图模型转换为静态图模型，并在底层使用静态图执行器运行，这样可获得更好的模型运行性能。前面使用了 PaddlePaddle 的动态图框架完成了模型的训练，接下来，为了能够在 Jetson Nano 开发板上实现高性能推理，需要先将该模型转换为静态图模型。

PaddlePaddle 的各个算法套件都提供动态图转静态图的高级命令接口，可以使用下面的命令将前面训练好的动态图模型转换为静态图模型。

```
python tools/export_model.py \
    - c config.yaml \
    - o Global.pretrained_model = output/MobileNetV2/best_model \
    - o Global.save_inference_dir = output/inference
```

运行完上述命令后，在 output/inference 文件夹下会生成转换完的静态图模型，具体包含 3 个文件。

- inference.pdiparams：参数文件。
- inference.pdiparams.info：参数信息文件。
- inference.pdmodel：模型结构文件。

这里注意，对于图像分类任务来说，为了后续能够使用 FastDeploy 工具部署 PaddleClas 套件训练出来的模型，还需要额外提供一个名为 inference_cls.yaml 的配置文件，用于提供预处理的相关信息。在旧版本的 PaddleClas 套件中，使用静态图导出命令后会自动生成用于部署的 inference_cls.yaml 文件，但是最新版本的 PaddleClas 并没有提供这个功能。为了方便后面部署,需要手动生成这个文件。

具体的,在 PaddleClas/deploy/configs 文件夹中提供了一个 inference_cls. yaml 模板,只需要根据前面配置的 config. yaml 文件内容,针对性地修改这个 inference_cls. yaml 文件即可。

对于本章任务,代码如下(output/inference/inference_cls. yaml):

```
PreProcess:
  transform_ops:
    - ResizeImage:                          # 短边对齐至 256,长边等比缩放
        resize_short: 256
    - CropImage:                            # 中心化裁剪
        size: 224
    - NormalizeImage:                       # 归一化
        scale: 0.003921
        mean: [0.485, 0.456, 0.406]
        std: [0.229, 0.224, 0.225]
        order: ""
        channel_num: 3
    - ToCHWImage:
```

修改好以后,将上述 inference_cls. yaml 文件放置在 output/inference 文件夹下面,与其他 3 个转换好的静态图文件同目录。

下面就可以使用飞桨的高性能部署工具 FastDeploy 进行推理了。通过 FastDeploy 工具,可以脱离繁重的 PaddlePaddle 环境依赖,甚至可以脱离 Python 语言本身,能够使用 C++等高性能编程语言完成深度学习推理,这对于工业级产品开发来说尤为重要。

下面将分别介绍使用 FastDeploy 在 Jetson Nano 开发板上完成 Python 和 C++推理。

视频讲解

3.4 Jetson Nano 智能终端部署(Linux GPU 推理)

3.3 节内容完成了算法的训练和推理实践,本节开始将详细阐述如何将训练好的模型一步步地部署到真实的智能终端设备上,实现完整的项目闭环,打造出一款实用的智能垃圾分拣器。具体的,本章将使用 Jetson Nano 开发板完成部署。

Jetson Nano 是一款体积小巧、功能强大的 64 位 ARM 开发板,于 2019 年 3 月由英伟达推出,预装 Ubuntu 18.04LTS 系统,搭载英伟达研发的 128 核 Maxwell GPU,可以快速将 AI 技术落地并应用于多种智能化场景。由于 Jetson Nano 售价低、性能强、生态完善,一经推出,便受到了广泛的关注。Jetson Nano 产品外观如图 3.19 所示。

相比其他终端硬件,使用 Jetson Nano 有一个特别的优势,在英伟达 GPU 服务器上所研发的算法模型几乎不用做适配性调整,就可以直接迁移到 Jetson Nano 上。

一般的,会采用带有英伟达显卡的服务器并且使用 CUDA 库来进行算法训练,训练完的模型如果想要迁移到其他智能终端硬件上往往需要做模型的转换,但这些模型转换工作并不是一件容易完成的事。如果使用 Jetson Nano,几乎可以不用考虑因硬件环境所造成的迁移成本。英伟达团队打通了 NVIDIA 显卡和 Jetson 终端产品的依赖库一致

图 3.19 Jetson Nano 产品外观图

性，顶层接口做了统一的封装，在 Jetson Nano 上通过 JetPack 打包好 CUDA、CUDNN、TensorRT 等库环境，对于应用层的用户来说，其使用体验是高度一致的。

由于篇幅原因，本书不再深入阐述 Jetson Nano 这款产品的基本安装和使用方法，读者如果不熟悉 Jetson Nano，可以先参考线上教程进行学习，学习教程网址详见前言二维码。

本项目采用 Jetson Nano 来部署前面训练好的垃圾分类模型，采用 USB 摄像头实时捕获待分类的垃圾图像，然后将图像交给 Jetson Nano 上的 GPU 进行推理，最后将推理结果展示在屏幕上。整个执行流程如图 3.20 所示。

待分类垃圾　　　　　摄像头　　　　Jetson Nano　　　　显示屏
图 3.20 智能垃圾分拣器执行流程图

那么究竟如何将训练好的模型部署到 Jetson Nano 上呢？这里将采用 FastDeploy 工具来实现。

3.4.1 部署工具 FastDeploy 介绍

FastDeploy 是飞桨团队开源的一款全场景、灵活易用的 AI 部署套件，提供了开箱即用的端、边、云部署方案，官网网址详见前言二维码。

FastDeploy 对多个飞桨基础部署工具进行了整合，屏蔽了复杂的前后处理逻辑，针对各种硬件平台封装了统一的调用接口，可以快速完成各个硬件平台上的模型部署任务。目前，FastDeploy 已支持众多文本、视觉、语音和跨模态模型部署任务，典型的有图像分类、物体检测、图像分割、人脸检测、人脸识别、关键点检测、抠图、文字识别、自然语言处理、文图生成等，可以满足多场景、多硬件、多平台的产业部署需求。

FastDeploy 完整功能架构如 3.21 所示。

目前，FastDeploy 部署套件正在高速迭代中，将逐步支持越来越多的产业级模型以及产业级硬件的部署。对于大部分使用飞桨套件训练出来的模型，基本可以无缝、快速地使用 FastDeploy 完成落地部署，这极大地简化了繁杂的部署工作。对于本章任务，通过使用 FastDeploy，只需要几个简单的步骤就可以把训练好的垃圾分类模型部署到智能终端硬件设备 Jetson Nano 中。

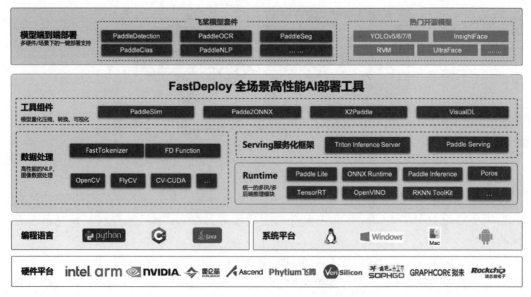

图 3.21　FastDeploy 完整功能架构

3.4.2　Jetson Nano 上 Python 推理

1. 在 Jetson Nano 上编译 FastDeploy 的 Python 预测库

为了能够在 Jetson Nano 上使用 FastDeploy 进行快速部署，需要自行编译 FastDeploy 的 Python 预测库。本书配套资料包中提供了配套的编译好的库（适配 jetpack 4.6.1），但是建议读者还是要掌握该编译方法，这样未来就可以自行编译最新的 FastDeploy 版本。

目前 Jetson Nano 支持 jetpack 4.6.1 及以上版本，因此，如果 Jetson Nano 的 jetpack 版本较低，请从英伟达官网重新下载镜像并安装。

编译前请先在 Jetson Nano 上更新软件列表：

```
sudo apt - get update
sudo apt - get upgrade
```

如果 Python 环境不完整，可以提前安装：

```
sudo apt - get install python - dev python3 - dev
pip3 install -- upgrade pip
```

从 FastDeploy 的 GitHub 官网拉取完整代码：

```
git clone https://github.com/PaddlePaddle/FastDeploy.git
```

接下来执行下述命令安装两个必要的依赖库：

```
pip3 install wheel tqdm - i https://mirror.baidu.com/pypi/simple
```

安装完以后开始编译，具体编译方法如下：

```
cd FastDeploy/python                           # 进入目录
export PATH = /usr/local/cuda/bin/: $ PATH     # 设置 CUDA 路径
export BUILD_ON_JETSON = ON                     # 设置编译硬件为 Jetson
export ENABLE_VISION = ON                       # 设置编译视觉模块
export WITH_GPU = ON                            # 设置支持 GPU 模式
export ENABLE_TRT_BACKEND = ON                  # 设置支持 TensorRT 后端
python3 setup. py build                         # 开始编译，需要等待较长耗时
python3 setup. py bdist_wheel                   # 生成 whl 文件
```

编译过程中，如若修改编译参数，为避免缓存带来的影响，可删除 FastDeploy/python 目录下的 build 和 . setuptools-cmake-build 两个子目录后再重新编译。编译完成后，在 FastDeploy/python/dist 文件夹下面会生成对应的 Python 预测库，如图 3.22 所示。

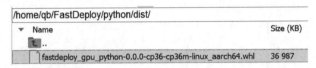

图 3.22 编译好的 Python 版 FastDeploy 预测库

编译好的 Python 版 FastDeploy 预测库本质上就是一个 whl 安装文件，可以使用 pip 工具离线安装。具体的，切换到生成的 dist 目录下，然后使用下面的命令安装：

```
pip3 install cython – i https://mirror. baidu. com/pypi/simple
pip3 install ./fastdeploy_gpu_python – 0. 0. 0 – cp36 – cp36m – linux_aarch64. whl \
  – i https://pypi. tuna. tsinghua. edu. cn/simple
```

安装完成后就可以在 Jetson Nano 上使用 FastDeploy 了。进入 Python 环境，然后导入该包，如果没有任何输出，则表示安装成功。

```
python3
import fastdeploy as fd
```

2. 捕捉摄像头图像实时分类

本小节将使用 USB 摄像头实时捕获图像并使用深度学习算法进行垃圾图像分类，最终将分类结果输出展示。编写代码前确保 Jetson Nano 上已经准确连接 USB 摄像头，并且确保摄像头拍摄区域内背景是纯色干净的。

在 Jetson Nano 上新建一个推理文件夹 python，在该文件夹内新建推理脚本 infer. py，然后将前面转换好的静态图模型文件夹 inference 复制到 python 目录下面。

完整代码如下（deploy/python/infer. py）：

```
import cv2
import fastdeploy as fd
# 创建摄像头
cap = cv2. VideoCapture(0)
# 设置采集分辨率
cap. set(cv2. CAP_PROP_FRAME_WIDTH, 640)
```

```python
cap.set(cv2.CAP_PROP_FRAME_HEIGHT, 480)
# 创建采集视窗
window_handle = cv2.namedWindow("USB Camera", cv2.WINDOW_AUTOSIZE)
# 配置算法模型
option = fd.RuntimeOption()
option.use_gpu()                                    # 使用 GPU 推理
option.use_trt_backend()                            # 使用 TensorRT 进行加速
option.trt_option.serialize_file = './tensorrt_cache'  # 设置 TensorRT 缓存文件路径
# 创建分类器
model_file = "./inference/inference.pdmodel"
params_file = "./inference/inference.pdiparams"
config_file = "./inference/inference_cls.yaml"
model = fd.vision.classification.PaddleClasModel(model_file,
                                                 params_file,
                                                 config_file,
                                                 runtime_option = option)

# 逐帧分析
while cv2.getWindowProperty("USB Camera", 0) >= 0:
    # 捕获图片
    _, img = cap.read()
    # 垃圾分类预测
    result = model.predict(img.copy(), topk = 1)
    # 解析分类结果
    score = result.scores[0]
    label = result.label_ids[0]
    text = ''
    if score < 0.6:                                 # 小于阈值认为没有任何物品
        print('请摆放垃圾到分类台上')
    else:
        if label == 0:
            print('厨余垃圾')
        elif label == 1:
            print('可回收物')
        elif label == 2:
            print('其他垃圾')
        elif label == 3:
            print('有害垃圾')
    # 显示图像
    cv2.imshow("USB Camera", img)
    keyCode = cv2.waitKey(30) & 0xFF
    if keyCode == 27:                               # 按 Esc 键退出
        break
# 释放资源
cap.release()
cv2.destroyAllWindows()
```

上述代码使用 Jetson Nano 上的 GPU 进行逐帧推理，并且开启了 TensorRT 加速功能。那么 TensorRT 是什么呢？简单来说，TensorRT 是英伟达提供的一套模型推理加速包。如果部署环境是英伟达的 GPU 服务器或者是 Jetson 硬件产品，那么使用 TensorRT 可以将各类深度学习框架训练出来的模型进一步地优化和加速。对于一些常见的深度学习模型，使用 TensorRT 往往可以提速 3 倍以上。

第一次执行上述代码时，由于 TensorRT 会进行静态图优化操作，所以启动时间会很久。等第二次再启动时速度就会加快了，这是因为在代码中设置了 option. trt_option. serialize_file＝'. /tensorrt_cache'，使用这个设置后 TensorRT 会将模型优化后的结果缓存在当前目录的 tensorrt_cache 文件中，下次再启动时程序会优先启用缓存中的模型文件。需要注意的是，如果静态图模型发生了变化，例如重新训练了模型或者更换了算法，那么在这里部署时需要手动删掉当前目录下的 tensorrt_cache 文件，否则程序还是会自动加载以前的缓存模型。

最终实际测试效果如图 3.23 所示。

(a) 有害垃圾——废旧电池

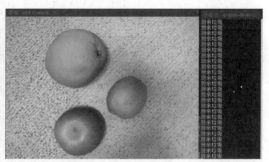

(b) 厨余垃圾——果蔬果皮

(c) 可回收物——饮料瓶

(d) 其他垃圾——餐巾纸

图 3.23　Jetson Nano 开发板上真实场景预测

从整体预测结果来看，预测精度基本满足要求。但是如果更换复杂背景，精度就会有所降低。主要原因还是样本数不够，没有充分挖掘每类样本的固有特征，易受背景干扰。后期通过扩充样本数据，可以有效解决这个问题。

本章使用的是一个轻量级的 MobileNetV2 模型，使用这个模型推理速度快、资源消耗低，非常适合小型终端产品的部署，尤其是结合 Jetson Nano 的 TensorRT 库，基本可以达到实时分类的性能。除了 Jetson Nano 以外，Jetson 系列还有一些性能更强的硬件终端，如 Jetson NX、Jetson AGX Xavier 等，对于这些硬件，可以考虑使用更复杂的模型，如 Resnet50、ResNet101 等，从而获得更高的分类精度。

读者如果对本章任务感兴趣，可以在本章任务基础上继续扩充数据集，采集更多复杂场景下的垃圾图片用于训练，进一步提升真实环境下垃圾分类模型的预测精度和鲁棒性。

3.4.3　Jetson Nano 上 C++推理

前面使用 Python 语言在 Jetson Nano 上完成了垃圾实时分类。对于真实的终端产品来说，使用 Python 其性能会受到一定的影响，并且很难做到完善的版权保护。因此，本小节使用性能更佳的 C++语言来完成同样的任务。

1. 在 Jetson Nano 上编译 FastDeploy 的 C++预测库

为了能够在 Jetson Nano 上使用 FastDeploy 进行快速部署，需要自行编译 FastDeploy 的 C++预测库。本书配套资料包中提供了配套的编译好的库（适配 jetpack 4.6.1）。

目前 Jetson Nano 支持 jetpack 4.6.1 及以上版本，具体编译命令如下：

```
git clone https://github.com/PaddlePaddle/FastDeploy.git
cd FastDeploy
mkdir build && cd build                                          ♯ 进入编译目录
export PATH = /usr/local/cuda/bin/: $ PATH                       ♯ 设置 CUDA 路径
cmake .. – DBUILD_ON_JETSON = ON \                               ♯ 设置编译硬件为 Jetson
         – DENABLE_VISION = ON \                                 ♯ 设置编译视觉模块
      – DWITH_GPU = ON \                                         ♯ 设置支持 GPU 模式
      – DENABLE_TRT_BACKEND = ON \                               ♯ 设置支持 TensorRT 后端
         – DCMAKE_INSTALL_PREFIX = $ {PWD}/installed_fastdeploy  ♯ 设置输出目录
make – j8                                                        ♯ 开始编译,需要等待较长耗时
make install                                                     ♯ 安装
```

编译完成后，在 FastDeploy/build/installed_fastdeploy 文件夹下面会生成对应的 C++预测库，包括头文件夹 include、库文件夹 lib、工具文件夹 utils、第三方库文件夹 third_libs 以及一些中间文件，如图 3.24 所示。

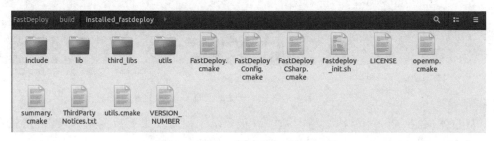

图 3.24　编译好的 FastDeploy C++预测库

接下来就可以在 Jetson Nano 上使用 FastDeploy 的 C++预测库了。

2. 在 Jetson Nano 上安装 Qt

为了能方便地在 Jetson Nano 上编写和编译 C++代码，本书推荐安装 Qt。

Qt 是一个跨平台的 C++开发库，主要用来开发图形用户界面程序，也可以开发不带界面的命令行程序。Qt 支持的操作系统有很多，如通用操作系统 Windows、Linux，智能手机系统 Android、iOS 以及嵌入式系统 QNX、VxWorks 等。当然，Qt 也完全支持 Jetson Nano 的 Ubuntu 环境。

在 Jetson Nano 上安装 Qt 比较简单，只需要输入下述命令即可：

```
sudo apt - get install qt5 - default qtcreator - y
```

此时默认安装的是 Qt 5.9.5 版本。安装完成后，在 Jetson Nano 的搜索菜单中搜索 Qt，会出现 Qt Creator，这个即为 Qt 的编程工具，如图 3.25 所示。后续将借助这个编程工具来开发 C++ 程序。

图 3.25 Qt 界面

3. 捕捉摄像头图像实时分类结果

跟前面 Python 版一致，本小节将使用 USB 摄像头实时捕获图像并使用深度学习算法进行垃圾图像分类，最终将分类结果输出展示，整个部署代码使用 C++ 来编写。

打开 Qt 后，单击 New Project 按钮来创建一个 C++ 项目。由于本章内容并不需要编写界面程序，因此在项目类型上选择 Non-Qt Project，然后在右侧选择 Plain C++ Application，如图 3.26 所示。

图 3.26 选择项目类型

单击 Choose 按钮，输入本项目名称 InferenceCPlus 并选择项目路径，如图 3.27 所示。

最后选择编译器，为了与 FastDeploy 官方教程一致，这里选择 CMake 编译器，如图 3.28 所示。

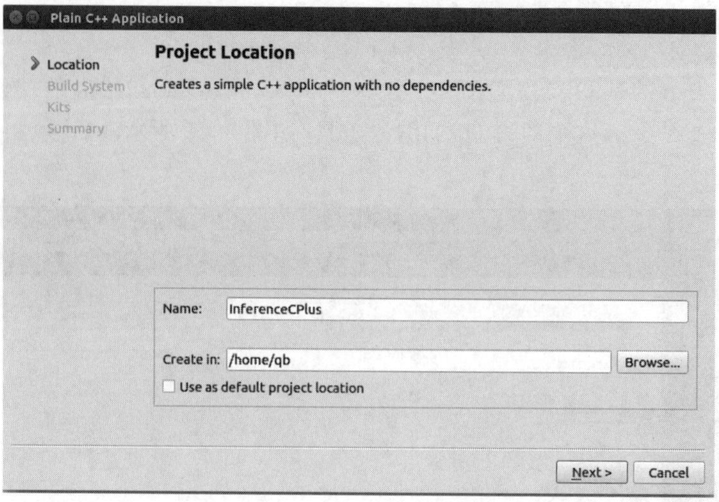

图 3.27　确定项目名称和路径

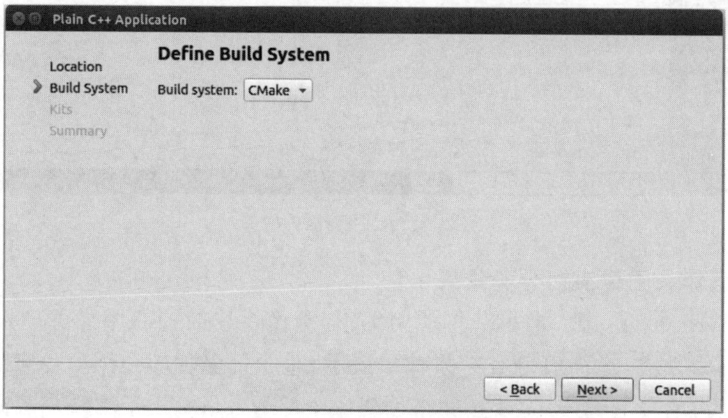

图 3.28　选择编译器

　　然后默认一直选择 Next 按钮即可成功创建项目。创建成功后，在左侧项目树形列表中可以展开看到创建好的一系列文件，其中 CMakeLists.txt 和 main.cpp 文件就是要编辑的文件，如图 3.29 所示。

图 3.29　项目列表文件

项目中的 CMakeLists. txt 负责定义项目的基本配置，main. cpp 则负责编写 C++逻辑代码。下面首先修改 CMakeLists. txt 文件（deploy/cplusplus/CMakeLists. txt）：

```
cmake_minimum_required(VERSION 3.10)
project(InferenceCPlus)
# 指定编译后的 FastDeploy 库路径
include(/home/qb/FastDeploy/build/installed_fastdeploy/FastDeploy.cmake)
# 添加 FastDeploy 依赖头文件
include_directories( ${FASTDEPLOY_INCS})
# 绑定 C++代码文件
add_executable( ${PROJECT_NAME} "main.cpp")
# 添加 FastDeploy 库依赖
target_link_libraries(InferenceCPlus ${FASTDEPLOY_LIBS})
```

上述配置添加了 FastDeploy 的 C++库，其中 FastDeploy 库路径需要与前面编译好的 FastDeploy 库目录一致。

接下来修改 main. pp 代码，其主体实现逻辑与前面的 Python 版推理代码一致，完整代码如下（deploy/cplusplus/main. cpp）：

```
# include < iostream >
# include < opencv4/opencv2/opencv. hpp >
# include < opencv4/opencv2/core. hpp >
# include < opencv4/opencv2/highgui. hpp >
# include < opencv4/opencv2/imgproc. hpp >
// 添加 FastDeploy 头文件
# include "fastdeploy/vision. h"
using namespace std;
using namespace cv;
int main(int argc, char ** argv)
{
    // 打开摄像头
    VideoCapture cap(0);
    // 设置采集分辨率
    cap.set(cv::CAP_PROP_FRAME_WIDTH, 640);
    cap.set(cv::CAP_PROP_FRAME_HEIGHT, 480);
    // 创建显示窗口
    namedWindow("USB Camera", WINDOW_AUTOSIZE);
    // 配置算法模型的 runtime
    auto option = fastdeploy::RuntimeOption();
    option.UseGpu();
    option.UseTrtBackend();
    // 设置 TensorRT 缓存文件路径
    option.trt_option.serialize_file = './tensorrt_cache';
    // 加载部署模型
    string model_file = "./inference/inference.pdmodel";
    string params_file = "./inference/inference.pdiparams";
    string config_file = "./inference/inference_cls.yaml";
    auto model = fastdeploy::vision::classification::PaddleClasModel(model_file,
                     params_file,config_file, option);
    // 逐帧显示
```

```
Mat img;
while (true)
{
    if (!cap.read(img))
    {
        std::cout << "捕获失败" << std::endl;
        break;
    }
    // 模型预测获取检测结果
    fastdeploy::vision::ClassifyResult result;
    model.Predict(&img, &result, 1);
    // 设置阈值
    int label = result.label_ids[0];
    float score = result.scores[0];
    if (score >= 0.6)
    {
        if (label == 0)
            std::cout << "厨余垃圾" << std::endl;
        else if (label == 1)
            std::cout << "可回收物" << std::endl;
        else if (label == 2)
            std::cout << "其他垃圾" << std::endl;
        else if (label == 3)
            std::cout << "有害垃圾" << std::endl;
    }
    imshow("USB Camera", img);
    int keycode = cv::waitKey(30) & 0xff;                // 按 Esc 键退出
    if (keycode == 27)
        break;
}
cap.release();
destroyAllWindows();
}
```

图 3.30　项目编译

编写完以后按 Ctrl＋S 组合键保存所有修改。然后在 Qt 界面的左下角切换项目为 Release 版，并且单击锤子状按钮进行项目编译，如图 3.30 所示。

编译完成后，在项目同目录下会生成编译好的文件夹 build-InferenceCPlus-Desktop-Release，该文件夹下生成的 InferenceCPlus 文件就是最终的可执行程序。

在运行可执行程序前，需要将前面训练好的垃圾分类模型文件夹 inference 放置在 build-InferenceCPlus-Desktop-Release 目录下面，然后在命令窗口中切换到该目录下，最后使用下面的命令运行程序：

```
./InferenceCPlus
```

运行程序时有可能会出现相关.so 文件找不到的情况，如下所示：

```
error while loading shared libraries: libpaddle2onnx.so.1.0.8rc: cannot open shared object
file: No such file or directory
```

这些文件是 FastDeploy 的第三方库依赖文件，需要在 FastDeploy 的 C++库目录下找到对应文件，然后将其复制到/usr/lib/目录下面，这样 Jetson Nano 上的程序才可以加载到这些依赖库文件。

具体的，以 libpaddle2onnx.so.1.0.8rc 文件为例，首先通过 cd 命令切换到 FastDeploy 的 C++库目录下面，然后使用下面的命令进行复制：

```
sudo cp ./third_libs/install/paddle2onnx/lib/libpaddle2onnx.so.1.0.7 /usr/lib/
```

当把所有缺失的.so 文件都复制好以后就可以正常运行了。运行效果和前面 Python 版是一致的。

3.5 小结

本章围绕图像分类，重点介绍了基于深度学习的几种典型分类算法及其实现原理，包括 VGG、ResNet、MobileNetV1 和 MobileNetV2。在算法原理基础上，重点讲解了如何使用 PaddlePaddle 的图像分类套件 PaddleClas 来开发一款智能垃圾分拣器，全流程地实现了数据预处理、训练、验证和推理，并最终将研发的模型通过 FastDeploy 套件在 Jetson Nano 开发板上实现了部署。读者学完本章后，应掌握基本的图像分类算法原理，能够利用 PaddleClas 套件按照本章流程研发图像分类算法。

图像分类作为深度学习图像领域最基础的研究方向，所提出的一些网络模型常作为其他领域的基础模型（Backbone）来使用。例如在图像检测领域，经常会利用 ResNet 模型来提取特征。因此，掌握好本章内容是必要的，也将为后面章节知识打下良好的基础。

第 **4** 章

目标检测（二维码扫码枪）

视频讲解

4.1 任务概述

4.1.1 任务背景

二维码是一个可变长、容量大的符号标识，可容纳 1850 个字符，比普通条码信息容量大几十倍。二维码的容量与颜色有关，日常用的二维码一般为黑白色，只有两层，容量在 10KB 左右，如果是 24 色二维码能够达到 1～2MB 的容量。

近几年，随着移动支付和自动化生产的推广，二维码技术得到了广泛的使用。二维码的信息容纳性高，使用便利，可以使用非接触式方式快速实现信息认证交互，因此二维码成为目前最普遍的信息交互方式，小至日常购物支付、出入搭乘交通，大至工厂的物流、订单管理都可以见到二维码的身影。典型的工业应用场景就是识别流水线产品的标签，实现物品快速认证和唯一性管理。由于真实工业场景复杂多样，对二维码的识别精准度和时效性提出了更高的要求。对于规范化场景下的二维码识别，目前传统的检测技术可以达到较高的精度，但是一旦拍摄距离、角度或光线发生变化，传统方法就显得力不从心。为此，本章将从深度学习方法切入，使用目标检测方法实现非规范场景下的二维码高精度识别。

所谓目标检测，就是从图像中找出感兴趣的目标，并确定它们的位置。以图 4.1 为例，目标检测任务需要从图像中识别出二维码，检测出来的二维码用一个矩形框标记出来并且输出对应类别的置信度（图中置信度为 0.97）。这个置信度表示目标框内对象是二维码的概率。

图 4.1 二维码检测示例

作为计算机视觉的基本问题之一，目标检测是许多视觉任务的基础。传统目标检测方法有 VJ 检测器（Viola-Jones Detector）、HOG 检测器（Histogram of Oriented Gradients Detector）和 DPM 检测器（Deformable Parts Model Detector）等。这些传统目标检测算法一般使用滑动窗口遍历整个图像，每个滑动窗口使用分类模型来确定是否包含目标。通过这种方式将目标检测任务转换为大量的图像分类任务，很显然，这种检测方法效率不高。随着深度学习的兴起，基于深度学习的目标检测方法凭借其在效率和准确性上的压倒性优势，迅速赶超了传统目标检测算法。

目前基于深度学习的目标检测算法主要分为两个方向：两阶段（Two-Stage）目标检测算法和单阶段目标检测（One-Stage）算法。

1. 两阶段目标检测算法

两阶段目标检测算法，顾名思义，就是一种将检测问题拆分为两个步骤执行的算法。两阶段目标检测算法的核心思想比较容易理解，它首先使用一个网络模型预先从整个图像中提取一些可能出现目标的候选子区域，然后再对这些候选子区域进行分类和位置修正。由于通过神经网络挑选出来的候选子区域相比于传统的滑动窗口方法所挑选的子区域更精确、数量更少，因此，速度和精度得到了大幅提升。

总体来看，两阶段目标检测算法精度高，但由于采用了两步策略，其本身计算速度较慢，在大多数应用场合中无法满足实时推理的需求。因此，为了进一步加快检测速度，单阶段目标检测算法被提出来。

2. 单阶段目标检测算法

单阶段目标检测算法预先定义好一系列不同尺度、不同位置的候选锚框，然后直接用一个神经网络模型对这些候选锚框进行分类和位置修正。相较于两阶段目标检测算法，单阶段目标检测算法效率大幅提升，虽然准确率较两阶段目标检测算法略低，但能满足大部分场景需求，已经成为工业应用的主流。

考虑到真实工业场景中的二维码检测任务对于推理速度要求较高，因此本章重点介绍单阶段目标检测算法。具体的，将使用飞桨 PaddleDetection 套件中的 PicoDet 单阶段检测算法来完成研发任务。

4.1.2　安装 PaddleDetection 套件

PaddleDetection 是飞桨推出的目标检测算法套件，该套件内置了 30 多种目标检测模型以及 250 多种预训练模型，打通了数据处理、模型开发、训练、部署等全流程步骤。目前，PaddleDetection 已应用于工业、智慧城市、安防、交通、零售、医疗等十余个行业。PaddleDetection 套件组成如图 4.2 所示。

本章将使用该套件中的 PicoDet 目标检测算法，以二维码检测案例为突破口，深入讲解 PaddleDetection 的使用方法。

PaddleDetection 本质上是一套建立在 PaddlePaddle 上的算法库，因此在安装 PaddleDetection 前需要先确保已安装 PaddlePaddle。PaddlePaddle 的详细安装方法请参考 2.2 节内容。安装好 PaddlePaddle 以后，下面开始正式安装 PaddleDetection 套件。

首先下载 PaddleDetection 套件：

```
git clone https://github.com/PaddlePaddle/PaddleDetection.git
```

如果 GitHub 下载速度慢，也可以从 Gitee 上进行下载：

产业部署范例 企业应用案例	工业质检		安防巡检		智慧交通		智慧城市	
	表计读数 瓷砖表面瑕疵检测 PCB瑕疵检测等		火灾烟雾检测 人员合规操作检测 人流量统计等		无人机车辆跟踪 车流量检测 通信塔识别等		路面垃圾识别 电瓶车进电梯识别 打架、抽烟、玩手机识别等	

高性能部署支持	模型压缩			多端部署			部署Demo	
	剪枝　量化　蒸馏　搜索			服务化　边缘端　网页端/小程序　Docker			健身App　行人跟踪GUI　行人检测App	

产业工具	产业级行人分析工具PP-Human	产业级车辆分析工具PP-Vehicle
	行人属性识别、行为识别、人流计数与轨迹留存、跨镜ReID。 • 行人特征/属性识别：性别、年龄、帽子、上衣等26种 • 行人跟踪：单、多镜头跟踪（ReID），人流量计数与轨迹记录 • 行为识别：摔倒、打架、玩手机、抽烟、人员闯入	车牌识别、属性分析、违章检测、车流计数。 • 车辆车牌、属性识别：车型、颜色、车牌 • 车流计数：车辆检测、车辆跟踪 • 违章检测：违停、压线、逆行

产业级特色模型	高精度目标检测		超轻量目标检测		超轻量人体关键点检测	
	PP-YOLOE+　　PP-YOLOE PP-YOLOE-R　　PP-YOLOE-SOD （旋转框检测）　（小目标检测）		PP-PicoDet　　PP-YOLO Tiny 0.7M　　　　250FPS+		PP-TinyPose 122FPS　　　51.8%AP	

模型库	通用检测	多目标跟踪	人体关键点检测	其他
	单阶段：YOLOv7、YOLOv5、YOLOX等 双阶段：Mask-RCNN、Faster-RCNN等 其他：Transformer系列、旋转框S2ANet、 实例分割SOLOv2	单阶段：FairMOT、JDE 双阶段：ByteTrack、 DeepSORT、OC-SORT等	自上而下：HRNet、 DarkPose、LiteHRNet 自下而上：HigherHRNet、 SWAHR等	实例分割：MaskRCNN、 SOLOv2等 人脸识别：BlazeFace 半监督学习：DenseTeacher 3D检测：Smoke、 PointPillars等

模型组件	Backbones	Necks	Loss
	ResNet、Res2Net、SENet、HRNet、 DarkNet、CSP_DarkNet、MobileNetV1、 MobileNetV2、DLA、Swin Transformer等	BiFNP、BlazeFace-FPN、CSP-PAN、 CenterNet-FPN、ES-PAN、LC-PAN、 YOLO-FPN、TTF-FPN、HR-FPN等	Smooth-L1-Loss、Detr-Loss、Fcos-Loss、 FairMOT-Loss、GFocal-Loss、JDE-Loss、 Keypoint-Loss、Yolo-Loss等

图 4.2　PaddleDetection 套件组成

```
git clone https://gitee.com/binghai228/PaddleDetection.git
```

下载完成后安装相关依赖库：

```
cd PaddleDetection
pip install - r requirements.txt - i https://mirror.baidu.com/pypi/simple
```

最后编译安装 paddledet：

```
python setup.py install
```

到这里 PaddleDetection 就安装完成了。
下面测试安装是否正确：

```
python ppdet/modeling/tests/test_architectures.py
```

正确情况下会输出类似下面的内容：

```
Ran 7 tests in 3.285s
OK
```

4.2 算法原理

目标检测应用范围很广,相比服务器端应用,目标检测在嵌入式工业落地上有着更加严格的要求,需要速度快、精度高、易于部署。为了解决这个问题,2021 年一篇针对移动端和嵌入式设备的目标检测论文 *PP-PicoDet*: *A Better Real-Time Object Detector on Mobile Devices* 被发表出来。该论文所提出的 PicoDet 算法在嵌入式和移动端等低算力设备上性能表现较好,受到工业界的广泛关注。

在学习 PicoDet 前需要先掌握目标检测常用概念和一些基础的目标检测算法原理。

4.2.1 目标检测常用概念

(1) 边界框(Bounding Box):目标检测需要同时预测物体的类别和位置,因此需要引入一些与位置和大小相关的概念。通常使用边界框来表示物体的位置和大小,一般使用正好能包围物体的矩形框作为边界框。

通常用两种格式来表示边界框的位置和大小:

- xyxy:第一对 xy 代表了矩形框左上角的坐标,第二对 xy 表示矩形框右下角的坐标;
- xywh:xy 是矩形框中心点的坐标,w 是矩形框的宽度,h 是矩形框的高度。

需要注意的是,不管使用哪种边界框表示形式,图片坐标的原点永远在左上角,x 轴向右为正方向,y 轴向下为正方向。

(2) 真实框(Ground Truth Box):在目标检测任务中,训练数据集的标签里会给出目标物体真实边界框,称其为真实框,真实框一般由人工标注获得。

(3) 预测框(Prediction Box):目标检测算法经过推理计算得到的目标物体位置出现概率的预测,由预测结果计算所得的边界框称为预测框。

(4) 锚框(Anchor Box):经过大量样本统计分析发现,图像中的目标的大小和尺度主要集中于一些特定数值,这些特定大小和比例的矩形框称为锚框。简单来理解,锚框就是一些预先人为设定好大小和比例的矩形框,一般情况下,认为锚框存在目标的可能性较大,如图 4.3 所示。

图 4.3 给出了锚框和真实框的具体表示示例。先设定好锚框的大小和形状,再以图像上某一个点为中心画出这些锚框。在图 4.3 中,分别以人物目标的中心点生成 3 个不同长宽大小的红色锚框。真实框则是一个紧贴人物边缘的矩形框,一般由人工标注得到。从图 4.3 中可以看到,不同锚框跟真实框的重合程度差别很大,重合程度越高,就认为这个锚框质量越好,表示检测得越准。

可能会有读者要问,为什么要定义锚框这样一个烦琐的概念呢?一个通俗的解释就是使用算法预测出来了许多不同大小、不同位置的锚框,然后计算这些锚框和真

图 4.3 锚框和真实框示例

实框的重合度,并以重合度等因素作为评价标准不断优化算法推理结果,使得预测到的锚框越来越接近真实框。

这里又引申出来一个概念,用什么来衡量锚框和真实框的重合度呢?在目标检测领域常用的是交并比。

(5) 交并比(Intersection of Union,IoU):这一概念来源于数学中的集合,用来描述集合 A 和 B 之间的关系,它等于两个集合的交集里面所包含的元素个数除以它们的并集里面所包含的元素个数,计算公式如下:

$$\mathrm{IoU} = \frac{A \bigcap B}{A \bigcup B}$$

对于图像来说,两个框的交并比等于它们重合部分的面积除以它们合并起来的面积。

举个例子,如图 4.4 所示,交集中深色区域是两个框的重合面积,并集中深色区域是两个框的相并面积,交集面积除以并集面积得到它们之间的交并比。

交集   并集   交并比

图 4.4　交并比形式化表达

再具体到图像坐标,假设图像中有两个矩形框 A 和 B,其坐标分别为

$$A: [px_1, py_1, px_2, py_2]$$
$$B: [gx_1, gy_1, gx_2, gy_2]$$

它们在图像中的位置关系如图 4.5 所示。

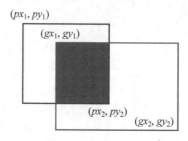

图 4.5　交并比计算

那么 A 和 B 的交并比是多少呢?下面将分两步来计算。

首先计算 A 和 B 相交部分面积。相交部分的左上角坐标为:$x_1 = \max(px_1, gx_1)$,$y_1 = \max(py_1, gy_1)$;相交部分的右上角坐标为:$x_2 = \min(px_2, gx_2)$;$y_2 = \min(py_2, gy_2)$,相交面积为:$\text{overlap} = \max(x_2 - x_1, 0) \times \max(y_2 - y_1, 0)$。

再计算 A 和 B 合并的面积。两个矩形的面积分别为

$$S_p = (px_2 - px_1) \times (py_2 - py_1)$$
$$S_g = (gx_2 - gx_1) \times (gy_2 - gy_1)$$

因此，相并部分面积为

$$union = S_p + S_g - overlap$$

最终，交并比为

$$IoU = \frac{overlap}{union}$$

这里留给读者一个思考问题：两个矩形框之间的相对位置关系，还有哪些可能，上面的公式能否覆盖所有的情形？如果两个矩形框不相交，距离远或者近能否使用上述交并比表示？

熟悉了上述这些基本概念以后，下面就可以正式开始学习目标检测算法基本原理了。为了能够帮助读者梳理清楚目标检测的实现步骤，从早期的 RCNN 算法开始阐述，该算法为现在的深度学习目标检测算法奠定了基本框架。

4.2.2　RCNN算法

RCNN 算法在 PASCAL VOC2010 数据集上让目标检测精度跃上了新台阶，也是第一个真正可以工业级应用的解决方案。RCNN 算法的技术思路和传统算法很相似，即先提取一系列候选区域，再对候选区域进行分类。

图 4.6 所示即为 RCNN 算法的完整实现流程，具体步骤如下。

（1）生成候选区域：采用选择性搜索（Selective Search）方法提取 2000 个左右的候选框，对每个候选区域的图像进行预处理，输出固定大小为 227 像素×227 像素的候选框图像。

（2）提取卷积特征：将固定大小的图像输入 CNN 网络中提取出固定维度的特征。

（3）训练分类器：训练一个 SVM 分类器，对 CNN 提取的特征进行分类。

（4）边界框回归：训练线性回归器，对特征进行边框精修得到更精确的目标区域。

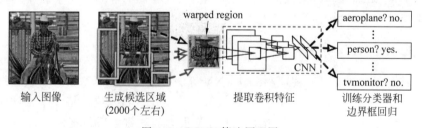

图 4.6　RCNN算法原理图

RCNN 将深度学习引入目标检测任务，显著地提升了检测精度，在当时取得了"天花板"级别的效果，但还存在 3 个缺陷。

（1）训练烦琐：没有采用端到端的神经网络训练方案，训练过程复杂、速度慢。

（2）空间特征失真：为了保证统一的全连接输入尺寸，对每个候选框图像进行了裁切和拉伸操作，虽然能保证处理后的子块图像都是 227 像素×227 像素固定大小，但导致的图像空间失真也影响了最终的检测精度。

（3）CNN 特征提取模块独立：图像特征提取过程未与 SVM 分类器和边界框回归器联动学习，导致各个模块不能从全局角度保证精度的一致性提升。

4.2.3 Fast RCNN 算法

为了解决 RCNN 算法的几个缺陷，有研究学者提出了 Fast RCNN 算法，并发表在 2015 年 ICCV 会议上。

Fast RCNN 主要做了三点改进。

（1）共享卷积：将整幅图像送到 CNN 后用于区域特征提取，而不是像 RCNN 那样将很多小候选框对应的小图像送到 CNN 后再进行特征提取，这样避免了大量的候选框区域图像重复计算。

（2）统一感兴趣区域（Region of Interest，ROI）：将不同尺寸的候选区域特征图统一池化到固定的 7×7 大小，再输入到全连接层，这样就解决了不同尺寸候选框特征大小不一致的问题。

（3）多任务训练：提取特征后，把目标框的回归和分类任务的损失函数融合在一起进行训练，相当于端到端的多任务训练，训练效率更高。

Fast RCNN 算法原理如图 4.7 所示。

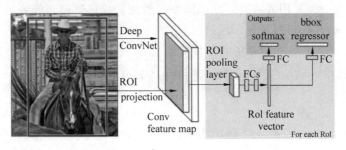

图 4.7 Fast RCNN 算法原理图

尽管 Fast RCNN 算法大幅提升了检测速度，但是整个检测流程中的候选框生成依然使用选择性搜索算法，在候选框生成上速度较慢。

4.2.4 Faster RCNN 算法

为了进一步加快检测速度，Faster RCNN 算法被提出。该算法设计了候选框提取网络（Region Proposal Network，RPN），通过共享前面几个卷积层的特征来自动获得候选框，不仅提高了运行速度，在检测精度上也有了很大的改进。Faster RCNN 真正实现了端到端的训练，检测速度快、精度高，因此，Faster RCNN 也成为当时目标检测的里程碑。至今，Faster RCNN 依然是学习目标检测所必须要了解的经典两阶段目标检测算法。

Faster RCNN 算法原理示意图如图 4.8 所示。

Faster RCNN 主要包含 4 个部分：特征提取模块、RPN 生成模块、ROI 池化模块、分类回归模块。

（1）特征提取模块：通过一组基础的卷积神经网络来提取原始图像的特征图。

（2）RPN 生成模块：该模块代替了 RCNN 网络中的选择性搜索算法，用于生成质量较好的候选框。计算过程包括 4 步：①锚框生成。RPN 在特征图的每个点上都预设了 9 个锚框，这 9 个锚框的大小和宽高均不相同，保证能覆盖所有的物体。在众多锚框中，需

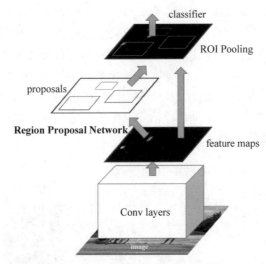

图 4.8 Faster RCNN 算法原理示意图

要筛选出更好的区域,稍作调整得到最终的感兴趣区域。②RPN 卷积网络。利用 1×1 的卷积在特征图上得到每一个锚框的预测偏移值。③计算 RPN 损失。在训练中,将匹配程度最佳的锚框赋予正样本,较差的赋予负样本,得到分类与偏移值的真值,然后结合预测的分类概率和偏移值计算损失函数的数值。④根据每一个锚框的得分和偏移量,进一步获得一组更好的候选框,并筛选出固定数目的候选框作为最终的感兴趣区域,默认数量是 300 个。

（3）ROI 池化模块:将每一个感兴趣区域的特征都池化到固定的维度,方便输入后续的全连接网络中。

（4）分类回归模块:将 ROI 池化得到的特征送入全连接网络,预测每一个 ROI 的分类,并预测更精准的偏移量。

从以上 Faster RCNN 的实现步骤可以看到,整个检测过程包括两个阶段的坐标框预测和回归。因此,两阶段目标检测算法精度高,但是在推理速度上依然有很大的改进空间。相较于两阶段目标检测算法,单阶段目标检测算法的整个过程只进行一次坐标框的分类预测和回归计算,大幅提升了检测速度。

虽然 Faster RCNN 是一个经典的两阶段目标检测算法,但是它提出的这种端到端训练思想以及锚框的理念一直被沿用下来。Faster RCNN 的完整代码和实现细节位于 PaddleDetection/ppdet/modeling/architectures/faster_rcnn.py,感兴趣的读者可以深入剖析该源码,提升对 Faster RCNN 模型的理解。

4.2.5 YOLO v3 算法

YOLO 开创了单阶段目标检测方法的篇章,利用图像卷积模块直接回归计算候选锚框的位置信息。YOLO v3 是 YOLO 系列第三个版本,也是众多 YOLO 系列算法改进的基准,理解了 YOLO v3 的基本思路,能够很快掌握其他单阶段目标检测算法。下面开始重点阐述 YOLO v3 算法原理。

YOLO v3 整体框架如图 4.9 所示，主要包括骨干网络、FPN 模块、HEAD 模块和后处理。其中，骨干网络层数较多，用于对特征的提取和建模；FPN 模块对多种不同尺度、不同语义的信息进行融合，以实现图片在不同大小、不同背景等复杂情况下的准确检测；HEAD 模块主要将网络输出对齐，以将网络结果转换为检测框大小、位置、置信度等信息；后处理主要是对输出结果进行 NMS 操作，对输出结果进一步精简和优化。由于 YOLO v3 网络结构内容较多，如果对理论知识不感兴趣的读者可以跳过本节，学有余力的读者建议认真阅读下面的详细介绍。

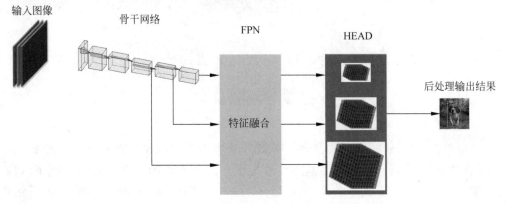

图 4.9　YOLO v3 框架

输入图像首先经过卷积骨干网络进行特征提取，输出 3 个分支。其中网络末端的分支经过卷积操作次数最多，网络层数最深，其特征图最小，所具有的语义特征信息最丰富。相反，网络层数最少的分支特征图最大，语义信息虽然没有那么丰富，但包含较准确的空间位置信息。

FPN 模块实现三个分支的特征融合，也叫作 neck，主要将语义丰富的高层特征融合到语义信息较少的低层特征，增强低层特征的语义信息。

HEAD 模块分别对 FPN 输出的几个分支进行卷积操作，输出的特征层数实现与网络真值对齐，根据提前设定好的规则将对应的元素转换为目标的位置、大小、类别等信息。有了这些信息后，在训练阶段，通过与真值计算损失，实现网络的梯度反向传播，进行网络参数更新。在推理阶段，进行包括 NMS 在内的后处理，最终输出结果。

1. 骨干网络

YOLO v3 算法使用的骨干网络是 Darknet 53，整体结构如图 4.10 所示，其中 CBL 模块由 Conv＋BN＋Leaky_relu 三者组成；DW 为下采样操作；Block 为特定网络模块，由多个基础模块（Basicblock）组成；Basicblock 则由一系列卷积、BN 层以及激活函数组成。特征图上面的第一个数字为特征图通道数，第二个为特征图相对于原图的大小。以 Block 3 的输出为例，(256,1/8)表示特征图通道数为 256 个，尺度大小为输入图像尺寸的 1/8。Block 3 旁边的 8×Basicblock 表示该模块包含 8 个 Basicblock。

从 Darknet 53 的网络结构上可以看出来，该骨干网络是一个高度堆叠卷积模块的神经网络，具有极强的特征提取能力。

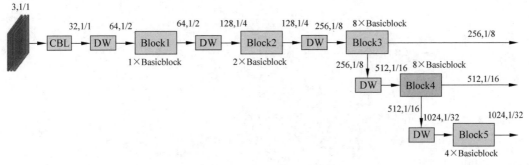

图 4.10　Darknet 53 整体结构图

2. 网络 Neck——FPN

经过骨干网络的处理,输出 3 个分支,其中大特征图的分支保留了较丰富的位置信息,但语义信息比较缺乏。为了进一步增强其语义信息,使用 FPN 操作,将具有较多语义信息的小特征图分支拼接到其他尺度的分支上,从而实现多尺度信息的融合。

FPN 整体架构如图 4.11 所示,其中 YOLODetBlock 为 FPN 的基本模块,UP 表示上采样,ⓒ表示拼接操作。首先小尺度特征经过 YOLODetBlock 操作后输出 tip 和 route 两个分支。tip 分支输出给 Head 模块,route 分支用于特征融合。

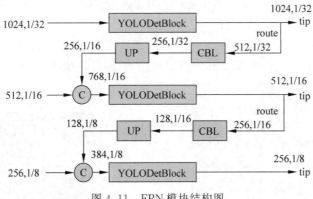

图 4.11　FPN 模块结构图

3. 网络 Head——检测头

Head 操作比较简单,对 3 个输出分支进行一系列卷积操作,主要是调整特征图通道数,实现与真值的对齐。Head 模块对 FPN 的 3 个分支进行一系列卷积操作后共输出 3 个分支,单一分支如图 4.12 所示,其中 CBL 为基本的卷积、BN 和激活函数等操作。

Head 模块中每个分支输出的特征图数量相等,区别在于特征图大小(H 和 W)不同。特征图通道数＝锚框数量×(类别数量＋5),这里单一分支的锚框数为 3 个,锚框中每个位置(如图中深色长方体)对应的特征通道数包括类别(类别数量)、$xywh$ 的偏移量(4 个)和置信度(1 个),不同位置的特征负责不同位置的目标。

4. 网络真值的生成

计算网络损失前,需要根据真实标注框的大小和位置计算出与网络输出大小和形状对应的网络真值。从每个样本的标注文件中能够获得图片的具体标注信息,即包围框的

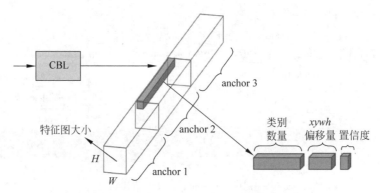

图 4.12　Head 模块中单一分支示意图

坐标 xyxy 或者 xywh 格式，以及对应的类别。下面介绍如何将该标注转换为网络输出的真值。

（1）产生候选锚框。

如何产生候选区域锚框是目标检测算法的核心。假设网络输出有多个分支，每个分支的下采样率不一样，以 1/32 下采样率的分支为例，选择小块区域，尺寸为 32×32，假设原始图片高度 $H = 640$，宽度 $W = 480$，将原始图片划分成 $m \times n$ 个区域，如图 4.13 所示。此时 $m = H/32 = 20$，$n = W/32 = 15$，即原始图像被分成了 20 行 15 列的小方格，然后在每个方格区域的中心生成一系列锚框。

为了展示方便，首先在图中第 11 行第 6 列的小方块位置附近画出 3 个特定宽高比的锚框，如图 4.14 所示。其中，最上面的行号是第 0 行，最左边的列号是第 0 列。

图 4.13　将图像划分为 $m \times n$ 个小方格

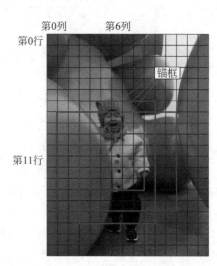

图 4.14　锚框生成示意图

依次类推，以每个方格的中心点为中心，分别生成 3 个锚框，这样就生成了一系列锚框。

（2）生成预测框。

由于锚框的位置都是固定的，不可能刚好跟目标真实边框完全重合，需要在锚框的基础上进行位置的微调以生成预测框，如图 4.15 所示。

首先生成预测框的中心位置。以小方格的宽度为单位长度，所对应的小方块区域左上角的位置坐标 $c_x=6, c_y=11$。可根据偏移量计算预测框的中心坐标：

$$b_x = c_x + \sigma(t_x)$$
$$b_y = c_y + \sigma(t_y)$$

其中，t_x 和 t_y 为网络输出的位置参数；$\sigma(x)$ 为 sigmoid() 函数，从而将输出限制在 0～1，所以计算出来的预测框中心点总是落在小方格内部。

锚框的大小是预先设定好的，在模型中可以当作超参数，锚框的高和宽分别是 p_h 和 p_w，预测框的大小可用下式表示：

$$b_h = p_h e^{t_h}$$
$$b_w = p_w e^{t_w}$$

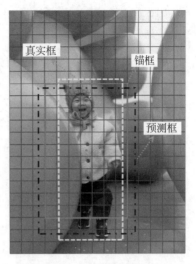

图 4.15 生成预测框示意

显然，可以根据 t_x、t_y、t_h、t_w 的取值获得预测框的位置和大小。如果 $t_x = t_y = 0$，$t_h = t_w = 0$，则预测框跟锚框重合。类似地，也可以根据预测框的位置和大小获得 t_x、t_y、t_h、t_w 的值，根据真实的目标框计算对应的 t_x^*、t_y^*、t_h^*、t_w^* 的值，并将这些值作为网络的输出真值，用于计算网络的损失。

如果 (t_x, t_y, t_h, t_w) 是网络预测的输出值，$(t_x^*, t_y^*, t_h^*, t_w^*)$ 是真实框所对应的参数，计算 $(\sigma(t_x), \sigma(t_y), t_h, t_w)$ 与 $(\sigma(t_x^*), \sigma(t_y^*), t_h^*, t_w^*)$ 之间的差距作为损失函数，则可以建立起一个回归问题，通过学习网络参数，使得 t 足够接近 t^*，从而能够求解出预测框的位置。

具体的，由真实包围框生成网络输出时，一般按如下步骤执行：

（1）假设网络有 3 个分支，每个分支输出 anchor_num 个锚框，类别数为 cls_num。某分支划分为高度 H、宽度 W 个小方格，每个小方格的长度为 anchor_num * (1+4+cls_num)，其中 1 代表有无目标的置信度 objectness，4 为相对于锚框位置和大小偏移的 4 个参数。首先对所有网络输出全部使用 0 进行初始化。

（2）依次遍历多个网络分支的每个锚框，找到与真实包围框 IoU 最大的那个锚框，令其 objectness＝1，表示预测框属于正样本。

（3）根据 IoU 最大的锚框以及真实包围框计算对应的网络输出 $(t_x^*, t_y^*, t_h^*, t_w^*)$，同时将所对应的类别标签置 1。

（4）由于每个真实框只对应一个 objectness 标签为正的预测框，如果有些预测框跟真实框之间的 IoU 很大，但并不是最大的那个，那么直接将其 objectness 标签设置为 0 当作负样本，但是这种方式并不妥当。为了避免这种情况，设置了一个 IoU 阈值 iou_thresh，当预测框的 objectness 不为 1，且与真实框的 IoU 大于 iou_thresh 时，就将其 objectness 标签设置为 −1，不参与损失函数的计算。

（5）按照上述方法依次遍历所有真实框。其中未被标注的默认为负样本，objectness＝0。

按照上述步骤生成了网络输出的真实值，如图4.16所示。

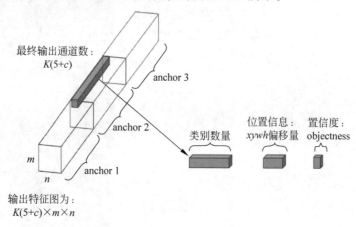

图4.16　网络输出真值计算示意图

YOLO v3 是当前流行的单阶段目标检测算法，其完整代码和实现细节位于 PaddleDetection/ppdet/modeling/architectures/yolo.py，感兴趣的读者可以深入剖析其源码，提升对 YOLO v3 模型的理解。

4.2.6　PicoDet 算法

前面重点讲解了 YOLO v3 算法原理，掌握该算法原理对于理解当前主流的目标检测算法极其重要，因此使用了大量篇幅对其架构进行深入剖析。在 YOLO v3 算法之后，一系列改进版相继被提出，其中就包括 PicoDet 算法。

PicoDet 也是一种 YOLO 系列算法，主要从骨干网络、特征融合、检测头以及标签分配策略等方面做了改进，大幅提高效率的同时也有较高的准确率。

1. ESNet 骨干网络

ESNet(Enhance ShuffleNet)是基于 Shuffle Netv2 改进而来，改进的示意图如图4.17所示，分为步幅为1和步幅为2两种情况进行改进，箭头左边为 Shuffle Netv2 Block，右边为 ESNet Block。其中 SE 模块能根据网络通道的重要性进行加权，往往能获得更优的特征，因此，在所有模块中都加入了 SE 模块。

步幅为1时，主要增加了 Ghost 模块，Ghost 模块能够在较少的参数量下产生更多特征图，进一步提升了网络的学习能力。首先是 1×1 卷积，然后是 3×3 深度卷积，之后是通道拼合。Ghost 模块之后跟着一个 SE 模块，然后与 Shuffle Netv2 Block 一样是 1×1 卷积、通道拼合和通道混合。

步幅为2时，主要在深度卷积分支中增加了一个 SE 模块。通道混合在 Shuffle Netv2 中提供了通道间的信息交换，但是也损失了一些融合特征。为了解决这个问题，紧跟一个 3×3 深度卷积，之后 1×1 卷积调整网络的通道数量，以此增强不同通道信息融合性能。

2. 特征融合和检测头

PicoDet 使用 PAN 结构来融合多尺度特征图，使用 CSP 结构连接相邻尺度特征图，如图4.18所示，类似的 CSP 结构也被应用到 YOLO v4 和 YOLOX 算法的特征融合模块中。

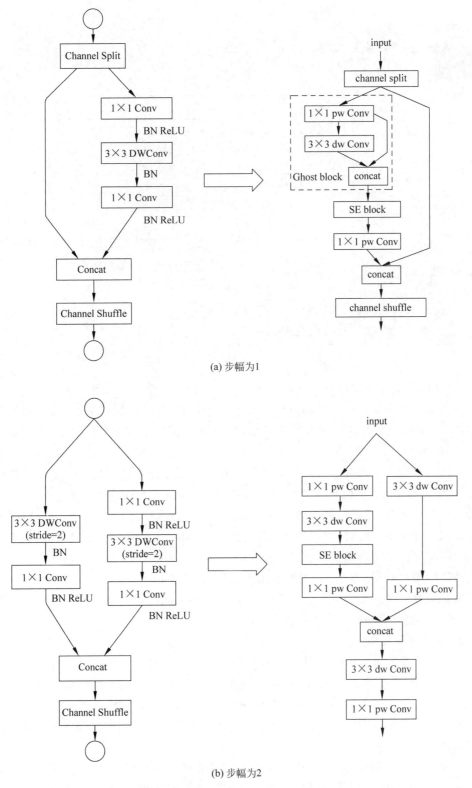

(a) 步幅为1

(b) 步幅为2

图 4.17 ESNet 骨干网络改进示意图

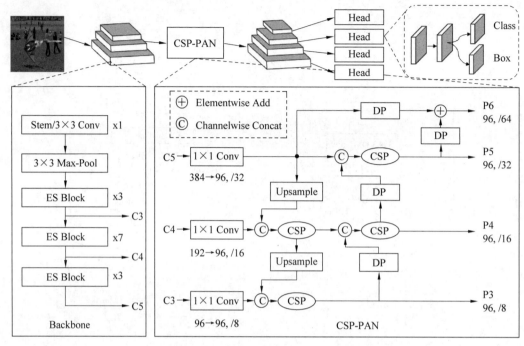

图 4.18　PicoDet 特征融合和检测头

PicoDet 的骨干网络（Backbone）生成 C3、C4 和 C5 三个不同分辨率的特征，C5 一般用于处理高层次语义，具有最低分辨率，而 C3 一般用于处理低层语义，具有最大的分辨率。C3、C4 和 C5 作为输入进入 CSP-PAN 特征融合模块中，经过特征融合后输出 P3、P4、P5 和 P6 四个尺度的特征。一般情况下，C3、C4 和 C5 的特征图数量依次从高到低，但这种大通道数的结构对于移动设备来说计算成本过于昂贵。因此，PicoDet 首先使用 1×1 卷积将所有通道的特征图数量都降低到 96，之后使用 CSP 结构实现自下而上和自上而下的特征融合，特征图数量的减少大幅降低了计算成本且对准确性几乎没有影响。为了对尺度变化更大的目标具有更好的泛化性，PicoDet 还在原有 CSP-PAN 的顶部增加了一个高语义信息的分支。

DP 为深度可分离卷积，为增加感受野范围，将 3×3 深度卷积更换为 5×5 深度卷积。特征融合模块和检测头都有 4 个尺度分支，且检测头的通道数与特征融合模块保持一致，检测头将分类和回归分支耦合在一起。

3. 标签分配策略

正负样本标签分配策略对目标检测效果有着巨大影响。大多数目标检测算法使用修正的标签分配策略。这些策略十分简单，一般都是基于经验性提出的。例如，RetinaNet 算法直接用锚框和真值的 IoU 来区分正负样本，FCOS 将中心点在真值框内的锚框看作正样本，而 YOLO v4 和 YOLO v5 将真值框中心点及其相邻的锚框都当作正样本处理。

SimOTA 是一种会随着训练进程而自适应变化的标签分配策略，在 YOLOX 中取得了较好的效果。PicoDet 采用 SimOTA 动态标签分配策略来优化正负样本的分配。

SimOTA 首先根据中心点的先验信息计算候选区域，然后得到候选区内真值跟预测框的 IoU 数值，之后对每个真值框的 n 个最大的 IoU 求和获得参数 κ，最终通过计算候选区内所有预测框跟真值框的损失作为代价矩阵。对于每个真值框，选 κ 值最小对应的锚框作为正样本。

4. 其他优化策略

除了上述策略之外，PicoDet 采用 H-Swish 激活函数代替 ReLU。H-Swish 是一种简化版的 Swish 函数，在边缘端上性能更高，在保持推理时延不变的情况下提升性能。另外，在损失函数、优化函数、数据增强方面 PicoDet 也做了相关优化和改进，这里不再一一阐述。

本章研发任务将采用 PicoDet 算法作为核心算法来完成二维码检测任务，其完整代码位于 PaddleDetection/ppdet/modeling/architectures/picodet. py，感兴趣的读者可以深入剖析该源码，提升对 PicoDet 模型的理解。

4.3 算法研发

本节开始将详细讲解算法研发步骤，其中二维码检测模块采用飞桨 PaddleDetection 套件的 PicoDet 算法实现，二维码解码部分采用 ZBar 库实现。

ZBar 是一款跨平台的开源软件，适用于读取不同格式的条形码，包括 EAN-13/UPC-A、UPC-E、EAN-8、Code 128、Code 39、Codabar 和二维码等，支持 C、C++、Python 等语言。

对 ZBar 库有过了解的读者会有一个疑惑，ZBar 库本身是一个集成了检测和解码的算法库，为什么不直接将整个图像送给 ZBar 进行识别呢？这是因为 ZBar 库采用传统图像处理算法进行二维码检测，如果二维码所处环境比较简单，那么使用 ZBar 库直接识别二维码不会有太大问题。但由于实际工业场景中二维码目标往往较小，并且背景不固定，直接用原始拍摄的图片输送给 ZBar 库容易漏检，因此需要预先通过高精度的深度学习算法将二维码检测出来，然后剪切出二维码区域再送给 ZBar 解码，从而提升整体的识读性能。

4.3.1 目标检测数据集常用格式介绍

目标检测的数据格式比较复杂，一张图像中，需要标记出各个目标区域的位置和类别。根据标注形式的不同，当前主流的目标检测数据集格式主要有 VOC 和 COCO 两种格式。

1. VOC 数据格式介绍

VOC 格式指的是 PASCAL VOC 竞赛使用的数据格式，是目标检测常用的数据集之一。PASCAL VOC 竞赛从 2005 年开始举办，随着深度学习的发展，每年的比赛内容都有所变化，从第一年的分类开始，后期逐渐增加了检测、分割、人体姿态、动作识别等项目，比赛用的数据集容量以及种类也在不断地增加。依托该项竞赛，催生出一大批优秀的计算机视觉算法。

VOC 数据集组织结构如下：

```
├──— label_list.txt
├──— trainval.txt
├──— test.txt
├──— VOCdevkit/VOC2007
│    ├──— annotations
│         ├──— 001789.xml
│    │    ...
│    ├──— JPEGImages
│         ├──— 001789.jpg
│    │    ...
```

其中 label_list.txt 是类别名称列表，内容如下：

```
aeroplane
bicycle
...
```

trainval.txt 是训练和验证数据集文件列表，每一行包含原始图像路径及对应的标注文件路径，两路径之间用空格分隔，内容如下：

```
VOCdevkit/VOC2007/JPEGImages/007276.jpg VOCdevkit/VOC2007/Annotations/007276.xml
...
```

test.txt 是测试数据集文件列表，内容格式跟 trainval.txt 相同。

在 VOC 数据集中，图片对应的 XML 文件内包含图片的基本信息，如文件名、来源、图像尺寸以及图像中包含的物体区域信息和类别信息等。

VOC 数据集的 XML 标注文件典型形式如下所示：

```
<annotation>
<folder> VOC2007 </folder>
<filename> 001234.jpg </filename>
<source>
    <database> The VOC2007 Database </database>
    <annotation> PASCAL VOC2007 </annotation>
    <image> flickr </image>
    <flickrid> 338514152 </flickrid>
</source>
<owner>
    <flickrid> bensalem5g </flickrid>
    <name> Brian </name>
</owner>
<size>
    <width> 260 </width>
    <height> 500 </height>
    <depth> 3 </depth>
</size>
<segmented> 0 </segmented>
```

```
< object >
    < name > dog </ name >
    < pose > Right </ pose >
    < truncated > 1 </ truncated >
    < difficult > 0 </ difficult >
    < bndbox >
        < xmin > 1 </ xmin >
        < ymin > 425 </ ymin >
        < xmax > 62 </ xmax >
        < ymax > 475 </ ymax >
    </ bndbox >
</ object >
</ annotation >
```

其中 object 字段信息最为重要，如表 4.1 所示。

表 4.1　VOC 数据集 XML 标注文件中 object 字段关键信息说明

标　　签	说　　明
name	物体类别名称
pose	描述目标物体姿态（非必须字段）
truncated	用于标记遮挡超过 15％～20％并且位于边界框之外的物体（非必须字段）
difficult	用于标记难以识别的物体（非必须字段）
bndbox 子标签	目标框坐标：(xmin,ymin)为左上角坐标，(xmax,ymax)为右下角坐标

2. COCO 数据格式介绍

COCO 数据集是微软发布的一个大型图像数据集，专为目标检测、语义分割和人体关键点检测任务而设计，相比 VOC，COCO 数据集在数量和分辨率方面都增加了许多。COCO 数据集组织结构如下：

```
├── annotations ♯ 标注文件目录
│       ├── instances_train2017.json
│       ├── instances_val2017.json
├── train2017 ♯ 训练图片目录
│       ├── 000000000009.jpg
│       ├── 000000580008.jpg
│    │    ...
├── val2017 ♯ 验证图片目录
│       ├── 000000000139.jpg
│       ├── 000000000285.jpg
│    │    ...
│    ...
```

COCO 的标注文件是将所有图像的标注信息都存放到一个 JSON 文件中，数据以字典嵌套的形式存放。JSON 文件从头至尾按照顺序分为以下几个段落。

```
{
    "info": ...,
    "licenses": [...],
    "images": [...],
```

```
        "annotations": [...],
        "categories": [...]
}
```

其中，info 表示标注文件信息；licenses 表示标注文件许可信息。

images 表示标注文件图像信息列表，列表中每个元素是一张图像的信息，内容如下：

```
{
    "file_name": "000000391895.jpg",        # 图像文件名
    "height": 360,                          # 图像高度
    "width": 640,                           # 图像宽度
    "id": 391895                            # 图像唯一标识号
}
```

annotations 段落表示标注文件中目标物体的标注信息列表，列表中每个元素是一个目标物体的标注信息，如下所示：

```
{
"segmentation": []                         # 分割信息
"num_keypoints": 17,                       # 关键点个数
"keypoints": [x1,y1,vis1,...],             # 关键点坐标信息
    "area": 2765.1486500000005,            # 面积
    "iscrowd": 0,                          # 是否密集
    "image_id": 1,                         # 标注图像的 ID 号
    "bbox": [199.84, 200.46, 77.71, 70.88], # 检测框坐标，形式为 xywh
    "category_id": 1,                      # 标注对象类别号
    "id": 156                              # 标注信息唯一标识号
}
```

其中 num_keypoints 和 keypoints 字段是针对关键点检测任务的，这部分内容将放到第 7 章作介绍，对于本章目标检测任务来说这两个字段不存在也没关系。

categories 段落表示标注类别信息列表，每个元素表示一个类别信息，如下所示：

```
{
"supercategory": "component",              # 父类名称
"id": 1,                                   # 类别唯一标识符
"name": "QR"                               # 类别名称
}
```

4.3.2　使用 Labelme 制作自己的二维码检测数据集

前面介绍的 VOC 和 COCO 是最常见的目标检测数据集，无论是 VOC 还是 COCO 都有自定义的一套标注信息存储格式。如果读者有一批自己的二维码图像数据，那么怎么对这些数据按照上述两种格式进行标注呢？这时候就需要使用专门的数据标注工具了，本书推荐使用 Labelme 标注工具。

Labelme 是一款方便快捷的开源标注软件，该工具是用 PyQt 框架通过 Python 语言编写的。使用 Labelme 可以将图像按照多边形、矩形、圆形、线段、点等形式进行标注，标

注方式简单易学。

下面对 Labelme 的使用进行详细讲解。

1. 安装 Labelme

由于 Labelme 是使用 PyQt 进行开发的，因此需要先安装 PyQt 再安装 Labelme。

• 安装 PyQt

```
pip install pyqt5 - i https://mirror.baidu.com/pypi/simple
```

• 安装 Labelme

```
pip install labelme - i https://mirror.baidu.com/pypi/simple
```

2. 使用 Labelme 进行标注

在命令终端输入 labelme 即可启动：

```
labelme
```

启动后效果如图 4.19 所示。

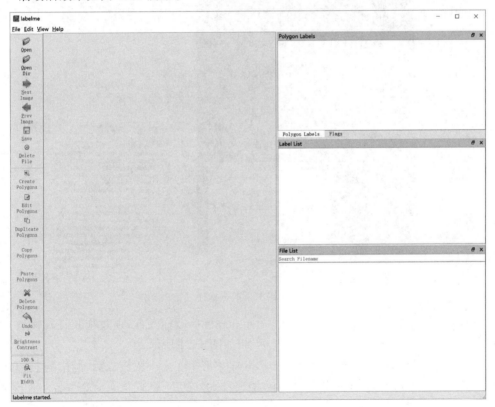

图 4.19　Labelme 主界面

在具体使用前需要对 Labelme 进行设置。单击并展开菜单栏 File，取消选中的 Save With Image Data 复选框，然后选中 Save Automatically 复选框。每次打开 Labelme 后都进行上述设置，这样标注完的文件就不会包含冗余的图像数据，并且在切换标注图片时标注信息会自动保存，免去了手动保存的麻烦。

接下来开始进行标注。单击 Open Dir 按钮，选择需要标注的图像文件夹（注意路径中不要使用中文、空格或特殊符号）。打开后，在右下角 File List 对话框中会显示所有图像的绝对路径，接着便可以开始标注了。

由于本章任务是目标检测，因此将使用矩形框对目标进行标注。依次单击菜单栏 Edit→Create Rectangle，此时进入矩形框标注模式，鼠标形状变成了十字标志。

使用拖拉的方式对目标物体进行框选，并在弹出的对话框中写明对应类别名 label（当 label 已存在时单击即可，此处请注意勿使用中文），具体如图 4.20 所示。

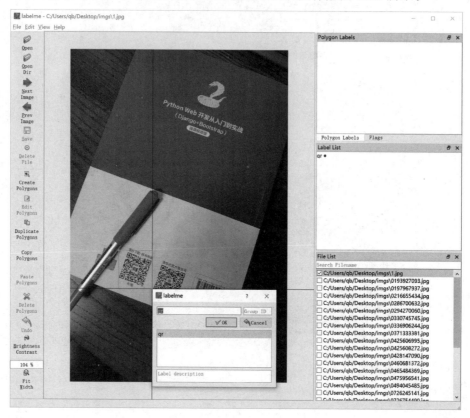

图 4.20　使用 Labelme 标注二维码

当标注错误时，可单击左侧的 Edit Polygons，再单击标注框，通过拖拉进行修改，也可单击 Delete Polygons 删除标注后重新标注，如图 4.21 所示。

由于前面已经设置了 Save Automatically，因此标注完一张图像后标注信息会自动保存到图像文件夹中的标注文件里。标注文件为 JSON 格式文件，文件名与图像名相同。

按照上述步骤进行标注得到的 JSON 标注文件与前面介绍的 VOC 和 COCO 格式都不相同，那么怎么办呢？这时只需要简单的格式转换就能制作成深度学习训练的数据集了。下面以转换 COCO 数据集为例进行说明，转换 VOC 格式请读者自行参考修改。

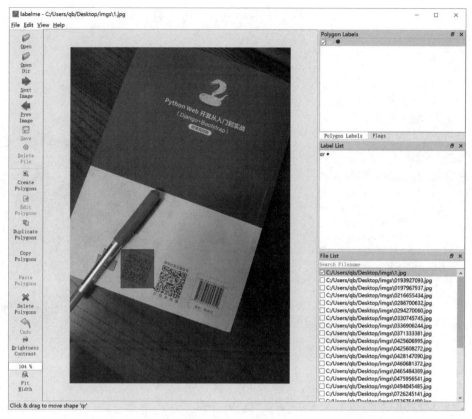

图 4.21　修改标注信息

4.3.3　Labelme 格式转换成 COCO 格式

为了能快速地上手使用 PaddleDetection 套件，需要将数据集统一转换成 COCO 格式，这样就可以直接套用 PaddleDetection 已有的配置参数进行算法训练。在 PaddleDetection/tools 文件夹中提供了 x2coco.py 脚本，可以将 Labelme 标注的数据集转换为 COCO 数据集格式。在使用该脚本进行转换前，需要将图像文件和对应的 JSON 标注文件分成两个文件夹存放。例如，可以将所有图像文件都存放在 PaddleDetection/dataset/qr/imgs 文件夹中，然后将所有标注文件都存放在 PaddleDetection/dataset/qr/annotations 文件夹中。

接下来使用转换命令进行转换：

```
python tools/x2coco.py \
            -- dataset_type labelme \                 # 原始数据格式
            -- json_input_dir ./dataset/qr/labels/ \   # JSON 文件路径
            -- image_input_dir ./dataset/qr/imgs/ \    # 图片路径
            -- output_dir ./dataset/qr_coco/ \         # 标注文件输出路径
            -- train_proportion 0.85 \                 # 训练集占比
            -- val_proportion 0.1 \                    # 验证集占比
            -- test_proportion 0.05                    # 测试集占比
```

上述代码在转换过程中同时进行了数据拆分：训练集占比 85%、验证集占比 10%、测试集占比 5%。

用户数据集转成 COCO 数据后目录结构如下：

```
PaddleDetection/dataset/qr_coco/
├── annotations  # 标注文件夹
│    ├── instance_train.json          # 训练集标注文件
│    ├── instance_valid.json          # 验证集标注文件
│    ├── instance_test.json           # 测试集标注文件
├── train  # 训练集图片文件夹
│    ├── xxx1.jpg
│    ├── xxx2.jpg
│    │    ...
├── val  # 验证集图片文件夹
│    ├── xxx3.jpg
│    ├── xxx4.jpg
│    │    ...
├── test  # 测试集图片文件夹
│    ├── xxx5.jpg
│    ├── xxx6.jpg
│    │    ...
```

4.3.4 算法训练

本节将使用 PaddleDetection 套件中的 PicoDet 算法来实现二维码检测任务。

1. 数据集准备

本章所使用的数据集由两部分组成，一部分是从网上收集并筛选得到，另一部分来自文献 *An Evaluation of Deep Learning Techniques for Qr Code Detection*。两个数据集合并后统一采用 Labelme 进行标注，图像总数为 1994 张。数据集部分示例如图 4.22 所示。

从数据集示例中看到，所有图片均包含二维码，并且二维码的背景、位置、大小有较大的变化，整体来看该数据集展现出了较好的多样性。

将数据集下载后解压放置在 PaddleDetection/dataset 目录下。由于该数据集是使用 Labelme 进行标注的，为了方便后续算法训练，需要将该数据集转换成 COCO 格式，具体转换方法请参考 4.3.3 节的内容。如果想自行扩充数据集，也可以参考 4.3.3 节进行数据标注和转换。

最终将转换完的数据集放置在 PaddleDetection/dataset 目录下，命名为 qr_coco。处理好的数据集也可以从本书配套资源中获取，详见前言二维码。

2. 准备配置文件

使用 PaddleDetection 算法套件，可以让开发者使用统一的 Python 接口快速实现各种模型的训练和推理。PaddleDetection 采用结构化的方式将分散的脚本代码抽象成固定的模块，各个模块之间的协调由后缀为 yml 的配置文件衔接。因此，如果要切换模型或者调整参数，只需要修改配置文件即可。

图 4.22 二维码数据集部分示例图片

PaddleDetection 套件的相关配置文件存放在 PaddleDetection/configs 文件夹中,该文件夹里面区分了不同模型对应的参数文件,如 Faster RCNN、YOLOv3、PPYOLOE 以及本章介绍的 PicoDet 等。随着 PaddleDetection 的不断迭代更新,上述模型库也在不断扩充。对于本章任务,参考 PaddleDetection/configs/picodet 目录中的配置文件进行修改,这里参考 picodet_xs_320_coco_lcnet.yml 文件进行针对性修改。

具体的在 PaddleDetection 目录下新建一个名为 config.yml 的配置文件,其完整内容如下:

```
################# 数据集设置 #############
metric: COCO                        # 数据类型,用于评价算法性能
num_classes: 1                      # 数据集的类别数(本章任务中只有二维码 1 个类别)

TrainDataset:
```

```
    name: COCODataSet                    # 数据集类型,VOC、COCO 等
    image_dir: train                     # 训练集图像数据路径,相对于 dataset_dir 的路径
    anno_path: annotations/instance_train.json   # 标注文件路径,相对于 dataset_dir 的路径
    dataset_dir: dataset/qr_coco         # 数据文件夹相对路径,
    data_fields: ['image', 'gt_bbox', 'gt_class', 'is_crowd']  # 使用的标注项目

EvalDataset:
    name: COCODataSet                    # 数据集类型,VOC、COCO 等
    image_dir: val                       # 验证集图像数据路径,相对于 dataset_dir 的路径
    anno_path: annotations/instance_val.json   # 标注文件路径,相对于 dataset_dir 的路径
    dataset_dir: dataset/qr_coco         # 数据文件夹相对路径
    allow_empty: true                    # 是否允许为空

TestDataset:
    name: ImageFolder
    anno_path: annotations/instance_test.json   # 标注文件路径,相对于 dataset_dir 的路径
    dataset_dir: dataset/qr_coco         # 测试集数据文件夹相对路径
################## 运行时设置 #############
use_gpu: true                            # 是否使用 gpu
use_xpu: false
use_mlu: false
use_npu: false
log_iter: 20                             # 日志打印间隔
save_dir: output                         # 训练模型保存的相对路径
snapshot_epoch: 10                       # 模型保存间隔
print_flops: false                       # 是否打印 flops
print_params: false                      # 是否打印网络参数


## 输出模型设置
export:
    post_process: True                   # 输出模型中是否加入后处理
    nms: True                            # 输出模型中是否加入 nms
    benchmark: False                     # 测试模型性能
    fuse_conv_bn: False
################## 优化器设置 #############
epoch: 300                               # 总训练轮数

LearningRate:
    base_lr: 0.32
    schedulers:                          # 学习率变化策略
    - name: CosineDecay
      max_epochs: 300
    - name: LinearWarmup                 # 训练热身
      start_factor: 0.1
      steps: 300

OptimizerBuilder:
    optimizer:
      momentum: 0.9
      type: Momentum                     # 优化器类型
    regularizer:
```

```
      factor: 0.00004                              ♯ 正则化权重
      type: L2                                     ♯ 使用 L2 范数
################ 模型设置 #############
architecture: PicoDet                              ♯ 模型名字
♯ 预训练模型位置
pretrain_weights: https://paddledet.bj.bcebos.com/models/pretrained/LCNet_x0_35_
pretrained.pdparams
weights: output/config/best_model                  ♯ 输出权重路径
find_unused_parameters: True
use_ema: true                                      ♯ 是否使用滑动平均
PicoDet:
  backbone: LCNet                                  ♯ 骨干网络
  neck: LCPAN                                      ♯ 网络 neck,即特征融合模块
  head: PicoHeadV2                                 ♯ 检测头

LCNet:
  scale: 0.35                                      ♯ 网络大小缩减参数
  feature_maps: [3, 4, 5]                          ♯ 主干网络输出的特征图尺度

LCPAN:
  out_channels: 96                                 ♯ 网络头输出通道数
  use_depthwise: True                              ♯ 是否使用深度可分离卷积
  num_features: 4                                  ♯ 输出特征图数量

PicoHeadV2:
  conv_feat:
    name: PicoFeat

PicoHeadV2:                                        ♯ 检测头设置
  conv_feat:
    name: PicoFeat
    feat_in: 96                                    ♯ 输入的通道数量
    feat_out: 96                                   ♯ 输出的通道数量
    num_convs: 2                                   ♯ 卷积数量
    num_fpn_stride: 4                              ♯ 检测头输出的多尺度数量
    norm_type: bn
    share_cls_reg: True
    use_se: True
  fpn_stride: [8, 16, 32, 64]                      ♯ 输出特征图的下采样倍数
  feat_in_chan: 96
  prior_prob: 0.01
  reg_max: 7
  cell_offset: 0.5
  grid_cell_scale: 5.0
  static_assigner_epoch: 100
  use_align_head: True
  static_assigner:
    name: ATSSAssigner
    topk: 9
    force_gt_matching: False
  assigner:
```

```
        name: TaskAlignedAssigner
        topk: 13
        alpha: 1.0
        beta: 6.0
      loss_class:                       # 类别损失设置
        name: VarifocalLoss
        use_sigmoid: False
        iou_weighted: True
        loss_weight: 1.0
      loss_dfl:                         # dfl 损失设置
        name: DistributionFocalLoss
        loss_weight: 0.5
      loss_bbox:                        # 包围框损失设置
        name: GIoULoss
        loss_weight: 2.5
      nms:
  name: MultiClassNMS  # NMS 设置,可以设置为[MultiClassNMS, MultiClassSoftNMS, MatrixNMS]
      nms_top_k: 1000   # 基于 score_threshold 过滤检测后,根据置信度保留的最大检测目标次数
      keep_top_k: 100                   # NMS 步骤后每张图像要保留的总 bbox 数
      score_threshold: 0.025
      nms_threshold: 0.6                # 在 NMS 中用于剔除检测框 IoU 的阈值
##################   数据读取设置   ##############
worker_num: 4                           # 每张 GPU reader 进程个数
eval_height: &eval_height 320
eval_width: &eval_width 320
eval_size: &eval_size [ * eval_height, * eval_width]  # 验证时图片尺寸设置
TrainReader:
  # 单张图片数据增强设置
  sample_transforms:
  - Decode: {}                # 图片解码,将图片数据从 NumPy 格式转为 RGB 格式,必选项
  - RandomCrop: {}                      # 随机裁剪
  - RandomFlip: {prob: 0.5}             # 随机左右翻转,默认概率为 0.5
  - RandomDistort: {}                   # 随机颜色失真
  # 批图像数据增强设置
  batch_transforms:
# 图片大小多尺度设置
  - BatchRandomResize: {target_size: [256, 288, 320, 352, 384], random_size: True,
random_interp: True, keep_ratio: False}
  # 标准化
  - NormalizeImage: {is_scale: true, mean: [0.485,0.456,0.406], std: [0.229, 0.224,0.225]}
  - Permute: {}            # 通道转换,由 HWC 转换为 CHW
  - PadGT: {}
  batch_size: 64           # 每个 batch 中样本个数,对应于每个显卡
  shuffle: true            # 生成 batch 索引列表时是否对索引打乱顺序
  drop_last: true          # 是否丢弃因数据集样本数不能被 batch_size 整除而剩余的样本

EvalReader:
  sample_transforms:
  - Decode: {}
  - Resize: {interp: 2, target_size: * eval_size, keep_ratio: False}
  - NormalizeImage: {is_scale: true, mean: [0.485,0.456,0.406], std: [0.229, 0.224,0.225]}
  - Permute: {}
  batch_transforms:
```

```
    - PadBatch: {pad_to_stride: 32}
    batch_size: 8
    shuffle: false

TestReader:
  inputs_def:
    image_shape: [1, 3, * eval_height, * eval_width]
  sample_transforms:
  - Decode: {}
  - Resize: {interp: 2, target_size: * eval_size, keep_ratio: False}
  - NormalizeImage: {is_scale: true, mean: [0.485,0.456,0.406], std: [0.229, 0.224, 0.225]}
  - Permute: {}
  batch_size: 1
```

如果想要训练自己的 PicoDet 模型，可参考上述配置针对性进行修改，其中数据集目录、数据集类别数必须修改。

3. 启动训练

PaddleDetection 提供了单卡和多卡训练模式，满足用户不同的训练需求。

GPU 单卡训练命令如下：

```
python tools/train.py - c config.yml -- use_vdl = true -- eval
```

GPU 多卡训练命令如下（以 2 卡为例）：

```
export CUDA_VISIBLE_DEVICES = 0,1    # GPU 编号为 0 和 1
python - m paddle.distributed.launch -- gpus 0,1 tools/train.py - c config.yml \
-- use_vdl = true -- eval
```

其中，参数--use_vdl＝true 表示在训练时同步开启 visualdl 可视化；参数--eval 表示边训练边评估，评估间隔由配置文件中的 snapshot_epoch 参数决定。

该项目训练耗时近 3h，训练完成后可以通过 visualdl 工具查看训练过程，命令如下：

```
visualdl -- logdir vdl_log_dir/scalar/
```

运行 visualdl 后，通过浏览器访问 http://localhost:8040，效果如图 4.23 所示。

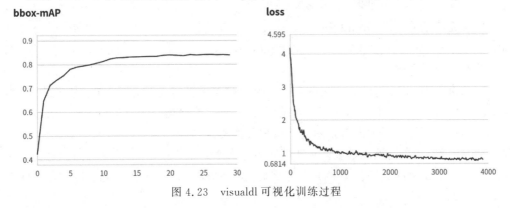

图 4.23 visualdl 可视化训练过程

从图 4.23 中可以看到，随着迭代的进行，损失函数 loss 逐渐减少，模型在验证集上的平均精度 bbox-mAP 逐渐升高，最终接近收敛，最高 bbox-mAP 为 0.839。

下面在测试集上测试模型的具体实战效果。

4. 推理测试

训练好上述模型以后，可以使用训练好的动态图模型直接对单张图片进行推理测试：

```
python tools/infer.py - c config.yml \
                    -- infer_img = ./dataset/qr_coco/test/QR - 00034.jpg \
                    -- output_dir = ./output/ \
                    -- draw_threshold = 0.5 \
                    - o weights = output/best_model
```

图 4.24　模型测试结果

参数 draw_threshold 是个可选参数，数值越高表示被识别为目标的标准越高。输出结果保存在 output 文件夹中。模型测试结果如图 4.24 所示。

可以看到，该脚本用矩形框准确画出了图像中的二维码区域，矩形框上方的文字表示对应的类别及置信度。

5. 动态图转静态图

为了能将训练好的动态图模型成功部署到生产环境中，需要将训练好的动态图模型转换为静态图模型，从而可以使模型脱离编程语言和深度学习框架本身的限制，被更多的部署工具和部署语言所调用，如 C++、C♯、Java 等。前面已经完成了二维码检测模型的训练，得到了轻量级、高精度的动态图模型。下面为了能够完成后续的工程部署，需要将训练好的动态图模型转换成静态图模型。动态图和静态图的相关概念介绍请参见 3.3.2 节相关内容。

在 PaddleDetection/tools 文件夹中提供了 export_model.py 脚本用来导出静态图模型文件，具体命令如下：

```
python tools/export_model.py - c config.yml -- output_dir = ./output/inference \
    - o weights = ./output/best_model
```

转换完毕后在 output/inference/config 目录下会生成对应的静态图模型，分别为 infer_cfg.yml、model.pdiparams、model.pdiparams.info 和 model.pdmodel。后续的推理部署环节只需要这 4 个文件即可。

转换得到的 infer_cfg.yml 文件存储了模型相关的基础配置信息，包括模型名称、数据读取格式等，该文件中的 label_list 字段列出了当前数据集的所有类别。由于在整个数据转换和算法训练过程中没有指明整个数据集的类别列表，因此这里会默认将 COCO 数据集的 80 个语义类别填充进去。在正式推理前，需要将 label_list 字段中的内容修改成用户自定义数据集的类别名称。那么怎么确定用户自定义数据集的类别名称和每个类别的顺序呢？

查找方法比较简单。打开转换后 qr_coco 数据集对应的训练集标注文件（dataset/qr_coco/annotations/instance_train. json），然后找到该文件中的"categories"字段，内容如下所示：

```
"categories": [
    {
        "supercategory": "component",
        "id": 1,
        "name": "qr"
    }
],
```

这里每个 name 都对应一个类别名称（本章只有一个类别 qr），按照顺序将这些类别名称填入 infer_cfg. yml 文件的 label_list 字段即可。

静态模型导出后，可以使用 PaddleDetection/deploy/python/infer. py 脚本进行静态图推理验证，代码如下：

```
python deploy/python/infer.py -- model_dir = ./output/inference/config \
    -- image_dir = ./dataset/qr_coco/test -- device = GPU
```

其中，--model_dir 为静态图模型文件夹路径；--infer_dir 为预测图像的文件夹路径。对于本章任务来说，测试图像文件夹中一共包含 101 张图像，推理总耗时 7069ms，单张图像推理时间为 70ms，部分推理结果如图 4.25 所示。

图 4.25　部分静态图推理结果

从图 4.25 可以看到，对于复杂背景下的二维码，所训练的算法模型均能够准确检测出二维码区域，极大地提升了整体的二维码识读能力。最终转换得到的静态图模型累积不超过 4MB，模型非常轻量，适合嵌入式、移动端等场景部署使用。

4.4　树莓派开发板部署（Linux CPU 推理）

视频讲解

前面已经完成了数据标注、算法训练和验证，本节将完成算法部署。考虑到成本因素，本章任务所选择的部署终端是树莓派开发板。

树莓派（Raspberry Pi）是为学生计算机编程教育而设计的微型电脑，由英国慈善组织 Raspberry Pi 基金会开发，于 2012 年 3 月正式发售。树莓派又称卡片式计算机，基于

ARM 架构，系统为 Linux，以 MicroSD 卡为内存硬盘，卡片主板周围有若干个 USB 接口和一个以太网接口，可连接键盘、鼠标和网线，同时拥有 Wi-Fi 和 HDMI 高清视频输出接口，以上部件全部整合在一张仅比信用卡稍大的 ARM 主板上，具备所有 PC 端的基本功能，只需接通显示器和键盘，就能处理表格、玩游戏、上网、播放视频等诸多功能。

由于树莓派功能强、价格低，自问世以来，受到众多计算机创客的追捧。本章选用的树莓派为 Raspberry Pi 4B，其外观尺寸只有 8.5cm×5.6cm。图 4.26 所示为 Raspberry Pi 4B 结构图。

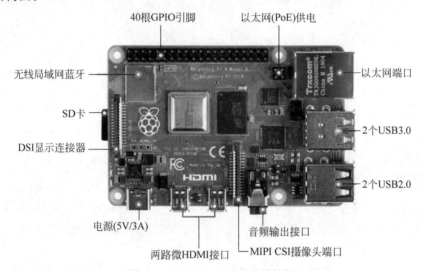

图 4.26　Raspberry Pi 4B 结构图

总体来看，Raspberry Pi 4B 拥有与入门级 x86 PC 系统相媲美的桌面性能，而其体积比第 3 章介绍的 Jetson Nano 还要小一些，因此，树莓派非常适合做成小型智能控制设备。

由于本书侧重讲解深度学习相关知识，因此对树莓派的基本使用方法本章不作过多介绍，读者如果不熟悉可以参考树莓派相关教程进行学习。需要说明的是，树莓派本身不带 GPU，因此不能像 Jetson Nano 那样将图像 AI 推理放在 GPU 上执行，只能用树莓派的 CPU 进行推理。由于深度学习算法运算消耗比较大，因此 CPU 会有一定的散热问题，建议给树莓派加装一个散热小风扇，防止因过热造成损坏。

本章将采用树莓派 4B 部署前面训练好的二维码检测模型。具体地，将采用 USB 摄像头实时捕获待检测的图像，然后将图像交给树莓派上的 CPU 进行推理从而提取出准确的二维码矩形区域，最后使用开源的 ZBar 解码库对提取到的二维码区域进行解码识读。

第 3 章使用 FastDeploy 在 Jetson Nano 智能终端上完成了算法部署任务，通过 FastDeploy 的使用极大地减少了部署工作。本章继续使用 FastDeploy，讲解如何在 ARM CPU 开发板上进行深度学习算法推理。FastDeploy 的相关介绍请参考 3.4.1 节内容。

目前 FastDeploy 还不支持 32 位操作系统，因此需要给树莓派安装 64 位的操作系统。本章项目推荐使用的树莓派操作系统是 Ubuntu Desktop 23.10(64-bit)，如图 4.27 所示。

图 4.27　树莓派操作系统镜像烧录界面

4.4.1　树莓派上 Python 推理

首先要在树莓派上安装 Python 版的 FastDeploy 库，版本为 CPU 版。由于官网没有给出树莓派对应的 FastDeploy 库，因此，读者需要参考 3.4.2 节中介绍的编译方法自行编译。为了方便读者使用，本书配套资源中提供了编译好的 FastDeploy 库，可以直接复制到树莓派上进行安装（下载网址详见前言二维码）。

```
pip3 install ./fastdeploy_python-0.0.0-cp311-cp311-linux_aarch64.whl \
  -i https://pypi.tuna.tsinghua.edu.cn/simple
```

为了能够实现二维码图像解码，还需要安装 ZBar 和 OpenCV 对应的 Python 库，安装命令如下：

```
sudo apt install libzbar-dev
pip3 install pyzbar opencv-python -i https://mirror.baidu.com/pypi/simple
```

安装完成后，给树莓派接上 USB 摄像头（插入 USB 3.0 接口上）。然后，在树莓派上创建一个名为 Python 的部署文件夹，将 4.3.4 节中转换好的静态图模型文件夹 inference（位于 PaddleDetection/output 下面）整个复制到 Python 文件夹下面。最后，在 Python 文件夹下面新建一个推理脚本 infer.py。这样完整的 Python 版部署工程就准备好了。

infer.py 完整代码如下（deploy/python/infer.py）：

```
import cv2
import numpy as np
import fastdeploy as fd
import pyzbar.pyzbar as pyzbar

# 创建摄像头捕捉器并设置采集分辨率
cap = cv2.VideoCapture(0)
cap.set(cv2.CAP_PROP_FRAME_WIDTH, 640)
cap.set(cv2.CAP_PROP_FRAME_HEIGHT, 480)

# 创建窗口
window_handle = cv2.namedWindow("QR Detection", cv2.WINDOW_AUTOSIZE)

# 配置算法模型的 runtime
option = fd.RuntimeOption()
option.use_cpu()                              # 使用 CPU 推理
option.use_ort_backend()                      # 使用 ONNX Runtime 后端

# 加载二维码检测模型
model_file = "./inference/config/model.pdmodel"
params_file = "./inference/config/model.pdiparams"
config_file = "./inference/config/infer_cfg.yml"
model = fd.vision.detection.PicoDet(model_file, params_file, config_file, option)

# 逐帧分析
while cv2.getWindowProperty("QR Detection", 0) >= 0:
    # 捕获图片
    ret_val, img = cap.read()
    if img is None:
        print("获取图像失败")
        break
    # 二维码检测
    result = model.predict(img)
    # 解析检测结果
    for i in range(len(result.scores)):
        # 过滤置信度较低的检测框
        if result.scores[i] < 0.5:
            continue
        # 提取二维码区域
        xmin, ymin, xmax, ymax = list(map(int, result.boxes[i]))
        cv2.rectangle(img, (xmin, ymin), (xmax, ymax), (0, 0, 255), 2)
        h, w, _ = img.shape
        if ymin < 0 or ymax > h - 1 or xmin < 0 or xmax > w - 1:
            continue
        roi = img[ymin:ymax, xmin:xmax]
        # 解码
        gray = cv2.cvtColor(roi, cv2.COLOR_BGR2GRAY)
        barcodes = pyzbar.decode(gray)
        for barcode in barcodes:
            barcodeData = barcode.data.decode("utf-8")
            barcodeType = barcode.type
```

```
            # 输出条形码的数据和条形码类型
            text = "{} ({})".format(barcodeData, barcodeType)
            print(text)
    # 显示图像
    cv2.imshow("USB Camera", img)
    keyCode = cv2.waitKey(30) & 0xFF
    if keyCode == 27:    # 按 Esc 键退出
        break

# 运行结束,释放资源
cap.release()
cv2.destroyAllWindows()
```

上述代码通过逐帧读取摄像头图像,然后由二维码检测模型检测出目标区域,最后提取出目标区域并交给 ZBar 库完成解码识读。

运行上述代码后可能会遇到下述错误:

```
error: "libopencv_flann.so.3.4: cannot open shared object file: No such file or directory"
```

这是因为 FastDeploy 本身是依赖 OpenCV 的,此时没有将 OpenCV 依赖的 so 文件复制到树莓派环境变量中,导致运行时相关依赖文件缺失。只需要将 FastDeploy 中自带的第三方 OpenCV 库文件复制到树莓派的/usr/lib 文件夹中即可。

具体地,首先将 GitHub 上的 FastDeploy 完整项目下载到树莓派上,然后找到其中的 OpenCV 库目录,再将其中的 so 库文件进行复制,复制命令如下:

```
sudo cp /home/qb/FastDeploy/python/fastdeploy/libs/third_libs/opencv/lib/ * /usr/lib/
```

使用 Python 推理的最终实现效果如图 4.28 所示。

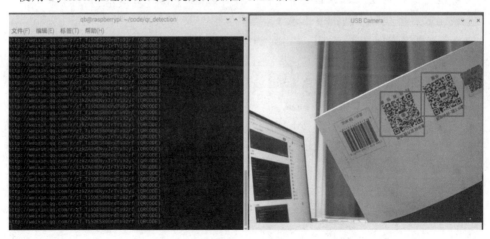

图 4.28 树莓派上二维码识读运行效果

由于采用了高精度的目标检测算法,可以看到即使对于带有一定旋转角度并且处于复杂背景下的二维码也能够准确检测出来。最终通过 ZBar 解码库完成二维码解码并输出。

本章使用了轻量级的 PicoDet 算法，在树莓派上几乎可以达到实时检测的性能。

4.4.2　树莓派上 C++ 推理

考虑到版权保护和推理性能等因素，一般会使用 C++ 语言进行部署。本小节将使用 C++ 语言完成树莓派上的二维码识读任务。

1. 下载 C++ 版 FastDeploy 库

FastDeploy 的 GitHub 官网提供了一些官方预编译好的可以直接使用的 C++ 版 FastDeploy 库，下载网址详见前言二维码。这些预编译库分成 CPU 和 GPU 两大类，每个大类中列出了各个平台编译好的库，如图 4.29 所示。对于本章任务来说，选择 CPU 大类中对应的 Linux aarch64 版本进行下载和使用。

平台	文件	说明
Linux x64	fastdeploy-linux-x64-1.0.7.tgz	g++ 8.2编译产出
Windows x64	fastdeploy-win-x64-1.0.7.zip	Visual Studio 16 2019编译产出
macOS x64	fastdeploy-osx-x86_64-1.0.7.tgz	clang++ 10.0.0编译产出
macOS arm64	fastdeploy-osx-arm64-1.0.7.tgz	clang++ 13.0.0编译产出
Linux aarch64	fastdeploy-linux-aarch64-1.0.7.tgz	gcc 6.3编译产出
Android armv7&v8	fastdeploy-android-1.0.7-shared.tgz	CV API，NDK 25及clang++编译产出，支持arm64-v8a及armeabi-v7a
Android armv7&v8	fastdeploy-android-with-text-1.0.7-shared.tgz	包含 FastTokenizer、UIE 等 Text API，CV API，NDK 25 及 clang++编译产出，支持arm64-v8a及armeabi-v7a
Android armv7&v8	fastdeploy-android-with-text-only-1.0.7-shared.tgz	仅包含 FastTokenizer、UIE 等 Text API，NDK 25 及 clang++ 编译产出，不包含 OpenCV 等 CV API。支持 arm64-v8a 及 armeabi-v7a

图 4.29　FastDeploy 的 C++预编译库

读者也可以参照 3.4.3 节的内容，自行编译树莓派平台的 FastDeploy 库来使用。

下载完成后将其解压到指定目录下，其中包括头文件夹 include、库文件夹 lib、工具文件夹 utils、第三方库文件夹 third_libs 以及一些中间文件。完整目录结构如图 4.30 所示。

接下来就可以在树莓派上使用 FastDeploy C++ 预测库了。

2. 在树莓派上安装 C++ 编译环境

首先安装编译环境 gcc、g++、gdb（调试器），安装命令如下：

```
sudo apt install build-essential gdb
```

接下来安装 clang（编译器）、llvm（编译器）、lldb（调试器），安装命令如下：

```
sudo apt install clang llvm lldb
```

再安装 cmake 编译工具以及树莓派摄像头驱动库：

```
sudo apt-get install cmake libcanberra-gtk-module
```

最后，为了能方便地在树莓派上编写和编译 C++ 代码，本书推荐在树莓派上安装 Qt。

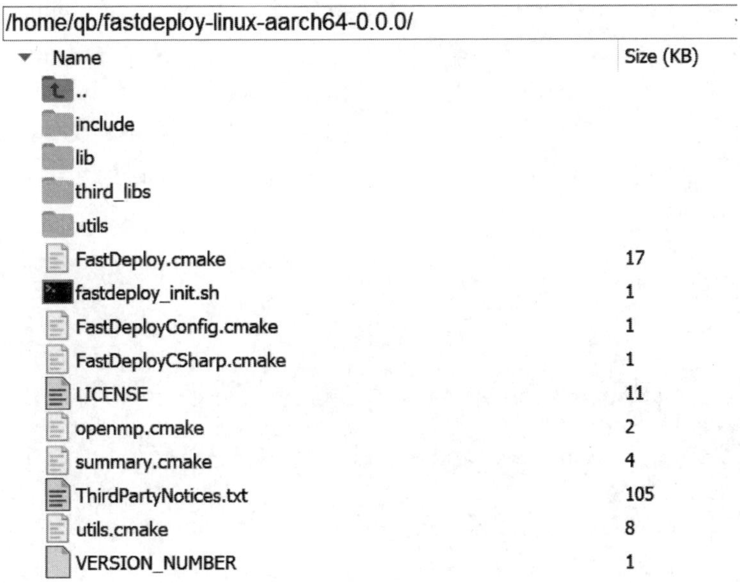

```
/home/qb/fastdeploy-linux-aarch64-0.0.0/
```

Name	Size (KB)
..	
include	
lib	
third_libs	
utils	
FastDeploy.cmake	17
fastdeploy_init.sh	1
FastDeployConfig.cmake	1
FastDeployCSharp.cmake	1
LICENSE	11
openmp.cmake	2
summary.cmake	4
ThirdPartyNotices.txt	105
utils.cmake	8
VERSION_NUMBER	1

图 4.30　FastDeploy 的 C++预编译库目录

安装命令如下：

```
sudo apt - get install qtbase5 - dev qtbase5 - dev - tools qtchooser qt5 - qmake qtcreator
qtbase5 - examples qtbase5 - doc - html
```

安装完成后，在树莓派的搜索菜单中找到 Qt Creator，这个就是 Qt 对应的 IDE 了，可以使用它来方便地进行 C++代码的编写。

3. 编译 C++版的 OpenCV SDK 库

FastDeploy C++ SDK 库中自带了 3.4.14 版本的 OpenCV 库，但是该 OpenCV 库是一个定制化的删减版，不支持摄像头读取等操作。因此，为了后面能够正常使用 OpenCV 读取摄像头并显示图像，需要在树莓派上重新编译完整的 OpenCV 库。

首先，安装一些编译 OpenCV 所依赖的工具：

```
sudo apt - get install libgtk2.0 - dev pkg - config libswscale - dev libjpeg - dev libpng - dev
libtiff - dev
```

然后，从 OpenCV 官网下载 OpenCV 3.4.14 的 Sources 源码到树莓派上，下载网址详见前言二维码。

解压缩以后进入 opencv-3.4.14 目录，按照下述命令进行编译：

```
mkdir build
cd build
cmake ..
sudo make
sudo make install
```

上述编译过程需要数小时才能完成。为了方便读者学习，可以直接使用本书配套资源提供的编译好的 OpenCV 库进行使用，只需要进入 opencv-3.4.14/build 文件夹，然后使用 sudo make install 命令进行安装即可。

由于 FastDeploy C++ SDK 库中自带了删减版的 OpenCV，为了防止该删减版本影响后续程序的编译使用，需要注释掉 FastDeploy 的 cmake 文件中相关内容。具体地，打开 FastDeploy 库中的 FastDeploy. cmake 文件，找到 OpenCV 库的相关引用内容，将其注释掉，如下所示：

```
# set(OpenCV_INCLUDE_DIRS ${OpenCV_DIR}/include)
# get_filename_component(OpenCV_NATIVE_DIR ${OpenCV_DIR} DIRECTORY)
# set(OpenCV_LIBS_DIR ${OpenCV_NATIVE_DIR}/libs)

# find_package(OpenCV REQUIRED PATHS ${OpenCV_DIR} NO_DEFAULT_PATH)
# list(APPEND FASTDEPLOY_INCS ${OpenCV_INCLUDE_DIRS})
# list(APPEND FASTDEPLOY_LIBS ${OpenCV_LIBS})
```

到这里，就可以放心地使用编译好的 OpenCV 库了。

4. 安装 C++版 ZBar 库

安装命令如下：

```
sudo apt install libzbar-dev
```

由于上述安装方式并非源码安装，后续编写的 C++程序有可能会出现找不到 ZBar 库的问题。为此，需要提前准备好一个 FindZBar. cmake 文件，该文件内容如下（deploy/cplusplus/FindZBar. cmake）：

```
find_package(PkgConfig REQUIRED)
pkg_check_modules(ZBAR REQUIRED IMPORTED_TARGET zbar)
if (TARGET PkgConfig::ZBAR)
  set(ZBAR_FOUND TRUE)
else()
  set(ZBAR_FOUND FALSE)
endif()
set(ZBAR_INCLUDE_DIRS ${PkgConfig_ZBAR_INCLUDE_DIRS})
set(ZBAR_LIBRARIES PkgConfig::ZBAR)
include_directories(${ZBAR_INCLUDE_DIRS})
target_link_libraries(${ZBAR_LIBRARIES} INTERFACE ${ZBAR_LINK_LIBRARIES})
```

有了上述文件，后续编写 C++程序的 CMakeLists. txt 文件时，只需要将 FindZBar. cmake 正确导入即可。

5. 完整 C++程序开发

与前面 Python 版一致，本小节将使用 USB 摄像头捕获图像并通过深度学习算法进行二维码检测，最终将检测区域提取出来交给 ZBar 库完成解码识读。整个代码使用 C++来编写。

打开 Qt 后，单击 New Project 按钮来创建一个 C++项目。由于本章内容并不需要编写界面程序，因此在项目类型上选择 Non-Qt Project，然后在右侧选择 Plain C++ Application，如图 4.31 所示。

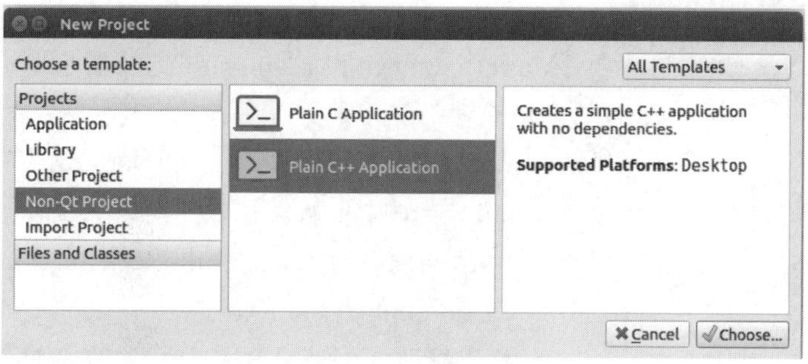

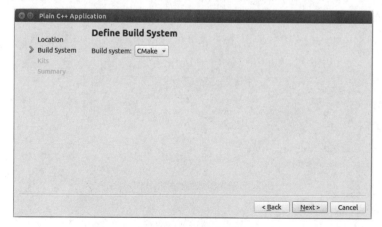

图 4.31 选择项目类型

单击 Choose 按钮，然后输入本项目名称 InferenceCPlus 并选择项目路径，如图 4.32 所示。

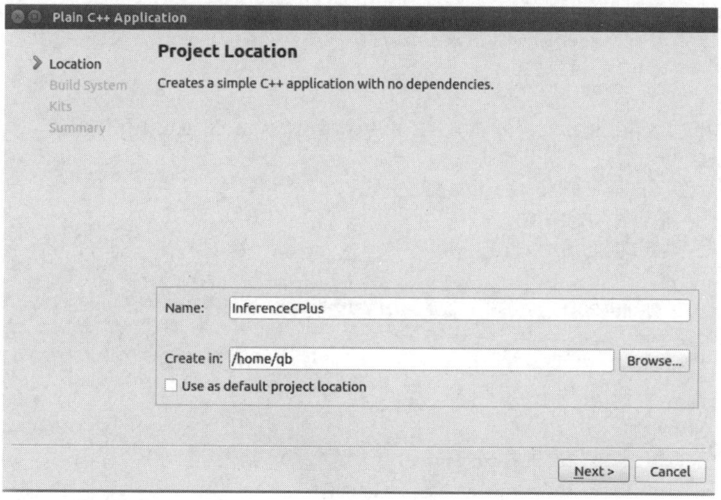

图 4.32 确定项目名称和路径

最后选择编译器，本章选择 CMake 编译器，如图 4.33 所示。

图 4.33 选择编译器

图 4.34 项目列表文件

单击默认的 Next 按钮即可成功创建项目。创建成功后,在左侧项目树形列表中可以看到一系列文件,其中 CMakeLists. txt 和 main. cpp 文件就是要编辑的文件,如图 4.34 所示。

项目中的 CMakeLists. txt 负责定义项目的基本配置,main. cpp 则负责编写 C++代码。在修改相关文件前,先把前面第 4 步新建的 FindZBar. cmake 文件复制到 InferCPlus 工程中。

首先修改 CMakeLists. txt 文件,内容如下(deploy/cplusplus/CMakeLists. txt):

```
cmake_minimum_required(VERSION 3.5)
project(InferenceCPlus LANGUAGES CXX)
# 添加 FastDeploy 相关库路径
include(/home/qb/fastdeploy - linux - aarch64 - 0.0.0/FastDeploy.cmake)
include_directories( ${FASTDEPLOY_INCS})
# 设置 ZBar 库
set(CMAKE_MODULE_PATH ${CMAKE_MODULE_PATH} "${CMAKE_SOURCE_DIR}")
# 寻找 OpenCV 和 ZBar 库相关路径参数
set(OpenCV_DIR /home/qb/opencv - 3.4.14/build/)
find_package(OpenCV REQUIRED)
find_package(ZBar REQUIRED)
# 设置 C++标准
set(CMAKE_CXX_STANDARD 17)
set(CMAKE_CXX_STANDARD_REQUIRED ON)
# 添加源码文件
add_executable(InferenceCPlus main.cpp)
# 链接相关库文件
target_link_libraries(InferenceCPlus ${FASTDEPLOY_LIBS})
target_link_libraries(InferenceCPlus ${OpenCV_LIBS})
target_link_libraries(InferenceCPlus ${ZBAR_LIBRARIES})
```

上述配置主要是添加了 FastDeploy、OpenCV、ZBar 的 C++库,其中 FastDeploy 库路径需要根据实际情况进行修改。

接下来修改 main. pp 代码,其主体实现逻辑与前面的 Python 版推理代码一致,完整代码如下(deploy/cplusplus/main. cpp):

```
# include < iostream >
// 添加 OpenCV、FastDeploy、ZBar 库头文件
# include < opencv2/opencv. hpp >
# include < opencv2/core. hpp >
# include < opencv2/highgui. hpp >
# include < opencv2/imgproc. hpp >
# include "fastdeploy/vision. h"
# include < zbar. h >
using namespace std;
using namespace cv;
```

```
using namespace zbar;

int main(int argc, char ** argv)
{
    // 打开摄像头
    VideoCapture cap(0);
    cap.set(cv::CAP_PROP_FRAME_WIDTH, 640);
    cap.set(cv::CAP_PROP_FRAME_HEIGHT, 480);
    // 创建显示窗口
    namedWindow("QR Detection", WINDOW_AUTOSIZE);
    // 配置算法模型的 runtime
    auto option = fastdeploy::RuntimeOption();
    option.UseCpu();
    option.UseOrtBackend();
    // 加载部署模型
    string model_file = "./inference/config/model.pdmodel";
    string params_file = "./inference/config/model.pdiparams";
    string config_file = "./inference/config/infer_cfg.yml";
    auto model = fastdeploy::vision::detection::PicoDet(model_file, params_file, config_
file, option);
    // 创建 ZBar 扫码器
    ImageScanner scaner;
    scaner.set_config(ZBAR_NONE, ZBAR_CFG_ENABLE, 1);
    // 逐帧显示
    Mat img;
    while (true)
    {
        if (!cap.read(img))
        {
            std::cout << "捕获失败" << std::endl;
            break;
        }
        // 模型预测获取检测结果
        fastdeploy::vision::DetectionResult result;
        model.Predict(&img, &result);
        // 提取逐个检测区域进行解码识读
        for (int i = 0; i < result.scores.size(); i++)
        {
            if (result.scores[i] < 0.5)          // 低于阈值不作检测
                continue;
            int xmin, ymin, xmax, ymax;
            xmin = result.boxes[i][0];
            ymin = result.boxes[i][1];
            xmax = result.boxes[i][2];
            ymax = result.boxes[i][3];
            int h = img.rows;
            int w = img.cols;
            if (ymin < 0 || ymax > h - 1 || xmin < 0 || xmax > w - 1)
                continue;
            Mat roi = img(Range(ymin, ymax), Range(xmin, xmax));
            // 解码识读
```

```
        cvtColor(roi, roi, COLOR_BGR2GRAY);
        Image img_zbar(roi.cols, roi.rows, "Y800", roi.data, roi.cols * roi.rows);
        int n = scaner.scan(img_zbar);
        Image::SymbolIterator symbol = img_zbar.symbol_begin();
        for (; symbol != img_zbar.symbol_end(); ++symbol)
        {
            cout << symbol->get_data() << "   " << symbol->get_type_name() << endl;
        }
        rectangle(img, Point(xmin, ymin), Point(xmax, ymax), Scalar(0, 0, 255), 2);
    }
    imshow("QR Detection", img);
    int keycode = cv::waitKey(30) & 0xff; // 按 Esc 键退出
    if (keycode == 27)
        break;
    }
    cap.release();
    destroyAllWindows();
}
```

编写完以后在 Qt 界面的左下角切换项目为 Release 版，然后单击锤子状按钮进行工程编译，如图 4.35 所示。

图 4.35　工程编译界面

编译完成后，在项目同目录下会有对应的编译好的文件夹 build-InferenceCPlus-unknow-Release，该文件夹下生成的 InferenceCPlus 就是最终的可执行程序。

在运行可执行程序前，需要将前面训练好的二维码检测模型放置在可执行程序 InferenceCPlus 同目录下面。

最后，在命令窗口中切换到可执行程序目录下面，使用下面的命令运行程序：

```
./InferenceCPlus
```

运行程序时有可能会出现相关 so 文件找不到的情况，如下所示：

```
./InferenceCPlus: error while loading shared libraries: libonnxruntime.so.1.12.0: cannot
open shared object file: No such file or directory
```

这些文件是 FastDeploy 的依赖文件，需要在 FastDeploy SDK 库目录下找到对应文件，然后将其复制到/usr/lib/目录下面，这样树莓派上的所有程序都可以加载到这些依赖库文件。

具体的，首先通过 cd 命令切换到 FastDeploy SDK 根目录下面，然后使用下面的命令进行复制：

```
sudo cp ./third_libs/install/onnxruntime/lib/libonnxruntime.so.1.12.0 /usr/lib/
sudo cp ./third_libs/install/paddlelite/lib/libpaddle_full_api_shared.so /usr/lib/
sudo cp ./third_libs/install/fast_tokenizer/lib/libcore_tokenizers.so /usr/lib/
```

当把上述缺失的 so 文件都复制完成后就可以正常运行了，运行效果如图 4.36 所示。

图 4.36　树莓派上二维码识读运行效果

4.5　小结

本章针对目标检测任务，阐述了目标检测领域的常用概念，并对经典的 RCNN、Fast RCNN、Faster RCNN、YOLOv3 等算法原理进行了详细剖析，最后引出本章使用的一种轻量级目标检测算法 PicoDet，使用该算法完成了二维码检测的研发任务。在部署阶段，考虑到项目通用性，选择了树莓派这样一款流行的嵌入式设备来部署深度学习模型，其目的更适用于教学。如果读者想要做出更实用级的扫码枪，可以选择性价比更高、性能更可靠的工业级开发板来部署本章应用，其基本原理都是一样的。

本章侧重于完成扫码枪中的二维码检测功能，解码部分采用了 ZBar 库，如果图像中的二维码不清晰或者受到污渍干扰，会极大地影响识读性能。一种解决方案就是参考微信扫码的实现思路，在检测和解码两个步骤之间加上超分辨率修复的步骤。所谓的超分就是把低分辨率的图像还原为高分辨率的图像，这在一定程度上兼具去模糊和去噪功能，读者可以参考微信开源的二维码扫码方案。

考虑到项目上手难度，本章任务仅完成二维码的检测，感兴趣的读者可以自行收集一维条码图像，然后根据不同的类别进行标注，按照本章研发流程实现支持多类型条码识读的产品。

第 5 章

语义分割（证件照制作工具）

5.1 任务概述

5.1.1 任务背景

通过前面两章实战案例内容的学习,相信读者已经掌握了图像分类和目标检测的基本概念,初步熟悉了图像分类和目标检测的算法原理,也能够运用相关算法套件完成这两类常见的图像处理任务。从局部和全局角度来分析,图像分类是一种全局的图像分析任务,旨在对整张图像进行回归;目标检测则是一种综合全局和局部的图像分析任务,旨在从整张图像中找到某个感兴趣物体的局部区域。除了这两类任务以外,现实情况中还经常会遇到一类任务,即本章探讨的语义分割。相比而言,语义分割更侧重于局部细节,旨在分割出图像中感兴趣物体的精确边界。

语义分割是图像分割的一种特殊形式,即将图像中的每个像素划分到一组预定义的语义类别中。目前,基于深度学习的语义分割方法能够完成很多复杂的任务。举个简单例子,图 5.1(a)所示是一张自然街景图片,图 5.1(b)所示是对应的语义分割图,可以看到,分割的结果就是将同类的物体用一种颜色标注出来,每一类物体就是一种语义,如图 5.1(b)中"人"是一类语义、"马路"是一类语义、"树"是一类语义、"电线杆"是一类语义等。语义分割需要对图像中的每个像素进行分类,相比于第 3 章的图像分类问题,语义分割的难度更大,因为该任务需要精确至像素级别。目前,语义分割已经被广泛应用于医疗诊断、自动驾驶、地质检测和农业自动化作业等场景中。

本章将基于语义分割技术开发一款用于计算机桌面应用的证件照制作工具,可以让用户方便地制作出不同颜色背景的标准证件照片。

为什么要采用语义分割技术来实现证件照制作呢?这是因为在证件照制作任务中,最难的就是需要对用户上传的照片进行人像提取,其关键技术就是通过深度学习算法模型来精细预测人像边界,然后再将人像提取出来并与另一张纯色背景进行合成。

照片背景替换算法流程如图 5.2 所示。

由于用户上传的人像照片往往包含不确定的复杂背景,传统图像分割方法无法精确

(a) 自然街景   (b) 语义分割图

图 5.1 语义分割示例

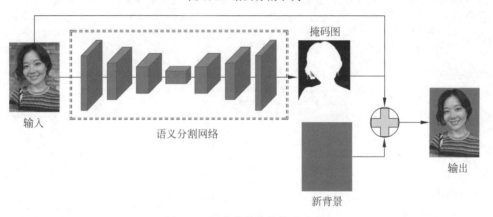

图 5.2 照片背景替换算法流程

地提取出人像边界，需要依赖深度学习技术进行学习，从而使用上下文信息和人像先验知识实现精准分割，这是一个典型的语义分割问题，这里的语义即指照片中的"人"。

本章将基于语义分割算法来实现证件照去背景/换背景功能，依托 PaddleSeg 套件全流程研发一款用于桌面 PC 的证件照制作工具。

5.1.2 安装 PaddleSeg 套件

PaddleSeg 是基于 PaddlePaddle 的图像语义分割算法套件，内置了众多前沿的语义分割算法和预训练模型，支持全流程的数据标注、模型训练、验证和部署等功能，可以有效助力语义分割算法在医疗、工业、遥感、娱乐等场景的应用落地。

PaddleSeg 完整功能架构如图 5.3 所示。

本章将使用 PaddleSeg 套件来完成整个项目。首先确保已经正确配置好深度学习环境并安装好 PaddlePaddle，具体方法请参考 2.2 节的相关内容。

接下来下载并安装 PaddleSeg 套件：

```
git clone https://github.com/PaddlePaddle/PaddleSeg.git
cd PaddleSeg
pip install -v -e .
```

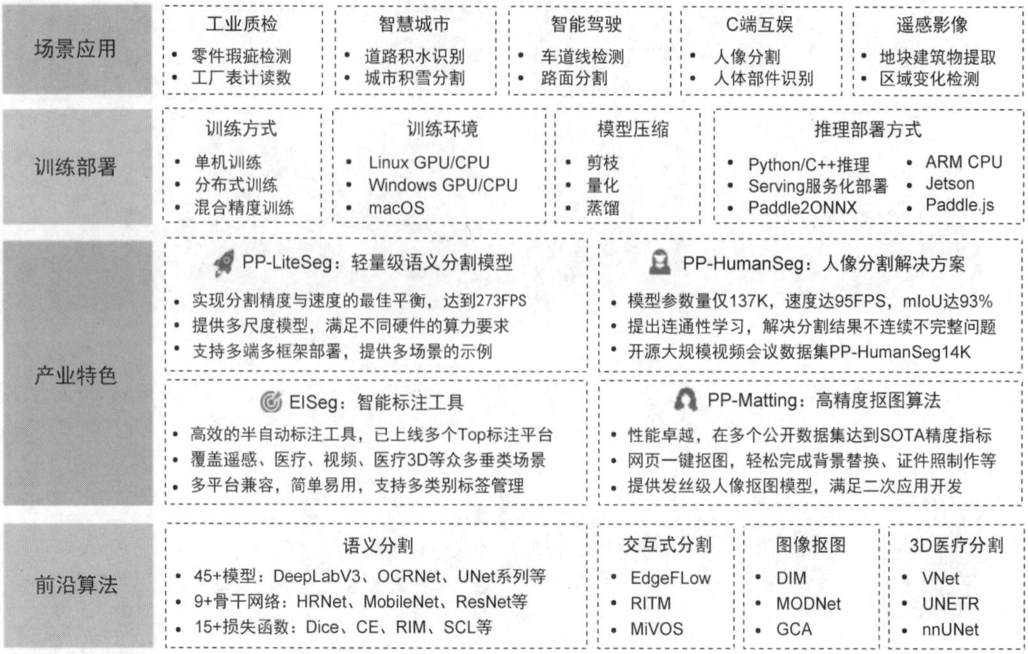

场景应用	工业质检	智慧城市	智能驾驶	C端互娱	遥感影像
	• 零件瑕疵检测 • 工厂表计读数	• 道路积水识别 • 城市积雪分割	• 车道线检测 • 路面分割	• 人像分割 • 人体部件识别	• 地块建筑物提取 • 区域变化检测

训练部署	训练方式	训练环境	模型压缩	推理部署方式	
	• 单机训练 • 分布式训练 • 混合精度训练	• Linux GPU/CPU • Windows GPU/CPU • macOS	• 剪枝 • 量化 • 蒸馏	• Python/C++推理 • Serving服务化部署 • Paddle2ONNX	• ARM CPU • Jetson • Paddle.js

产业特色	🚀 PP-LiteSeg：轻量级语义分割模型 • 实现分割精度与速度的最佳平衡，达到273FPS • 提供多尺度模型，满足不同硬件的算力要求 • 支持多端多框架部署，提供多场景的示例	🧑 PP-HumanSeg：人像分割解决方案 • 模型参数量仅137K，速度达95FPS，mIoU达93% • 提出连通性学习，解决分割结果不连续不完整问题 • 开源大规模视频会议数据集PP-HumanSeg14K
	◎ EISeg：智能标注工具 • 高效的半自动标注工具，已上线多个Top标注平台 • 覆盖遥感、医疗、视频、医疗3D等众多垂类场景 • 多平台兼容，简单易用，支持多类别标签管理	🧑 PP-Matting：高精度抠图算法 • 性能卓越，在多个公开数据集达到SOTA精度指标 • 网页一键抠图，轻松完成背景替换、证件照制作等 • 提供发丝级人像抠图模型，满足二次应用开发

前沿算法	语义分割	交互式分割	图像抠图	3D医疗分割
	• 45+模型：DeepLabV3、OCRNet、UNet系列等 • 9+骨干网络：HRNet、MobileNet、ResNet等 • 15+损失函数：Dice、CE、RIM、SCL等	• EdgeFLow • RITM • MiVOS	• DIM • MODNet • GCA	• VNet • UNETR • nnUNet

图 5.3　PaddleSeg 完整功能架构

　　安装完毕后就可以正常使用了。在使用前，有必要先了解和掌握一些经典的语义分割算法原理，这将为后续的算法选择以及参数配置提供理论参考。

5.2　算法原理

　　语义分割方法按照时间大致可以分为传统方法和深度学习方法两类。传统方法主要采用马尔可夫随机场或条件随机场等方法进行数学建模，这类方法实现相对简单、硬件依赖度低、部署集成方便，缺点是先验知识少、分割精度低。目前主流的语义分割算法都是采用深度学习实现的，深度学习方法可以充分利用大样本数据的先验知识得到更佳的分割精度。本章将介绍 4 种经典的图像语义分割算法：FCN、UNet、HRNet 和 OCRNet。

　　FCN 是第一个被提出的基于深度学习的语义分割算法，具有绝对的开创性意义。至今，大部分语义分割算法框架仍沿用了 FCN 的思路。因此，掌握 FCN 算法原理对于学习语义分割非常重要。

　　另一个重要的语义分割算法就是 UNet，其独特的 U 形结构网络使各个语义层的特征可以有效融合，这种结构设计使组网和功能扩展都非常简单，但是分割效果却非常出众。目前，UNet 模型及其众多变种一直活跃在深度学习各个领域中。

　　本章要介绍的另外两个算法是 HRNet 和 OCRNet 算法，这两个算法都是基于 HRNet 密集网络架构实现的。不同于 UNet 从低分辨率特征上采样到高分辨率特征，HRNet 采用并联结构来保持网络中的高分辨率特征，在分割准确率上要优于 UNet 算法。

　　下面逐一介绍这四种算法基本原理。

5.2.1 FCN算法

语义分割需要判断图像中每个像素点的类别,而传统 CNN 分类网络在进行卷积和池化的过程中特征图一般会不断变小,最终导致输出特征无法表示物体的精确轮廓。针对这个问题,全卷积网络(Fully Convolutional Networks,FCN)算法被提出来,用于解决图像语义分割任务。自从 FCN 算法被提出以后,后续相关语义分割算法都是基于这个框架进行改进的。

那么 FCN 到底是如何实现语义分割的呢?

1. FCN 与传统分类网络的不同

对于一般的分类 CNN 网络,如 VGG 和 ResNet,都会在网络的最后加入一些全连接层,然后再进行 flatten 操作形成一维向量,最后经过 softmax 层后获得类别概率信息,如图 5.4 所示。很明显,这个概率信息是一维的,只能输出整个图片的类别,不能输出每个像素点的类别,所以这种全连接方法不适用于图像分割。

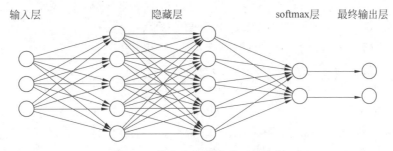

图 5.4 传统的图像分类网络结构

FCN 提出可以把后面几个全连接层都换成二维卷积,中间不使用 flatten 算子,所有的输出特征依然保持$[c,h,w]$三个维度,最后再衔接 softmax 层,从而获得每个像素点的分类信息,这样就解决了像素分割问题,如图 5.5 所示。

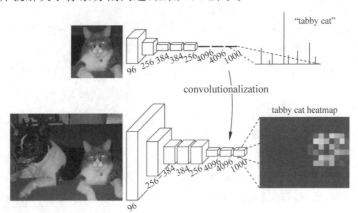

图 5.5 FCN 将全连接层改为卷积层

2. FCN 结构设计

FCN 模型结构如图 5.6 所示。

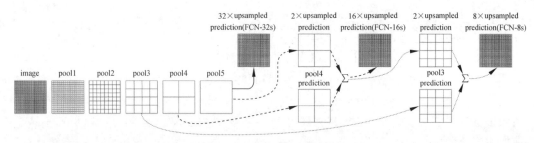

图 5.6　FCN 模型结构图

可以将整个网络分成特征提取模块和特征融合模块两部分。

特征提取模块主要依赖传统图像分类模型（如 VGG）提取不同层级的卷积特征，具体步骤如下：

- 输入图像（image）经过多个卷积层（Conv）和一个最大池化层（max pooling）变为 pool1 特征图，此时宽、高变为原始输入图像的 1/2；
- pool1 特征图再经过多个卷积层（Conv）和一个最大池化层（max pooling）变为 pool2 特征图，宽、高变为原始输入图像的 1/4；
- pool2 特征图再经过多个卷积层（Conv）和一个最大池化层（max pooling）变为 pool3 特征图，宽、高变为原始输入图像的 1/8；
- 依次类推，对 pool3、pool4 特征图进行处理。直到 pool5 特征图，宽、高变为原始输入图像的 1/32。

得到 pool3(1/8)、pool4(1/16)、pool5(1/32)这三个特征图以后，接下来就是特征融合。FCN 采用了上采样和特征图累加融合的方式获得最终的语义分割图。这里的上采样可以理解为一种对特征图尺寸进行放大的算子，在 PaddlePaddle 中对应的是 interpolate 算子。

那么怎么获得最终的语义分割图呢？FCN 尝试了 3 种方案：

（1）FCN-32s：直接对 pool5 特征进行 32 倍上采样，此时可以获得跟原图一样大小的特征图，再对这个特征图上每个点做 softmax 计算，从而获得分割图。

（2）FCN-16s：首先对 pool5 特征进行 2 倍上采样获得 2×upsampled 特征，再把 pool4 特征和 2×upsampled 特征逐点相加（注意到此时两个图都是原图的 1/16），然后对相加的特征进行 16 倍上采样，并进行 softmax 计算，从而获得最终的分割图。

（3）FCN-8s：按照图 5.6 所示结构首先进行 pool4 和 2×upsampled 特征图的逐点相加得到新的 2×upsampled 特征图，然后再将 pool3 和这个新的特征图逐点相加完成多层次特征融合，最后进行 8 倍上采样并进行 softmax 计算，从而获得最终的分割图。

在 FCN 的论文里给出了上述 3 种方法的实验结果对比，从分割精度上发现 FCN-32s<FCN-16s<FCN-8s，可以看出使用多尺度特征融合有利于提高分割准确性。

5.2.2　UNet 算法

UNet 是非常经典的图像语义分割算法，于 2015 年被提出并应用于医学影像分割。虽然该算法提出时间比较早，但是它并不落伍。UNet 简单、高效、容易构建，其实现思想和原理一直被沿用至今。例如，目前在图像生成等 AI 艺术创作领域取得了惊人成果的扩散模型，几乎都使用了 UNet 作为主干去噪网络，由此可见 UNet 算法的有效性。

　　UNet 算法有一个很明显的优势就是能够适应小数据集。例如，对于只有 30 张图片左右的数据集，UNet 算法也能取得不错的分割性能，因此在工业应用领域实用性很强。

　　UNet 模型结构如图 5.7 所示，形状类似于一个大写的 U 形字母。具体实现时可以分成编码和解码两部分，其中左侧为编码，右侧为解码。编码部分通过 Conv＋Pooling 进行逐层下采样，输出特征图尺寸逐层变小；解码部分逐层上采样，不断变大输出特征图尺寸，最终输出跟原图一样大小的分割图。

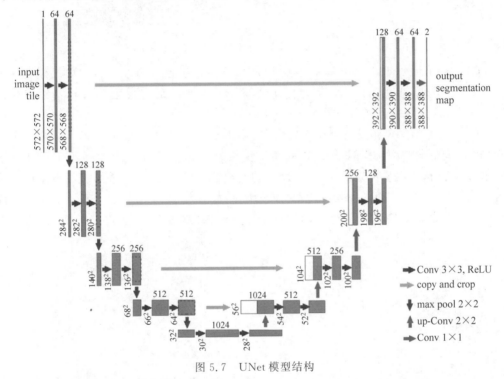

图 5.7　UNet 模型结构

　　需要注意的是，UNet 在解码过程中，为了尽可能恢复细节特征信息，采用了级联方法，将编码模块同级特征进行了级联，融合了更多尺度的特征。与 FCN 逐点相加不同，UNet 将特征图进行拼接，形成更"厚"的特征，从而实现两个特征图的融合。

　　从直观上来分析，UNet 的编码模块可以在多个尺度上实现图像特征提取，而解码模块则是对这些多尺度特征进行融合，最终得到高精度的语义分割图。

5.2.3　HRNet 算法

　　在 HRNet 算法出现前，几乎所有的语义分割算法都采用了 UNet 的处理策略，即先通过下采样得到强语义信息，然后再上采样恢复高分辨率位置信息。这种做法会导致大量的有效信息在不断的上下采样过程中丢失。计算机视觉领域有很多任务是位置敏感的，比如目标检测、语义分割等，为了这些任务位置信息预测更加准确，很容易想到的做法就是维持高分辨率的特征图。

HRNet 通过并行处理多个不同分辨率的分支,加上不断进行不同分支之间的信息交互,同时达到提取强语义信息和精准位置预测的目的。HRNet 模型主体结构如图 5.8所示。HRNet 最大的创新点是能够一直保持高分辨率特征,而不同分支的信息交互是为了补充通道数减少带来的信息损耗,这种网络架构设计对于位置敏感的语义分割任务会有非常好的效果。

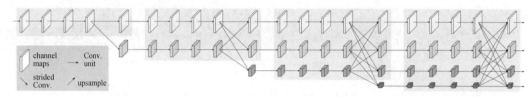

图 5.8　HRNet 模型主体结构

图 5.8 所示的 HRNet 结构中,以高分辨率子网络为起点,逐步并行增加低分辨率子网络分支。同时,多次引入多尺度融合,使得多分辨率子网络信息反复融合,最终能够得到丰富的高分辨率表示特征。

HRNet 并行子网络的信息交换使用了多尺度融合的方法,如图 5.9 所示。高分辨率的特征图向低分辨率特征图融合时,采用了步长为 2 的卷积,如将特征图下采样到原始尺寸的 1/2 时,使用步长为 2、大小为 3×3 的卷积核进行一次卷积;将特征图下采样到原始尺寸的 1/4 时,就令特征图经过两次步长为 2、大小为 3×3 的卷积运算。低分辨率特征图向高分辨率的特征图融合时,对特征图进行一次双线性插值,再进行 1×1 的卷积运算。

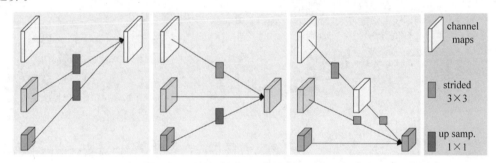

图 5.9　HRNet 高、中、低分辨率特征融合

HRNet 能够保持高分辨率图像特征,对于语义分割任务来说,能够充分考虑前景和背景的细节信息,最终得到的分割边界精度更高。

5.2.4　OCRNet 算法

FCN 可以对图像进行像素级的分类,解决了语义级别的图像分割问题,因此现有的大多数语义分割方法都基于 FCN。但这些方法也有一定缺陷,比如分辨率低、上下文信息缺失和边界错误等。2020 年,相关学者为解决语义分割上下文信息缺失难题,提出了OCRNet 算法,该算法是一种基于物体上下文特征表示(Object Contextual Representation,OCR)的网络框架,整体结构如图 5.10 所示。

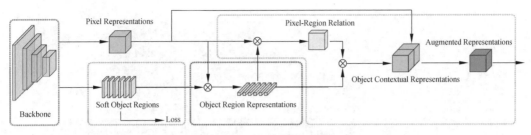

图 5.10　OCRNet 模型结构

OCRNet 算法共包括三个阶段：首先形成软物体区域（Soft Object Regions），然后计算物体区域表示（Object Region Representations），最后得到物体上下文特征表示和上下文信息增强的特征表示（Augmented Representation）。与其他语义分割方法相比，OCRNet 方法更加高效准确，因为 OCRNet 方法解决的是物体区域分类问题，可以显式地增强物体边界信息。2020 年，以 HRNet 为骨干网络的 OCRNet 算法在 ECCV Cityscapes 竞赛中获得了第一名，足见该算法有效性。

本章项目对于分割精度要求较高，因此本章将使用 OCRNet 算法，采用 HRNet-w18 作为骨干模型，完成证件照中的人像区域精确提取。

下面详细阐述算法研发过程。

5.3　算法研发

5.3.1　数据集准备

本章任务是研发一款基于 PC 的证件照制作工具，其核心功能是人像区域的准确预测。针对该任务特点，选择一个开源的人像抠图数据集 P3M_10k 作为实验数据。该数据集来源于论文 *Privacy Preserving Portrait Matting*，主要用于实现人像抠图任务。人像抠图可以看作人像分割的一个特殊子任务，其任务难度更大，需要对每个像素精细分类成 0～255 个类别，这里的每个类别代表透明度。对于本章证件照任务来说，暂不考虑人像抠图这个子任务，只是需要 P3M_10k 这个高精度数据集进行人像分割算法研发。

本书配套资源中提供了整理好的 P3M_10k 数据集（详见前言二维码），共包含 10421 张人像照片以及对应的真值掩码图，分别存放在 P3M_10k/img 和 P3M_10k/alpha 文件夹下面。人像照片保存格式统一为 JPG，真值掩码图格式为 PNG。考虑到隐私保护，人像照片脸部都做了模糊处理。

P3M_10k 数据集部分样例如图 5.11 所示。

从数据集的图片上来看，这些人像照片背景多种多样，较为复杂，并且在姿态、发型、穿着上也呈现很大差异，准确地从这些照片中预测人像边界并不是一件容易的事。所幸 PaddleSeg 套件已经集成了一系列优秀的语义分割算法，读者只需要选定算法模型并且配置好相关参数就可以进行算法测试，算法研发和试错成本较低。

具体的，在 PaddleSeg 下创建一个名为 dataset 的文件夹，然后将下载的 P3M_10k 数据集存储到 PaddleSeg/dataset 目录下并解压。

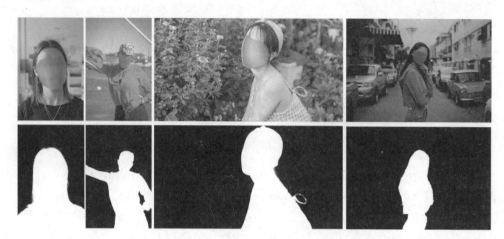

图 5.11　P3M_10k 数据集部分示例图片

1. 数据集转换

P3M_10k 数据集的掩码图是针对抠图任务来设计的，其灰度值范围为 0～255。读者需要将该数据集的掩码图像制作成只有 0 和 1 两个值的灰度图，其中 0 表示背景，1 表示人像，这样后续才能成功调用 PaddleSeg 算法套件完成语义分割研发任务。如果还有其他类别，那么类别标号依次递增。对于本章任务来说，只有 0 和 1 这两个类别值。因此在处理该数据集时需要先将 P3M_10k/alpha 目录下所有 png 图像进行二值分割获得语义类别图，分割阈值根据实际测试效果可以设置为 50。

具体的，在 PaddleSeg 目录下新建一个转换脚本 convert_mask.py，完整代码如下：

```python
import os
import cv2

# 定义数据集目录
dataset_folder = "./dataset/P3M_10k"
alpha_folder = os.path.join(dataset_folder, "alpha")

# 创建掩码文件夹
mask_folder = os.path.join(dataset_folder, "mask")
if not os.path.exists(mask_folder):
    os.mkdir(mask_folder)

# 检索文件
alphalist = os.listdir(alpha_folder)

# 循环处理
thr = 50
for imgname in alphalist:
    print("开始处理图像：  " + imgname)
    # 读取 alpha 图像
    imgpath = os.path.join(alpha_folder, imgname)
    alpha = cv2.imread(imgpath, cv2.IMREAD_GRAYSCALE)
    # 阈值化
```

```
alpha[alpha < thr] = 0
alpha[alpha >= thr] = 1
# 掩码保存
maskpath = os.path.join(mask_folder, imgname)
cv2.imwrite(maskpath, alpha)
```

上述脚本读取每张掩码图像，然后进行二值化，使得人像前景区域像素值为 1，背景区域像素值为 0，最后将新的二值掩码图像保存到 P3M_10k/mask 目录下面。

这里还需要额外注意，对于语义掩码图来说，不能用 JPG 等有损压缩的图像格式进行保存，因为这种有损压缩的保存方式会改变邻近像素的类别信息。本书推荐使用 PNG 格式来保存语义掩码图，这也是大部分语义分割任务采用的格式。

2. 伪彩色可视化

转换完数据集以后，查看 P3M_10k/mask 目录下的二值掩码图，会发现所有转换后的图像肉眼查看都是黑色的。这是因为每张二值掩码图的像素值只有 0 或 1，这个像素值对于整个灰阶 0～255 来说是位于黑色视觉范围内的，肉眼只能看到一张黑色图片。因此，尽管转换是正确的，但是这种可视化效果并不直观，如果转换错误很难检查出来。为了便于可视化检查，PaddleSeg 提供了伪彩色可视化脚本，可以将上述这种黑色的二值掩码图进一步进行转换成便于肉眼辨识的伪彩色掩码图，并且后续的算法训练、验证等步骤也都支持转换后的伪彩色掩码图。

具体的，可以使用下面的代码进行转换：

```
python tools/data/gray2pseudo_color.py ./dataset/P3M_10k/mask ./dataset/P3M_10k/colormask
```

转换后的伪彩色掩码图保存在 P3M_10k/colormask 下面，对比效果如图 5.12 所示。可以看到，背景区域（像素值为 0）以红色显示，人像区域（像素值为 1）以绿色显示，这样就可以方便地进行区域辨识了。如果还有其他类别，那么其他类别的像素值也会用对应的其他颜色自动标识出来。

图 5.12　伪彩色掩码图

至此，数据集已全部转换完毕。所有的原始图像都存放在 P3M_10k/img 目录下面，图像格式为 JPG；所有的语义掩码图像都存放在 P3M_10k/colormask 目录下面，图像格式为 PNG。

3. 数据集切分

对于整理好的数据集，需要按照比例划分为训练集、验证集和测试集。PaddleSeg 提供了切分数据并生成文件列表的脚本。使用方式如下：

```
python tools/data/split_dataset_list.py ./dataset/P3M_10k img colormask -- split 0.9 0.1 0.0 -- format jpg png
```

其中，参数 split 对应的 3 个数值分别表示训练集、验证集和测试集的占比；参数 format 的 2 个数值分别表示原始图像和掩码图像的存储格式。

切分完成后在数据集根目录 P3M_10k 下会生成 3 个列表文件 train. txt、val. txt 和 test. txt，分别存储训练集、验证集和测试集文件列表。列表中的每一行存放着对应的原始图像和真值掩码图像路径，中间用空格分开，如下所示：

```
img/p_20788cd7.jpg colormask/p_20788cd7.png
img/p_799e9fa3.jpg colormask/p_799e9fa3.png
img/p_c50b6107.jpg colormask/p_c50b6107.png
...
```

到这里，符合 PaddleSeg 套件的数据集就准备完毕了。

5.3.2　使用 Labelme 制作自己的语义分割数据集

5.3.1 节使用了开源人像抠图数据集作为本章的实验数据，并且针对 PaddleSeg 套件进行了数据集格式转换。如果想自行制作人像分割数据集或者想要自行添加更多的人像数据，那么该怎么做呢？

同样的可以使用前面 4.3.2 节介绍的 Labelme 工具实现。Labelme 的基本使用方法请参考 4.3.2 节内容，本章不再赘述。

下面以人像分割任务为例，讲解如何使用 Labelme 工具实现语义分割任务的标注。

（1）基本设置：首先打开 Labelme 工具，单击菜单栏 File 并将其展开，取消选中 Save With Image Data 复选框，然后选中 Save Automatically 复选框。这样设置可以使得标注出来的标注文件不会包含冗余的原始图像信息，并且在切换标注图像时可以自动保存标注信息。

（2）选择标注模式：单击菜单栏 File→Open Dir，打开需要标注的目标图片文件夹。由于本章处理的是语义分割任务，因此选择多边形标注模式。具体地，单击菜单栏 Edit→Create Polygons，接下来就可以进行标注了。

（3）逐点标注：沿着人像（前景）边界逐个单击画点，最后闭合成一个完整的轮廓（结束时要单击第 1 个点形成闭合曲线）。闭合后，会自动弹出前景类别定义窗口，输入前景类别名称即可，本章对应的可以输入 person，最后单击 OK 即可完成一张图像的标注，如图 5.13 所示。

（4）目标包含背景的标注：如果目标中包含了背景，在标注完目标后，还需要对背景

图 5.13　使用 Labelme 进行人像标注

进行专门的标注，以从目标中进行剔除。具体的，在标注完目标轮廓后，再沿背景区域边缘画多边形，并将其标注为_background_类别即可。

（5）保存标注结果：标注好以后，可以按 Ctrl＋S 组合键保存，也可以直接按 D 键切换到下一张待标注图像。由于在第 1 步中设置了 Save Automatically，因此，切换图像时标注信息会自动保存。标注信息将会以与图像同名的 JSON 文件保存到同名文件夹中，如图 5.14 所示。

图 5.14　标注信息保存为同名的 JSON 文件

（6）删除标注结果：如果对前面的标注结果不满意，可以删除标注。具体的，单击菜单栏 Edit→Edit Polygons，此时鼠标变成手形，单击标注区域，然后右键选择 Delete Polygons 即可。

标注好所有图片后怎么将这些 JSON 文件转换为 5.3.1 节中的伪彩色掩码图呢？

这里可以使用 PaddleSeg 中的转换脚本来实现。假设所有图片和标注好的 JSON 文件放在一个名为 photos 的文件夹中，可以使用下面的命令来完成转换：

```
python tools/data/labelme2seg.py ./photos
```

运行完成后在 photos 目录下会生成一个名为 annotations 的文件夹，该文件夹包含了对应的转换好的伪彩色掩码图，如图 5.15 所示。

通过与展示的原图进行比较，该伪彩色掩码图跟标注的区域一致，说明整个转换是

0.png

test.png

图 5.15 转换后的伪彩色掩码图

正确的。这样就得到了与前面数据集一致的标注文件，读者可以采用上述标注方法自行添加数据。虽然本章任务是针对人像分割的，但是对于其他语义分割任务来说本章标注方法一样有效。

需要指出的是，如果读者针对的是人像抠图任务，那么就需要采用另外一种更加专业的标注技术——PS 通道抠图。该技术旨在使用 PhotoShop 软件的通道分层原理，精细化地提取人像透明度（Alpha）通道，但是该方法对 PS 技术要求较高，标注难度大，感兴趣的读者可以自行查阅相关资料来学习。

5.3.3 算法训练

1. 准备配置文件

同其他算法套件一样，PaddleSeg 套件同样是以 YML 配置文件形式来串联各个模块执行的。相关算法的配置文件设置可以参考 PaddleSeg/configs 目录下的各个文件。本章使用前面介绍的 OCRNet 算法来完成算法研发。

首先在 PaddleSeg 当前目录下新建一个配置文件 config.yml，其内容如下：

```yaml
batch_size: 4     # 迭代一次送入网络的图片数量,实际 batch size 等于 batch size 乘以卡数
iters: 80000                      # 模型训练迭代的轮数

train_dataset:
  type: Dataset
  dataset_root: ./dataset/P3M_10k        # 数据集路径
  train_path: ./dataset/P3M_10k/train.txt  # 训练样本和真值的路径文档
  num_classes: 2                   # 类别数量(包含背景类)
  mode: train                      # 训练模式,可选 train 或者 val 等
  transforms:                      # 数据增强
    - type: Resize
      target_size: [512, 512]      # 图片重置大小尺寸,分别为宽和高
    - type: RandomHorizontalFlip   # 水平翻转
    - type: RandomDistort          # 随机进行亮度、对比度、饱和度变动
      brightness_range: 0.3
      contrast_range: 0.3
      saturation_range: 0.3
    - type: Normalize              # 归一化

val_dataset:
  type: Dataset
  dataset_root: ./dataset/P3M_10k
  val_path: ./dataset/P3M_10k/val.txt
  num_classes: 2
  mode: val
  transforms:
    - type: Resize
      target_size: [512, 512]
```

```
      - type: Normalize

  optimizer:
    type: SGD                                       # 优化算法
    momentum: 0.9                                   # SGD 的动量
    weight_decay: 4.0e-5                            # 权值衰减,防止过拟合

  lr_scheduler:                                     # 学习率的相关设置
    type: PolynomialDecay                           # 学习率变化策略
    learning_rate: 0.01                             # 初始学习率
    end_lr: 0                                       # 结束时的学习率
    power: 0.9

  model:
    type: OCRNet                                    # 网络类型为 OCRNet
    backbone:                                       # 骨干网络设置
      type: HRNet_W18                               # 骨干网络类型
      pretrained: https://bj.bcebos.com/paddleseg/dygraph/hrnet_w18_ssld.tar.gz
    num_classes: 2                                  # 类别数量
    backbone_indices: [0]

  loss:
    types:                                          # 损失函数类型设置
      - type: CrossEntropyLoss                      # 损失函数类型
      - type: CrossEntropyLoss
    coef: [1, 0.4]                                  # 两个损失函数的系数
```

配置文件准备完后下面就可以开始算法训练了。

2. 训练

如果是采用单卡进行训练,命令如下:

```
python tools/train.py -- config config.yml -- do_eval -- use_vdl -- save_interval 1000
-- save_dir output
```

其中,config 参数用来设置配置文件路径;do_eval 参数表示在训练时开启可视化工具记录;save_interval 参数用来设置模型保存的间隔;save_dir 参数用来设置最终训练结果的保存路径。

如果是采用多卡进行训练(以 2 卡为例),命令如下:

```
export CUDA_VISIBLE_DEVICES = 0,1
python -m paddle.distributed.launch tools/train.py -- config config.yml -- do_eval
-- use_vdl -- save_interval 1000 -- save_dir output
```

如果出现显存不足的问题,那么可以修改配置文件 config.yml 中的 batch_size 参数,将其适当调小即可。

在整个训练过程中,可以使用下面的命令打开可视化工具 visualdl 来更直观地查看训练过程和模型的实时预测性能:

```
visualdl -- logdir output
```

运行成功后打开浏览器访问 http://localhost:8040/。训练集上可视化结果如图 5.16 所示。

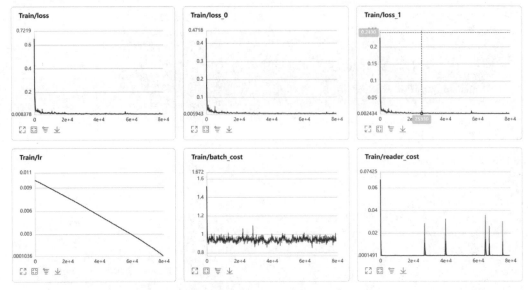

图 5.16　训练集上训练结果可视化

图 5.16 中，Train/loss 为各类损失函数之和；lr 为学习率；batch_cost 为批训练所耗费时间；reader_cost 为数据读取耗费时间。从训练集的整个损失函数 loss 上来看，随着训练的不断迭代，loss 呈现不断递减的趋势，说明在训练集上模型的预测精度在不断提升。

验证集上可视化结果如图 5.17 所示。

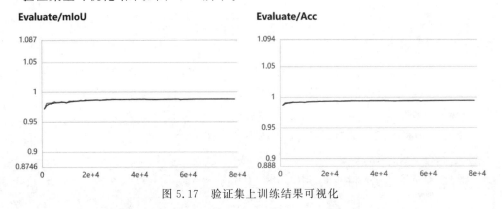

图 5.17　验证集上训练结果可视化

综合训练集和验证集上的可视化效果来看，整个训练过程没有出现过拟合或欠拟合的现象，这很大程度上归功于本章采用的模型学习能力较强且数据集样本量足够多。在验证集上的最佳 mIoU＝0.9884，最佳像素预测准确率 Acc＝0.9946，分割精度较高。

3. 模型评估

训练完成后，可以使用 tools/val.py 评估模型的精度，执行如下命令进行模型评估：

```
python - m paddle.distributed.launch tools/val.py \
        -- config config.yml \
        -- model_path output/best_model/model.pdparams
```

其中，参数--model_path用来指定评估的模型权重路径。在语义分割领域中，评估模型质量主要是通过 3 个指标进行判断：准确率（Accuracy，Acc）、平均交并比（Mean Intersection over Union，mIoU）和 Kappa 系数。从验证集上来看，语义分割的两个常见评价指标 mIoU 和 Acc 随着模型训练迭代均呈现不断上涨的趋势，并且从 20000 次迭代后上涨趋势变缓，逐渐开始收敛。其中准确率指类别预测正确的像素占总像素的比例，准确率越高模型质量越好。平均交并比为对每个语义类别单独进行推理计算，计算出的预测区域和实际区域交集除以预测区域和实际区域的并集，然后将所有语义类别得到的结果取平均。Kappa 系数是用于一致性检验的指标，可以用于综合衡量预测的效果。Kappa 系数的计算是基于混淆矩阵的，取值为−1～1，Kappa 系数越高模型质量越好。

运行上述命令后，输出结果如下：

```
[EVAL] #Images: 1042 mIoU: 0.9884 Acc: 0.9946 Kappa: 0.9883 Dice: 0.9941
[EVAL] Class IoU:
[0.9915 0.9852]
```

4. 动态图预测

如果想基于训练好的动态图模型对未知图片进行预测，可以使用 PaddleSeg 提供的脚本 tools/predict.py 来实现。

预测命令如下：

```
python tools/predict.py \
        -- config config.yml \
        -- model_path output/best_model/model.pdparams \
        -- image_path ./dataset/test_human \
        -- save_dir output/result
```

其中，image_path 可以是一张图片的路径，也可以是一个目录；model_path 参数表示训练好的动态图模型路径；save_dir 参数表示预测结果的保存路径。

预测完成后会同时生成伪彩色掩码图（位于 output/result/pseudo_color_prediction）以及合成的可视化结果图（位于 output/result/added_prediction）。部分预测结果如图 5.18 所示，其中第 1 行为原始图，第 2 行为模型预测结果，第 3 行为可视化合成图。

从图 5.18 所示的合成图上可以看到，对于半身人像分割任务来说，使用 OCRNet 算法取得了不错的分割精度。进一步查看训练好的模型 PaddleSeg/output/best_model/model.pdparams，可以发现其大小在 50MB 左右，相对于一般的深度学习网络模型来说其模型并不大，适合在 CPU 上进行推理。

5. 静态图导出

为了能将训练好的深度学习模型在生产环境中进行部署，需要将动态图模型转换为静态图模型。同其他套件一样，PaddleSeg 也提供了静态图模型导出脚本，具体命令如下：

图 5.18 动态图预测结果

```
python tools/export.py \
  -- config config.yml \
  -- model_path output/best_model/model.pdparams \
  -- save_dir output/inference \
  -- input_shape 1 3 512 512
```

最后在 output/inference 文件夹下面会生成导出后的静态图模型文件，如下所示：

```
output/inference
├── deploy.yaml            # 部署相关的配置文件，主要说明数据预处理方式等信息
├── model.pdmodel          # 预测模型的拓扑结构文件
├── model.pdiparams        # 预测模型的权重文件
└── model.pdiparams.info   # 参数信息文件，一般无须关注
```

其中权重文件 model.pdiparams 的文件大小在 50MB 左右，这是一个中等量级的模型文件，如果后期想要进一步提高模型预测精度，可以改用更重量级的骨干模型，例如将 Backbone 改成 HRNet-w48，但是越重量级模型其资源占用也会越多，推理速度会变慢。

下面可以使用 PaddleSeg 提供的静态图推理脚本来验证导出的静态图模型是否正确。具体命令如下：

```
python deploy/python/infer.py \
  -- config ./output/inference/deploy.yaml \
  -- image_path ./dataset/test_human
```

导出结果存放在 output 文件夹下面，以伪彩色掩码图形式给出。

到这里，本节内容完成了整个项目的算法研发，得到了有效的人像分割模型并成功转换成静态图模型。从 PaddleSeg 的使用体验上来看，PaddleSeg 集成的语义分割算法

使用非常方便,整个训练和推理都给出了简洁的调用脚本。使用 PaddleSeg 套件可以极大地减少研发成本。从实际效果上来看,对于人像发丝等较细微的局部区域,该模型还存在不足,无法精确提取此类带有一定透明度的局部前景,建议后续可以改用抠图(Matting)算法来实现,读者可以自行尝试,本书不再深入介绍。

5.4 Qt C++桌面客户端部署(Windows CPU 推理)

视频讲解

在第 3 章和第 4 章均采用 Qt 作为 C++的编程工具,旨在利用 Qt 强大的代码编辑能力,在 Linux 终端上编写无界面的 C++程序。除了开发常规的 C++无界面程序以外,Qt 最重要的优势之一就是它的 GUI 跨平台开发能力。简单来说,用 Qt 可以开发高效美观的跨平台图形界面应用程序。目前很多流行的桌面客户端程序都是使用 Qt 开发的,如 WPS、YY 语音、Skype、豆瓣电台、Adobe Photoshop 等。

本章将在 Windows 下开发带界面的 Qt 客户端程序,通过使用 C++语言将人像分割模型进行集成,最终研发一款能够高效制作证件照片的客户端工具。

进行正式开发前,读者需要在装有 Windows 10 操作系统的电脑上安装好 Qt 软件。本书侧重讲解深度学习模型部署,对于 Qt 的安装和基本环境配置方法本书不再深入介绍,不熟悉的读者可以参考本书配套的资源教程进行学习和操作,教程网址详见前言二维码。

本书使用的 Qt 版本是 Qt5.15.2,对应的编译器为 MSVC2019_64bit。

5.4.1 Qt 基础示例程序介绍

为了方便读者快速上手,本书准备了一个精简的 Qt 基础示例程序 clean_qt_demo,读者可以从本书配套资源网站上进行下载,网址详见前言二维码。下载该示例程序以后使用 Qt Creator 来打开它。具体的,单击顶部菜单栏"文件"→"打开文件或项目",然后找到下载程序中的 faceEval.pro 文件,选择该文件打开即可。

首次打开该项目,Qt 会让用户选择对应的编译器环境,可以选择 Desktop Qt 5.15.2 MSVC2019 64bit 作为编译器环境,最后单击 Configure Project 按钮完成配置,如图 5.19 所示。

配置项目
The following kits can be used for project **MakePhoto**:

☑ Select all kits	Type to filter kits by name...		
☑ 🖥 **Desktop Qt 5.15.2 MSVC2019 64bit**		管理...	详情 ▾
☐ 🖥 MSVC2015 64bit			详情 ▾
Import Build From...			详情 ▾

Configure Project

图 5.19 选择 Qt 的编译器环境

打开项目以后,单击左下角图标切换模式为 Release 模式,如图 5.20 所示。

该示例程序使用 Qt Widget 框架进行创建,结合 qss 进行界面设计,已经搭建好图像读取和处理的基本代码框架,所有功能仅依赖 Qt 自带的库环境。

程序文件结构目录如图 5.21 所示。

图 5.20　切换为 Release 模式

图 5.21　示例程序文件目录

faceEval.pro 是项目的全局配置文件，用于指定程序的头文件、源文件以及第三方依赖库路径；main.cpp 是程序运行的主文件，负责主窗口的启动，在本项目中读者不需要修改该文件；主窗口程序由 mainwindow.h 和 mainwindow.cpp 两个文件组成，这两个文件负责整个程序的 UI 和逻辑执行；algorithm.h 和 algorithm.cpp 负责具体的算法实现。

读者可以直接按 Ctrl＋R 组合键编译和运行项目，运行后主界面如图 5.22 所示。

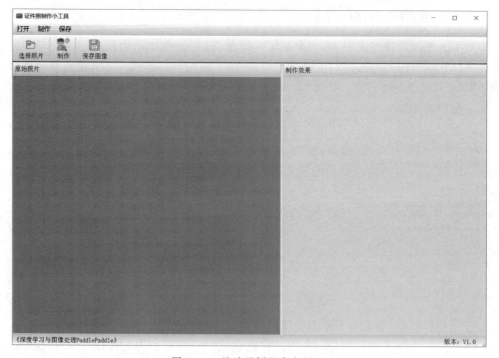

图 5.22　基础示例程序主界面

整体界面设计比较简单,菜单栏和工具栏仅有 3 个功能按钮:选择照片、制作、保存图像。在工具栏按钮下方是两个并列的显示窗体,左边的窗体用于显示原始照片,右边的窗体用于显示制作好的证件照片。

下面介绍这个示例程序的基本功能。

1. 选择照片

支持从本地读取照片,并且根据照片宽高比自适应地显示到"原始照片"窗体上,如图 5.23 所示。

图 5.23　加载图像并自适应显示

2. 制作

该部分是部署的核心内容,由于较为复杂,本示例程序仅预留接口,具体的功能实现将在后面给出。

在示例程序中仅完成图像的复制功能,即复制一份原始图像,并显示到"制作效果"窗体中,如图 5.24 所示。

算法接口定义在 algorithm.h 文件的 MakeIDPhoto()函数中,后面将针对本章任务继续完善该功能的开发,将算法集成进来。

3. 保存图像

该功能可以将制作好的证件照片自动按照时间保存到计算机 C 盘下名为 Images 的文件夹中,如图 5.25 所示。

通过以上功能介绍,读者可以看到这个示例程序整体比较简洁,相关功能和接口都已经预留好,适合读者快速学习和掌握。对于 Qt 不熟悉的读者,可以参照本示例程序对照代码来学习,这样可以更快速、更有针对性地掌握 Qt。

图 5.24　制作

图 5.25　保存图像

接下来将以该示例程序作为项目起点,然后逐步添加相关功能模块并实现人像分割模型集成。

5.4.2 配置并导入 FastDeploy 库

前面两章使用 FastDeploy 工具进行深度学习算法部署，通过 FastDeploy 的使用极大地减少了部署工作。本章继续使用 FastDeploy，讲解如何在 x86 CPU 的 Windows 操作系统上进行深度学习算法推理。目前 FastDeploy 还不支持旧版本的 Windows 操作系统，因此建议使用 Windows 10 及以上操作系统。FastDeploy 的相关介绍可以参阅 3.4.1 节内容。

1. 下载 FastDeploy 的 SDK 库

由于 Windows 下的 CPU 部署是一个比较基础的部署需求，因此，FastDeploy 官网对 Windows 下的部署方案支持力度最大。读者可以按照 FastDeploy 官网教程自行编译 FastDeploy 的 SDK 库，也可以下载和使用官网编译好的 SDK 库。下载网址详见前言二维码。FastDeploy 官网的 C++ 版本 SDK 库如图 5.26 所示。

C++ SDK安装

Release版本

平台	文件	说明
Linux x64	fastdeploy-linux-x64-1.0.7.tgz	g++ 8.2编译产出
Windows x64	fastdeploy-win-x64-1.0.7.zip	Visual Studio 16 2019编译产出
macOS x64	fastdeploy-osx-x86_64-1.0.7.tgz	clang++ 10.0.0编译产出
macOS arm64	fastdeploy-osx-arm64-1.0.7.tgz	clang++ 13.0.0编译产出
Linux aarch64	fastdeploy-linux-aarch64-1.0.7.tgz	gcc 6.3编译产出
Android armv7&v8	fastdeploy-android-1.0.7-shared.tgz	CV API，NDK 25及clang++编译产出，支持arm64-v8a及armeabi-v7a
Android armv7&v8	fastdeploy-android-with-text-1.0.7-shared.tgz	包含 FastTokenizer、UIE 等 Text API，CV API，NDK 25 及 clang++编译产出，支持arm64-v8a及armeabi-v7a
Android armv7&v8	fastdeploy-android-with-text-only-1.0.7-shared.tgz	仅包含 FastTokenizer、UIE 等 Text API，NDK 25 及 clang++ 编译产出，不包含 OpenCV 等 CV API。支持 arm64-v8a 及 armeabi-v7a

图 5.26 FastDeploy 官网的 C++ 版本 SDK 库

由于本章任务仅需要 CPU 进行推理，因此可以选择 CPU 版的 C++ SDK 进行下载。单击图 5.26 中的 Windows x64 版本对应的链接进行下载。下载后将其解压到指定目录下，完整目录结构如图 5.27 所示。

2. 在 Qt 项目中配置 FastDeploy 库

为了能在 Qt 项目中使用 FastDeploy 库，需要对 Qt 项目进行配置。

首先打开示例程序的 faceEval.pro 文件，在该文件最后添加 FastDeploy 库的头文件和库文件，如下所示：

```
INCLUDEPATH   +=  C:\fastdeploy_cpu\include
INCLUDEPATH   +=  C:\fastdeploy_cpu\third_libs\install\opencv\build\include
LIBS += -LC:\fastdeploy_cpu\lib\ -lfastdeploy
LIBS += -LC:\fastdeploy_cpu\third_libs\install\opencv\build\x64\vc15\lib\
   -lopencv_world3416
```

图 5.27　FastDeploy 的 C++ SDK 库目录

引入 FastDeploy 库的主要目的是实现深度学习算法推理。打开 algorithm.h 文件，在头部添加如下代码：

```
# include "fastdeploy/vision.h"
# include < opencv2/opencv.hpp >
using namespace cv;
```

到这里，已经配置完了 FastDeploy 库。下面可以在 Qt 示例程序中正常使用 FastDeploy 库进行语义分割模型推理了。

5.4.3　编写算法推理模块

在 5.4.1 节中介绍过，制作模块中已经预留好了深度学习模型推理接口 MakeIDPhoto()。具体的，用户单击"制作"按钮，会触发 act_detection 信号，该信号由类 MainWindow 的槽函数 Process() 进行接收，在槽函数 Process() 内部直接调用了 algorithm.h 文件中的 MakeIDPhoto() 函数，最终由 MakeIDPhoto() 函数负责对传入的 QImage 图像进行证件照换背景处理并将处理结果返回。具体执行流程请读者自行参阅示例程序代码。

在示例程序 MakeIDPhoto() 函数中，直接将输入作为输出结果返回，代码如下：

```
QImage MakeIDPhoto(QImage img)
{
    return img;
}
```

下面需要修改 MakeIDPhoto() 函数中的代码，对输入的照片进行语义分割，然后与新的背景（此处使用蓝色）进行合成，完整代码如下：

```
QImage MakeIDPhoto(QImage img)
{
    //读取模型
    auto model_file = "inference/model.pdmodel";
```

```
auto params_file = "inference/model.pdiparams";
auto config_file = "inference//deploy.yaml";
auto option = fastdeploy::RuntimeOption();
option.UseCpu();
auto model = fastdeploy::vision::segmentation::PaddleSegModel(
    model_file, params_file, config_file, option);

if (!model.Initialized())
    return img;

//转换图片
Mat im = QImage2cvMat(img);

//推理预测
fastdeploy::vision::SegmentationResult res;
if (!model.Predict(im, &res))
    return img;

//获取掩码图
cv::Mat mask(im.rows, im.cols, CV_8UC1, res.label_map.data());
mask = mask * 255;

//与蓝色背景合成
Mat bg(im.size(), im.type(), Scalar(219, 142, 67));
cvtColor(mask, mask, COLOR_GRAY2BGR);
im.convertTo(im, CV_32FC3);
bg.convertTo(bg, CV_32FC3);
mask.convertTo(mask, CV_32FC3, 1.0/255);
Mat comp = Mat::zeros(im.size(), im.type());
multiply(mask, im, im);
multiply(Scalar::all(1.0) - mask, bg, bg);
add(im, bg, comp);
comp.convertTo(comp, CV_8UC3);

//返回图像
img = cvMat2QImage(comp);
return img;
}
```

　　为了便于读者能够清晰地理解整个推理流程，上述代码中将模型的加载、图片读取、推理预测、后处理这几个步骤都写在了 MakeIDPhoto() 函数中，这样每次单击"制作"按钮时均需要重新读取模型，会造成不必要的资源浪费。对于开发实际的软件产品来说，一般会将模型 model 定义为类成员变量，并且在类初始化时就将模型提前加载完毕，后面每次执行推理操作时就不再需要重复加载模型了。读者可以自行尝试对上述程序进行修改和优化。

　　在背景合成部分，采用了抠图领域中常用的图像合成方法，即假设图像是由前景和背景的线性混合叠加而成，对应公式如下：

$$Comp = alpha \times F + (1 - alpha) \times B$$

其中，Comp 表示合成图像；F 表示前景图像；B 表示背景图像；alpha 表示混合比例。对应本章语义分割任务，人像区域对应的 alpha 值为 1，背景区域 alpha 对应的值为 0。

上述代码中需要将 Qt 的 QImage 图像类和 OpenCV 的 Mat 图像类进行相互转换，相关转换代码如下：

```
// cv::Mat 转换成 QImage
QImage cvMat2QImage(const Mat& mat)
{
    const uchar * pSrc = (const uchar * )mat.data;
    QImage image(pSrc, mat.cols, mat.rows, mat.step, QImage::Format_RGB888);
    return image.rgbSwapped();
}
// QImage 转换成 cv::Mat
Mat QImage2cvMat(QImage img)
{
Mat mat = Mat(img.height(), img.width(), CV_8UC4, (void * )img.constBits(),
        img.bytesPerLine());
    cv::cvtColor(mat, mat, COLOR_BGRA2BGR);
    return mat;
}
```

到这里整个的核心代码就编写完成了。可以看到，使用 FastDeploy 工具部署语义分割模型是非常方便的。

5.4.4 集成依赖库和模型

编写好代码以后就可以编译并运行程序了。首先单击 Qt Creator 左下角的锤子状按钮进行编译，编译完成后会生成对应的 release 可执行程序文件夹，在该文件夹生成的 faceEval.exe 就是最终的可执行程序。直接双击运行该可执行程序会遇到 dll 缺失的错误，这是因为该可执行程序依赖 FastDeploy 以及 Qt 本身的 dll 依赖库，因此需要将这些依赖文件准确找到后再复制到 release 文件夹下面。

1. 集成 FastDeploy 的依赖库

在 Windows 平台上，FastDeploy 提供了 fastdeploy_init.bat 工具来管理 FastDeploy 中所有的依赖库。进入 FastDeploy 的 SDK 根目录，运行 install 命令，可以将 SDK 中所有的依赖文件安装到指定的目录。

具体的，可以在 FastDeploy 的 SDK 根目录下创建一个临时的 bin 文件夹，然后运行如下命令：

```
./fastdeploy_init.bat install % cd % bin
```

运行结果如图 5.28 所示。

然后按照提示输入 y 执行即可。最终在 bin 文件夹下会生成 FastDeploy 所有的依赖文件，只需要把所有这些文件复制到前面由 Qt 生成的 release 目录下即可。

2. 集成 Qt 的依赖库

与 FastDeploy 类似，Qt 也提供了 windeployqt.exe 工具用来管理 Qt 的所有依赖库。

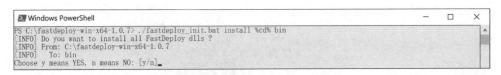

图 5.28 收集 FastDeploy 库的 dll 文件

　　具体的，在开始界面找到 Qt 的命令行工具，然后根据生成 exe 文件所用的编译器选择相应的命令行工具 Qt 5.15.2(MSVC 2019 64-bit)，如图 5.29 所示。

　　接下来在 Qt 安装目录下找到 windeployqt.exe(注意：该工具会存在几个不同的版本，需要选择对应编译器文件夹下的程序)，如图 5.30 所示。

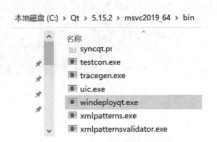

图 5.29　Qt 命令行工具　　　　　　图 5.30　windeployqt.exe 工具路径

　　根据找到的 windeployqt.exe 所在目录，运行下述命令：

```
C:\Qt\5.15.2\msvc2019_64\bin\windeployqt.exe C:\Users\qb\Desktop\release\faceEval.exe
```

其中，C:\Users\qb\Desktop\release\faceEval.exe 为 Qt 最终生成的程序所在路径。windeployqt.exe 会自动根据 Qt 生成的 exe 文件分析其依赖库，并将 Qt 相关依赖库复制到 faceEval.exe 所在文件夹下面。

3. 集成深度学习模型

　　最后一步，需要将前面训练好的静态图模型复制到程序目录下面，即将 inference 文件夹复制到 faceEval.exe 所在目录下面。

　　到这里，程序所有的依赖库和模型文件都已准备完毕。双击 faceEval.exe 即可正常运行，最终实现效果如图 5.31 所示。

　　经过测试，算法在 CPU 上的整体运行速度平均为 2s。从测试图的效果上来看，尽管提供的测试照片背景比较复杂（局部头发区域和背景区域相似度较高），但是通过语义分割模型的处理，依然能够准确地将人像区域提取出来。后续读者如果想进一步优化人像边缘的分割效果，可以参考 PaddleSeg 套件中的人像抠图方案。

　　到这里，本章任务结束，相关素材可以从本书配套资源中获取。

图 5.31　程序最终运行效果图

5.5　小结

本章围绕图像语义分割，重点介绍了基于深度学习的 FCN、UNet、HRNet 和 OCRNet 这几种典型算法及其实现原理。在算法原理基础上，重点讲解了如何使用图像语义分割套件 PaddleSeg 来开发一款用于 PC 桌面的证件照制作小工具，全流程地实现了数据预处理、训练、验证和推理，并最终将研发的模型通过 FastDeploy 套件在 Windows 10 平台上实现了部署和应用。

读者学完本章内容后，应掌握基本的图像语义分割算法原理，能够利用 PaddleSeg 套件按照本章流程研发自己的图像分割类产品。

第6章

实例分割（肾小球影像分析仪）

6.1 任务概述

6.1.1 任务背景

近年来，各种计算机图像处理方法，尤其是基于深度学习的识别方法，已广泛应用于临床医学图像处理领域，典型应用包括甲状腺癌筛查、皮肤癌诊断、眼底图像异常筛查、基因突变预测等。通过计算机技术辅助医师诊断病理图像，可以节省大量的诊断时间，给疾病的治疗带来帮助。

在病理学上，关于肾小球病变及其临床诊断方法已经相当成熟。肾小球病理切片是病理标本的一种，医师通过对病理切片的观察，可以定位出切片中的肾小球位置，统计肾小球的数量，评估每个肾小球的健康状态，进而判断患者肾炎的类别与程度。病理切片在制作时需要将部分有病变的组织或脏器使用各种化学品和埋藏法处理，使之固定硬化，然后在切片机上切成薄片黏附在玻片上，并染以各种颜色，供在显微镜下检查，以观察病理变化，为临床诊断和治疗提供帮助。自 1999 年以来，病理切片技术逐步向数字化方向发展，全切片图像扫描技术（Whole Slide Images，WSI）应运而生。WSI 是指通过扫描传统的玻璃切片生成数字切片，是一种用于病理学研究的成像方式，典型的 WSI 设备如图 6.1 所示。通过 WSI 技术，可以有效记录切片的图像数据信息，方便查看、传输和保存。

目前，仍有很多地区肾脏病理科医师严重短缺，可独立进行肾脏病理阅读、诊断的医院非常稀少，医疗资源的短板容易造成此类肾病患者错过治疗的最佳时机。即使对于较为发达的省会城市，随着病理学检查和诊断需求的不断增加，医院病理科医师必须每天高强度阅片，不但耗费大量精力，还会因为工作疲劳导致识别肾小球的

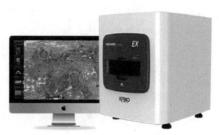

图 6.1　WSI 设备

准确率下降，影响诊断效果。因此，借助计算机辅助诊断技术进行信息自动化处理成为解决这一问题的理想选择。AI辅助诊断系统能够从复杂的病理切片图像中快速定位目标并自动提取图像特征，分析其对应的特异性属性，从而降低由于医师的主观因素（如临床经验不足或工作疲劳）导致的误诊或漏诊。

病理切片中肾小球的精确识别是诊断肾脏病变程度的关键。这里的精确识别不只是要定位出每个肾小球的位置，还需要对肾小球区域进行精细化分割，从而可以最大限度地为病理科医师提供病变类型依据。由于该任务具有很大挑战性，为此，本章将采用实例分割算法来完成。

6.1.2 实例分割概述

本书第4章和第5章分别介绍了目标检测和语义分割算法。目标检测是指识别图像中存在的对象并检测其位置，这个位置信息一般情况下以矩形框作为呈现形式，如图6.2(a)所示。语义分割是对图像中的每个像素打上类别标签，在输出的呈现形式上一般以掩码图作为呈现结果，如图6.2(b)所示。

 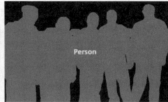 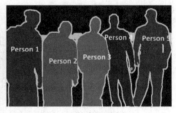

(a) 目标检测　　　　　　　　(b) 语义分割　　　　　　　　(c) 实例分割

图6.2　目标检测、语义分割和实例分割的区别

简单来看，使用目标检测算法可以识别出不同对象的位置和大小，但由于输出结果是矩形框，因此无法精细分割每个对象边界。语义分割算法可以精确辨别检测对象的边界，但是当对象之间有重叠时，无法区分每一个对象。为了解决这一问题，有研究学者将两类算法按照顺序"组装"起来，即先使用目标检测算法区分出每个对象，然后对每个对象的矩形框进行语义分割来精确划分边界。这种做法固然可行，但是显得累赘，并且这两个任务是独立的，没有充分挖掘两个任务之间的共享信息，最终计算效率低且检测精度有限。为了解决这个问题，研究者提出了实例分割算法。

实例分割是目标检测和语义分割的结合，需要在图像中将目标检测出来（目标检测），同时对每个像素打上类别标签（语义分割），如图6.2(c)所示。相比目标检测和语义分割，实例分割技术发展较晚，因此大部分实例分割算法主要基于深度学习技术。

目前实例分割已成为图像处理研究中非常重要和具有挑战性的方向之一，其典型应用包括工业质检、自动驾驶、交通视频监控等。

本章将使用PaddleDetection套件中的实例分割算法Mask RCNN来完成肾小球影像分析任务。在进入下面的章节学习前，读者需要先下载并安装好PaddleDetection套件，具体安装方法请参考4.1.2节的内容。

6.2 算法原理

在众多实例分割算法中，Mask RCNN作为该领域开山之作，最具有里程碑意义。Mask RCNN算法由何凯明及其团队在2017年发表在ICCV会议上，该算法在COCO数据集的三类任务上（实例分割、边界框对象检测以及人体关键点检测）都取得了顶尖的成绩。Mask RCNN算法不依赖大量堆砌的训练技巧，而是通过一种朴实无华的模型构建方法，在Fast RCNN基础上巧妙地加入FCN语义分割模块，使得目标检测和语义分割两个任务能够在统一的框架中协同配合，最大限度地实现精度的提升，在所有任务上的性能都超越了当时的单一模型。也正因为Mask RCNN"重剑无锋，大巧不工"的理论以及出色的表现性能，该论文荣获ICCV2017最佳论文奖。

Mask RCNN遵循两阶段检测框架：第一个阶段扫描图像并生成候选区域proposals（即有可能包含一个目标的区域）；第二阶段对候选框进一步分类和调整，生成更精细的边界框和掩码。Mask RCNN的模型结构如图6.3所示。

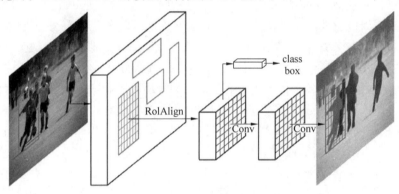

图6.3 Mask RCNN的模型结构图

从整体结构上来看，Mask RCNN与目标检测领域的Faster RCNN非常相似。Mask RCNN在Faster RCNN的基础上添加了一个预测掩码的语义分割子分支，使得Mask RCNN可以同时进行目标检测和语义分割，因此可以近似地认为Mask RCNN＝Faster RCNN＋FCN。对Faster RCNN不熟悉的读者，可以参考4.2.4节的内容进行学习。

具体实现时，Mask RCNN首先采用ResNet50或者ResNet101提取基础特征，然后通过特征金字塔网络FPN来进行特征融合。值得注意的是FPN也是何凯明团队在2017年发表在CVPR上的一篇论文所提出的目标检测模型，其模型结构如图6.4所示。

FPN可以同时利用低层特征图的空间信息和高层特征图的语义信息，其原理就是在分辨率较小的高层特征上采样至前一个分辨率较高的特征图，使两者具有相同尺寸，再进行逐元素相加，实现特征融合。在得到增强的特征后，利用区域建议网络RPN获得一个个的候选区域ROI。需要注意的是，这里得到的ROI区域的像素位置值并不是整数，而是小数，意味着某个候选区域矩形框的左上角坐标和右下角坐标可能是下面这种形式：

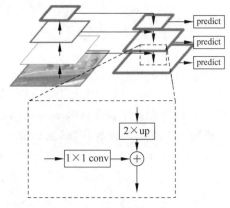

图 6.4　FPN 模型结构图

```
左上角坐标: (10.1, 50.4)
右下角坐标: (1004.5, 200.8)
```

　　接下来，需要把所有的 ROI 都 pooling 为相同大小的特征图，这样才能将它们都 reshape 成一个固定长度的一维向量，从而完成后面的分类与回归任务。为了实现这个功能，Faster RCNN 算法采用了 ROI pooling 操作，将 ROI 矩形框的小数点坐标映射到最接近的整数坐标位置，然后再按照 pooling 的要求进行分区。由于 ROI 区域的长宽不一定完全满足 pooling 均等分的要求，因此在实际的 ROI pooling 操作过程中，使用向下取整的方式进行 pooling 分段。通过上述介绍，可以很明显地注意到，采用 ROI pooling 操作会造成较大的量化误差，影响后面的检测精度，因此 Mask RCNN 对 ROI pooling 进行了改进，提出了 ROI Align 操作。

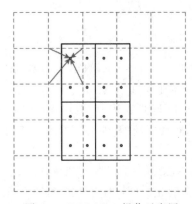

图 6.5　ROI Align 操作示意图

　　ROI Align 的实现思路很简单：使用双线性内插的方法获得坐标为浮点数的像素点上的图像数值，从而将整个特征聚集过程转换为一个连续的操作，如图 6.5 所示。图 6.5 中虚线代表特征图，实线代表一个 ROI 区域，具体实现流程如下：

　　（1）遍历每一个候选区域，将候选区域分割成 $k \times k$ 个单元；

　　（2）在每个单元中计算固定 4 个坐标位置，用双线性内插的方法计算出这 4 个位置的值，然后进行最大池化操作，操作示意图如图 6.5 所示。

　　通过 ROI Align 操作可以把 RPN 生成并筛选后的框所对应的区域全部变成用户需要大小的特征图。

　　Mask RCNN 最后的任务就是对这些 ROI Align 后的特征图作进一步的分类、定位和分割。分类和定位的实现原理和 RPN 算法相同。而对于分割，为了产生对应的 mask 掩码，Mask RCNN 提出了两种架构，如图 6.6 所示，其中左边为 Faster RCNN＋ResNet，右边为 Faster RCNN＋FPN。

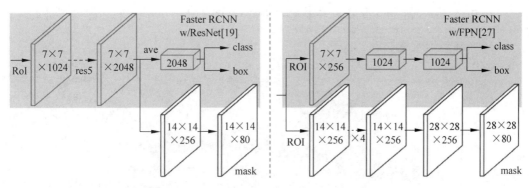

图 6.6 Mask RCNN 的两种网络头结构

需要说明的是,在得到 ROI Align 处理过的特征后,由于前面进行了多次卷积和池化,减小了对应的特征分辨率,因此这里的 mask 分支需要利用反卷积提升分辨率,同时减少通道的数量降低计算量。

6.3 算法研发

为了能够快速调用 Mask RCNN 算法完成肾小球图像检测和分割,本节继续使用第 4 章介绍的 PaddleDetection 套件,完成实例分割的算法研发任务。PaddleDetection 安装方法请参考 4.1.2 节的内容。

6.3.1 数据集准备

1. 数据下载

本章使用的肾小球医学影像数据集来自于论文 *Glomerulosclerosis Identification in Whole Slide Images using Semantic Segmentation*,该数据集被开源出来后主要用于促进肾小球医学影像的研究,鼓励研究者积极研发新的 AI 算法,并且能够公平地衡量算法在肾脏病理学中的可用性。该数据集采用外径为 $100\sim300\mu m$ 的探针来收集组织样本,然后使用 $4\mu m$ 的组织切片制备石蜡块,并使用过碘酸-希夫染色(PAS),最后使用 Leica Aperio ScanScope CS 扫描仪对组织样本进行 20 倍放大扫描。

原始数据集网址详见前言二维码。需要说明的是,官网一共提供了两个子数据集。

(1) DATASET_A:具有 31 个完整切片的原始图像数据,数据格式为 svs,每张图像大小为 21651 像素×10498 像素～49799 像素×3235 像素,每张图像包含不同类型的肾小球,检测到的肾小球位于 DATASET_B 数据集中。

(2) DATASET_B:包括 2340 张 png 格式的肾小球图像,每张图像仅包含 1 个肾小球,所有图像均匀分成两类,即正常肾小球和硬化肾小球。

由于 DATASET_A 数据集的每张 svs 图像文件都很大,一般的图像查看软件无法打开这些图片,即使使用 OpenCV 这种性能强大的图像处理库也无法正常加载。这里可以使用一款名为 Aperio Image Scope 的免费软件来查看 svs 图像,该软件可以从本书配套资源中获取(ImageScope12_4_6.zip),资源网址详见前言二维码。

使用 Aperio Image Scope 打开 DATASET_A 中的某张 svs 图像，如图 6.7 所示。

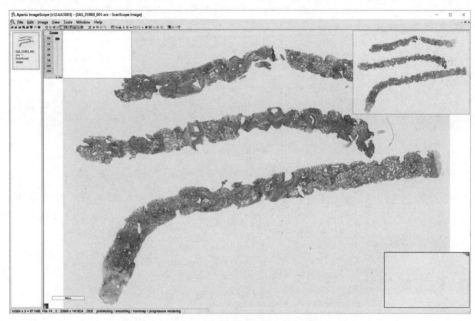

图 6.7　DATASET_A 数据集中的完整切片图像

从图像上观察，该切片中的肾组织呈现条状，需要放大 10 倍以上才能肉眼看清其结构，因此在后续处理过程中需要采用局部截取的方式，逐个对子图进行分析。

DATASET_B 部分图像示例如图 6.8 所示。可以看到，正常肾小球毛细血管袢开放良好，血管图像清晰，而硬化肾小球毛细血管袢皱缩、增厚，肾小球内细胞数很少，两者在外观形态上是有明显区分度的。

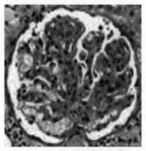　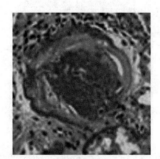

(a) 正常肾小球　　　　　　　　(b) 硬化肾小球

图 6.8　DATASET_B 数据集中的典型肾小球图像

2. 图像裁剪

本章内容主要用于从 WSI 切片图像中精确检测并分割出肾小球区域，因此选择 DATASET_A 数据集进行接下来的研发任务。DATASET_A 数据集中的原始 svs 图片尺寸非常大，如果直接读取这些图像再压缩到小尺寸进行检测很容易漏掉肾小球，检测精度无法满足实际需求。因此，采用分块的方法，先将整幅大尺寸图像读取进来，然后将大尺寸图像分成一个个大小为 2048 像素×2048 像素的小尺寸图像，再逐个进行检测。

传统的 OpenCV、PIL 等图像处理库无法直接读取这些特大的 svs 切片图像，本书推荐使用一款图像读取工具 OpenSlide（下载网址详见前言二维码），选择对应 Windows 的 Binaries 版本下载即可。读者也可以从本书配套资源中获取，下载后将其解压到特定路径，如 C:\Users 下面。

接下来通过 OpenSlide 读取图像并进行切块保存，完整的处理脚本代码如下（PaddleDetection/crop_imgs.py）：

```python
import cv2
import numpy as np
import os

# 引入 openslide 驱动库
OPENSLIDE_PATH = r'C:\Users\openslide－win64－20221217\bin'    # 指定 openslide 可执行程
                                                             # 序路径

if hasattr(os, 'add_dll_directory'):
    with os.add_dll_directory(OPENSLIDE_PATH):
        import openslide
else:
    import openslide

# 参数定义
srcfolder = './dataset/DATASET_A_DIB'          # 原始图像文件夹路径
patchW = 2048                                   # 采样图像子块宽度
patchH = 2048                                   # 采样图像子块高度
thrSTD = 5                                       # 用于子块过滤的方差阈值
thrMEAN = 80                                     # 用于子块过滤的均值阈值
imgfolder = './dataset/wsi'                      # 输出结果文件夹
if not os.path.exists(imgfolder):
    os.mkdir(imgfolder)

# 检索文件,循环处理
filelist = os.listdir(srcfolder)
imgIndex = 0
for filename in filelist:
    # 读取图像
    filepath = os.path.join(srcfolder, filename)
    source = openslide.open_slide(filepath)      # 载入全扫描图
    [w, h] = source.level_dimensions[0]          # 获取原始分辨率宽高
    print(w, h)
    # 切块
    ml = patchW * w//patchW
    nl = patchH * h//patchH
    for i in range(0, ml, patchW):
        for j in range(0, nl, patchH):
            roi = np.array(source.read_region((i, j), 0, (patchW, patchH)))
            r, g, b, a = cv2.split(roi)
            merged = cv2.merge([b, g, r])
            # 统计方差,剔除方差和阈值过小的纯背景图像
            gray = cv2.cvtColor(merged, cv2.COLOR_BGR2GRAY)
            means, dev = cv2.meanStdDev(gray)
```

```
        if dev < thrSTD:
            print('当前子块不满足')
            continue
        if means[0][0] < thrMEAN:
            print('当前子块不满足')
            continue
        # 保存图像
        savepath = os.path.join(imgfolder, str(imgIndex) + '.jpg')
        cv2.imwrite(savepath, merged)
        print('保存成功' + str(imgIndex))
        imgIndex += 1
source.close()    # 关闭文件
```

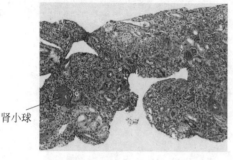

肾小球

图 6.9　局部切片子块图像中的肾小球

上述代码中的 OPENSLIDE_PATH 参数需要更改为读者本地的 openslide 的安装路径。由于肾小球的切片图像呈现细条状，整个切片图像中大部分区域不包含细胞的背景，因此上述代码除了执行分块操作以外，还对每个截取出来的子块图像方差进行计算，剔除图像中方差较小的背景区域，尽可能地挑选出真正包含真实细胞组织的区域。如图 6.9 所示展示了部分截取出来的组织图像。

从图 6.9 可以看到，对于 2048 像素×2048 像素这个分辨率，肾小球图像特征相对比较突出，肉眼易辨识，利于自动检测算法的实现。通过子块裁剪，本书共挑选出 1371 张子块图像用于后续算法训练。

3. 数据标注

下面的任务就是对裁剪好的子块图像进行标注。对于实例分割任务来说，依然可以采用前面章节介绍过的 Labelme 工具进行标注，其标注方法跟 5.3.2 节介绍的方法比较接近，可以采用多边形描点方式将肾小球区域勾勒出来。但有一点重要的区别是，对于相邻或者相互重叠的多个目标，语义分割标注时可以将其作为一个整体进行勾勒，但实例分割标注时需要分别对每个目标进行勾勒。此外，本章的肾小球分割任务将前景分成了两类：正常肾小球（glomeruli）和硬化肾小球（bad），而第 5 章中的前景只有一类（person）。由于标注方法基本相同，本章不再赘述。

如图 6.10 所示为使用 Labelme 标注的一张典型图像。图 6.10 中包含 3 个肾小球，其中两个是正常肾小球，其类别标记为 glomeruli；另外 1 个为硬化肾小球，类别标记为 bad。读者如果想要自行标注该任务图像，也可以采用这种命名方式。为了方便读者快速进行算法训练和验证，本书配套资料中（wsi.zip）提供了实验所需的数据集并且请专业的肾内科医师标注好了所有图像数据，标注好的数据采用 json 文件进行存储。

这里会有一个疑问，第 5 章是语义分割任务，为何本章实例分割任务也可以采用与其相同的标注方法呢？其原因在于实例分割本质上也属于语义分割，只不过需要在语义分割基础上额外多输出一个矩形框，而这个矩形框完全可以通过计算语义掩码图像的最小

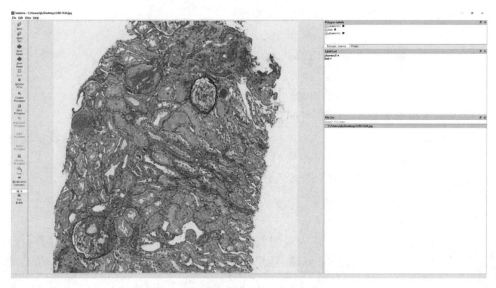

图 6.10　使用 Labelme 进行肾小球标注

外接矩形获得,因此一旦标注好了某个对象对应的语义分割掩码边界,就可以在数据转换过程中"手工"地计算对应的真值边界矩形框,当然这些转换工作可以交给 PaddleDetection 来实现。

完成标注后,需要对数据进行转换,转换成 PaddleDetection 支持的格式。对于实例分割任务来说,PaddleDetection 仅支持 COCO 格式的数据集。如果想要具体了解 COCO 格式样式,可以参考 4.3.1 节的内容。

具体转换过程参照以下步骤。

（1）将所有的 jpg 格式的图像文件放在同一个目录下,如 dataset/wsi/images 目录下。

（2）将所有标注好的 json 文件放在同一个目录下,如 dataset/wsi/annotations 目录下。

（3）使用 PaddleDetection 套件提供的转换脚本进行转换,命令如下:

```
python tools/x2coco.py \
                -- dataset_type labelme \
                -- json_input_dir ./dataset/wsi/annotations/ \
                -- image_input_dir ./dataset/wsi/images/ \
                -- output_dir ./dataset/wsi_coco/ \
                -- train_proportion 0.9 \
                -- val_proportion 0.1 \
                -- test_proportion 0.0
```

具体参数说明如下:

- dataset_type:数据集类型,此处对应 labelme;
- json_input_dir:标注好的 json 文件路径;
- image_input_dir:图像文件路径;

- output_dir：转换后的数据集存储路径；
- train_proportion：训练集比例；
- val_proportion：验证集比例；
- test_proportion：测试集比例。

需要注意的是，在使用上述脚本将 Labelme 数据集转换为 COCO 数据集时，图像文件名和 json 文件名需要一一对应才可以正确转换。

转换完成的数据存储在 ./dataset/wsi_coco 文件夹中，包括转换好的标注子文件夹 annotations 以及存放训练和验证图像的 train 和 val 子文件夹。

到这里就完成了所有数据的准备工作。

6.3.2 算法训练

本章将使用 Mask RCNN 算法来完成肾小球实例分割训练任务。PaddleDetection 套件已经将算法模型进行了高度封装，整个训练和验证步骤都可以使用非常简洁的接口实现。

1. 准备配置文件

PaddleDetection 套件已经准备好了不同算法的配置文件，只需要参考这些配置文件然后进行针对性修改即可。

针对本章使用的 Mask RCNN 算法，可以参考 PaddleDetection/configs/mask_rcnn 文件夹中的相关配置文件。综合考虑检测精度和速度要求，本书参考配置文件 mask_rcnn_r50_vd_fpn_ssld_1x_coco.yml 进行修改和使用。

具体的，在 PaddleDetection 根目录下新建一个名为 config.yml 的配置文件，其完整内容如下：

```
################## 数据集设置 #############
metric: COCO                                   # 数据类型,用于评价算法性能
num_classes: 2                                 # 数据集的类别数(不包括背景)
TrainDataset:
  name: COCODataSet                            # 数据集类型
  image_dir: train                             # 训练集图像数据路径,相对于 dataset_dir 的路径
  anno_path: annotations/instance_train.json   # 标注文件路径,相对于 dataset_dir 的路径
  dataset_dir: ./dataset/wsi_coco              # 数据文件夹相对路径
  data_fields: ['image', 'gt_bbox', 'gt_class', 'gt_poly', 'is_crowd'] # 使用的标注项目
EvalDataset:
  name: COCODataSet                            # 数据集类型
  image_dir: val                               # 验证集图像数据路径,相对于 dataset_dir 的路径
  anno_path: annotations/instance_val.json     # 标注文件路径,相对于 dataset_dir 的路径
  dataset_dir: ./dataset/wsi_coco              # 数据文件夹相对路径
TestDataset:
  name: ImageFolder
  anno_path: annotations/instance_val.json     # 标注文件路径,相对于 dataset_dir 的路径
  ddataset_dir: ./dataset/wsi_coco             # 测试集数据文件夹相对路径
################## 运行时设置 #############
use_gpu: true                                  # 是否使用 gpu
use_xpu: false
```

```
use_mlu: false
use_npu: false
log_iter: 20                                      # 日志打印间隔
save_dir: output                                  # 训练模型保存的相对路径
snapshot_epoch: 5                                 # 模型保存间隔
print_flops: false                                # 是否打印 flops
print_params: false                               # 是否打印网络参数


## 输出模型设置
export:
  post_process: True                              # 输出模型中是否加入后处理
  nms: True                                       # 输出模型中是否加入 nms
  benchmark: False                                # 测试模型性能
  fuse_conv_bn: False
################## 优化器设置 #############
epoch: 100                                        # 总训练轮数
LearningRate:
  base_lr: 0.02                                   # 基础学习率
  schedulers:                                     # 学习率变化策略
  - !PiecewiseDecay                               # 训练热身
    gamma: 0.1
    milestones: [8, 11]
  - !LinearWarmup
    start_factor: 0.1
    steps: 1000
OptimizerBuilder:
  optimizer:
    momentum: 0.9
    type: Momentum                                # 优化器类型
  regularizer:
    factor: 0.0001                                # 正则化权重
    type: L2                                      # 使用 L2 范数
################## 模型设置 #############
architecture: MaskRCNN                            # 模型名字
# 预训练模型位置
pretrain_weights:https://paddledet.bj.bcebos.com/models/pretrained/ResNet50_vd_ssld_v2_
pretrained.pdparams
weights: output/config/model_final                # 输出权重路径
MaskRCNN:
  backbone: ResNet                                # 主干网络
  neck: FPN                                       # 网络 neck,即特征融合模块
  rpn_head: RPNHead                               # RPN 头设置
  bbox_head: BBoxHead                             # 包围框检测头设置
  mask_head: MaskHead                             # 语义分割头设置
  bbox_post_process: BBoxPostProcess              # 包围框后处理设置
  mask_post_process: MaskPostProcess              # 语义分割后处理设置
ResNet:
  depth: 50                                       # 骨干网络层数
  variant: d
  norm_type: bn
  freeze_at: 0
```

```
    return_idx: [0,1,2,3]                          # 主干网络输出的特征图尺度
    num_stages: 4
    lr_mult_list: [0.05, 0.05, 0.1, 0.15]
FPN:
    out_channel: 256                               # FPN 输出通道数
RPNHead:
    anchor_generator:                              # 锚框生成参数设置
        aspect_ratios: [0.5, 1.0, 2.0]
        anchor_sizes: [[32], [64], [128], [256], [512]]
        strides: [4, 8, 16, 32, 64]
    rpn_target_assign:
        batch_size_per_im: 256
        fg_fraction: 0.5
        negative_overlap: 0.3
        positive_overlap: 0.7
use_random: True
# 训练时生成 proposal 的参数
train_proposal:
        min_size: 0.0
        nms_thresh: 0.7
        pre_nms_top_n: 2000
        post_nms_top_n: 1000
topk_after_collect: True
# 评估时生成 proposal 的参数
test_proposal:
    min_size: 0.0
    nms_thresh: 0.7
    pre_nms_top_n: 1000
    post_nms_top_n: 1000
BBoxHead:
    head: TwoFCHead
    roi_extractor:
        resolution: 7
        sampling_ratio: 0
        aligned: True
    bbox_assigner: BBoxAssigner
BBoxAssigner:
    batch_size_per_im: 512
    bg_thresh: 0.5                                 # 背景阈值
    fg_thresh: 0.5                                 # 前景阈值
    fg_fraction: 0.25                              # 前景比例
    use_random: True                               # 是否随机采样
TwoFCHead:
    out_channel: 1024                              # TwoFCHead 输出通道数
BBoxPostProcess:
    decode: RCNNBox
    nms:
        name: MultiClassNMS                        # NMS 设置
        keep_top_k: 100                            # NMS 步骤后每张图像要保留的总 bbox 数
        score_threshold: 0.05
        nms_threshold: 0.5                         # 在 NMS 中用于剔除检测框 IoU 的阈值
```

```
MaskHead:
  head: MaskFeat
  roi_extractor:
    resolution: 14
    sampling_ratio: 0
    aligned: True
  mask_assigner: MaskAssigner
  share_bbox_feat: False
MaskFeat:
  num_convs: 4
  out_channel: 256
MaskAssigner:
  mask_resolution: 28
MaskPostProcess:
  binary_thresh: 0.5
################# 数据读取设置 #############
worker_num: 2                # 每张 GPU reader 进程个数
TrainReader:
# 数据增强设置
  sample_transforms:
  - Decode: {}               # 图片解码,将图像数据从 NumPy 格式转为 RGB 格式,必选项
  - RandomResize: {target_size: [[640, 1333], [672, 1333], [704, 1333], [736, 1333],
[768, 1333], [800, 1333]], interp: 2, keep_ratio: True}  # 图片大小多尺度设置
  - RandomFlip: {prob: 0.5}                      # 随机左右翻转,默认概率为 0.5
# 归一化
  - NormalizeImage: {is_scale: true, mean: [0.485,0.456,0.406], std: [0.229, 0.224,0.225]}
  - Permute: {}                                  # 通道转换,由 HWC 转换为 CHW
  batch_transforms:
  - PadBatch: {pad_to_stride: 32}
  batch_size: 1             # 每个 batch 中样本个数,对应于每个显卡
  shuffle: true            # 生成 batch 索引列表时是否对索引打乱顺序
  drop_last: true          # 是否丢弃因数据集样本数不能被 batch_size 整除而剩余的样本
  collate_batch: false
  use_shared_memory: true   # 是否共享内存,共享内存会加快数据读取
EvalReader:
# 数据增强设置
  sample_transforms:
  - Decode: {}               # 图片解码,将图片数据从 NumPy 格式转为 RGB 格式,必选项
  - Resize: {interp: 2, target_size: [800, 1333], keep_ratio: True}  # 图片大小重置
# 归一化
  - NormalizeImage: {is_scale: true, mean: [0.485,0.456,0.406], std: [0.229, 0.224,0.225]}
  - Permute: {}             # 通道转换,由 HWC 转换为 CHW
# 批图像数据增强设置
  batch_transforms:
  - PadBatch: {pad_to_stride: 32}
  batch_size: 1
  shuffle: false
  drop_last: false
TestReader:
# 批图像数据增强设置
  sample_transforms:
  - Decode: {}                   # 图片解码,将图片数据从 NumPy 格式转为 RGB 格式,必选项
```

```
    - Resize: {interp: 2, target_size: [800, 1333], keep_ratio: True}   # 图片大小重置
# 标准化
    - NormalizeImage: {is_scale: true, mean: [0.485,0.456,0.406], std: [0.229, 0.224,0.225]}
    - Permute: {}                    # 通道转换，由 HWC 转换为 CHW
# 批图像数据增强设置
  batch_transforms:
    - PadBatch: {pad_to_stride: 32}
  batch_size: 1                      # 每个 batch 中样本个数，对应于每个显卡
  shuffle: false                     # 生成 batch 索引列表时是否对索引打乱顺序
  drop_last: false                   # 是否丢弃因数据集样本数不能被 batch_size 整除而剩余的样本
```

保存上述配置文件后，即可启动训练。

2. 训练

单卡训练命令如下：

```
python tools/train.py - c config.yml -- use_vdl = true -- eval
```

如果使用多卡训练（Windows 和 Mac 下不支持多卡训练），命令如下（以 2 卡为例）：

```
export CUDA_VISIBLE_DEVICES = 0,1
python - m paddle.distributed.launch -- gpus 0,1 tools/train.py \
    - c config.yml \
    -- use_vdl = true \
    -- eval
```

训练过程中通过设置参数 use_vdl＝true 开启了训练可视化，训练过程会自动将训练日志以 Visualdl 的格式保存在 vdl_log_dir 目录下，用户可以使用如下命令启动 Visualdl 服务，查看可视化训练指标：

```
visualdl -- logdir vdl_log_dir
```

启动成功后，在浏览器中输入网址 http://127.0.0.1:8040 进行浏览，如图 6.11 所示。

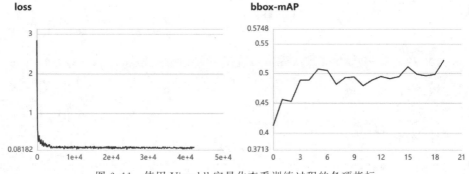

图 6.11　使用 Visualdl 定量化查看训练过程的各项指标

从图 6.11 训练指标走势可以看到，随着迭代次数的增加，模型在训练集上的损失函数（loss）逐渐减少，在验证集上的边框平均准确率（bbox-mAP）逐渐提高，最终收敛。

从上述定量指标上无法直观地体验预测效果，下面将训练好的动态图模型转换为静态图模型，然后使用官方提供的 Python 脚本对其进行推理，并生成可视化预测结果。

3. 静态图导出

这里使用 PaddleDetection 封装好的接口，具体使用方法如下：

```
python tools/export_model.py - c config.yml - o weights = output/best_model.pdparams \
    -- output_dir = ./output
```

转换完的静态图模型存储在 output/config 文件夹下，包含 model. pdmodel、model. pdiparams、model. pdiparams. info 和 infer_cfg. yml 四个文件。后续的推理部署环节只需要这四个文件即可。

转换得到的 infer_cfg. yml 文件存储了模型相关的基础配置信息，包括模型名称、数据读取格式等，该文件中的 label_list 字段列出了当前数据集的所有类别。那么如何确定自定义数据集的类别名称和每个类别的顺序呢？具体方法请参考 4.3.4 节算法训练中的第 5 步来实现，这里不再赘述。

4. Python 静态图推理

静态图模型转换完成后，可以使用下面的脚本来验证静态图推理效果：

```
python3 deploy/python/infer.py -- model_dir = ./output/config -- device = GPU \
    -- image_file = ./dataset/wsi_coco/val/1723.jpg
```

静态图推理效果如图 6.12 所示。

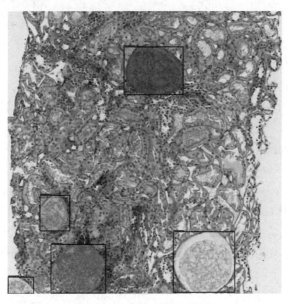

图 6.12　静态图推理效果

从图 6.12 中可以看到，Mask RCNN 算法准确地将肾小球检测出来，并且描绘出了精准的轮廓。读者可以自行尝试，将推理后的图片放大后再仔细观察。

视频讲解

6.4　C♯工控程序部署（Windows GPU 推理）

为了能在 Windows 平台上最高效率地利用 GPU 进行深度学习推理，本节将使用飞桨的原生推理工具 Paddle Inference 实现工控程序开发。

Paddle Inference 是飞桨的原生推理库，提供服务器端的高性能推理能力。由于 Paddle Inference 是直接基于 PaddlePaddle 的训练算子建立的，因此它支持 PaddlePaddle 训练出的所有模型的推理。Paddle Inference 功能特性丰富，性能优异，针对不同平台、不同的应用场景进行了深度的适配优化，做到高吞吐、低时延，保证了模型在服务器端即训即用，快速部署。目前，Paddle Inference 提供了 C++ 和 Python 两种语言的调用接口，尤其适合工业级场景的开发和使用。

随着工业自动化技术的快速发展，工控领域对于高效、可靠和安全的软件开发需求不断增加。目前在工控领域，C♯ 语言正是这些要求的理想选择之一。本节内容将基于 C♯ 语言，依托 Paddle Inference 框架集成肾小球影像分析算法，研发一款适配 Windows 系统的医疗影像分析软件。

由于 Paddle Inference 没有提供原生的 C♯ 语言调用接口，因此，需要先使用 Paddle Inference 的 C++ 接口完成 dll 动态库的制作，该 dll 主要完成图像的深度学习算法处理，然后再使用 C♯ 语言编写控制逻辑程序，调用该 dll 完成算法处理。

6.4.1　生成 C++ 示例工程

1. 环境准备

要完成本项目，需要准备工控机深度学习环境和编译器环境，下面简要说明。

（1）工控机深度学习环境。

首先工控机需要配置有英伟达显卡，软件需要安装显卡驱动、CUDA、cuDNN、TensorRT 以及下载 PaddleInference 预测库。PaddleInference 的预测库下载网址详见前言二维码。

PaddleInference 下载页面如图 6.13 所示，根据版本说明选择一个合适的版本下载。然后根据 PaddleInference 要求，选择 CUDA、cuDNN、TensorRT 的版本进行安装，需要下载匹配的版本，精确到小数编号。比如下载最新的 PaddleInference，对应 CUDA 版本为 11.6（实测 11.8 版本也可以兼容），cuDNN 版本为 8.4，TensorRT 版本为 8.4.1.5。安装完成后还需要下载 zlib 库，解压后将 zlibwapi.lib 文件复制到 C:\Program Files\NVIDIA GPU Computing Toolkit\CUDA\v11.x\lib 文件夹中，同时将 zlibwapi.dll 文件复制到 C:\Program Files\NVIDIA GPU Computing Toolkit\CUDA\v11.x\bin 文件夹中，其中 11.x 为读者的 CUDA 版本号。如果相关配置不符合官方要求，则需自行编译预测库。

（2）编译器环境。

① Visual Studio 2019。

这里使用 Visual Studio 2019 作为编译器，下载网址详见前言二维码。推荐选择免

C++预测库

版本说明	预测库(2.3.2版本)	编译器	cuDNN	CUDA
cpu_avx_mkl	paddle_inference.zip	MSVC 2017	-	-
cpu_avx_openblas	paddle_inference.zip	MSVC 2017	-	-
avx_mkl_cuda10.1_cudnn7.6.5_avx_mkl_no_trt	paddle_inference.zip	MSVC 2017	7.6	10.1
avx_mkl_cuda10.1_cudnn7.6.5_avx_mkl-trt6.0.1.5	paddle_inference.zip	MSVC 2017	7.6	10.1
avx_mkl_cuda10.2_cudnn7.6.5_avx_mkl-trt7.0.0.11	paddle_inference.zip	MSVC 2017	7.6	10.2
avx_mkl_cuda11.0_cudnn8.0_avx_mkl-trt7.2.1.6	paddle_inference.zip	MSVC 2017	8.0	11.0
avx_mkl_cuda11.2_cudnn8.2_avx_mkl-trt8.0.1.6	paddle_inference.zip	MSVC 2019	8.2	11.2
avx_mkl_cuda11.6_cudnn8.4_avx_mkl-trt8.4.1.5	paddle_inference.zip	MSVC 2019	8.4	11.6

图 6.13 PaddleInference 下载页面

费的社区版即可，下载完成后单击 exe 文件进行安装。由于本项目需要使用 C++ 与 C♯，在工作负荷页面选择". NET 桌面开发"和"使用 C++ 的桌面开发"，单个组件页面选择"NET Framework 框架"，版本一般选择. net 4 以上。由于文件较大，请提前备好充足空间。

② CMake。

CMake 是一个跨平台的编译工具，支持 Linux、Windows 等多种操作系统。尽管 VS 2019 内部已经包含了 CMake 工具，但 CMake 可视化界面更加直观和方便，方便检查错误，建议使用该工具来生成工程。CMake 下载地址详见前言二维码，一般情况下，下载较新版的 CMake 就可以了，本书使用的版本为 3.23.2。

③ OpenCV。

在 OpenCV 官网下载适用于 Windows 平台的 OpenCV 版本，本书建议使用版本 3.4.6，下载网址详见前言二维码。

运行下载的可执行文件，将 OpenCV 解压至指定目录，配置环境变量，将"……\opencv\build\x64\vc1x\bin"添加到环境变量中，其中 vc1x 的 x 为版本号，以具体使用的版本为准。

准备好上述环境后就可以开始工程编译了。为了能最大限度地方便读者完成工程部署，可以选择 PaddleDetection 套件中的 C++ 部署工程进行使用，该工程位于 PaddleDetection/deploy/cpp 文件夹中，是一个适配 PaddleDetection 套件的综合性工程，具备完善的模型读取和推理接口，只需要编译该工程并针对性修改即可。

2. 使用 CMake 编译 C++ 工程

首先使用 CMake 对 cpp 工程进行编译。使用 CMake 编译可以通过命令行或者 GUI 界面操作，本书推荐 GUI 可视化界面操作这种方式，更加直观且能减少错误的发生。

打开 CMake GUI，在 Where is the source code 选项中单击 Browse Source 浏览文件，选择对应的工程项目 cpp 文件夹。然后在 Where to build the binaries 处选择要生成的工程路径，单击 Configure，选择 Visual Studio 16 2019 和 x64，最后单击 Finish，如图 6.14 所示。

图 6.14　CMake 配置 C++工程编译参数

此时会报错，需要自行添加一些内容，如图 6.15 所示。在这里需要补充 CUDA、cuDNN、OpenCV、TensorRT、PaddleInference 等路径和信息，并设置是否使用 GPU（WITH_GPU）、是否使用 MKL 加速（WITH_MKL）、是否预测关键点（WITH_KEYPOINT）、是否预测跟踪（WITH_MOT）、是否使用 TensorRT 加速（WITH_TENSORRT）。由于实例分割模型较大，本项目建议使用 GPU 和 TensorRT 加速，一个典型的设置如下：

```
CUDA_LIB: C:/Program Files/NVIDIA GPU Computing Toolkit/CUDA/v11.8/lib/x64
CUDNN_LIB: C:/Program Files/NVIDIA GPU Computing Toolkit/CUDA/v11.8/lib/x64
OPENCV_DIR: D:/book_maskrcnn/opencv
PADDLE_DIR: D:/book_maskrcnn/paddle_inference
PADDLE_LIB_NAME: paddle_inference
TENSORRT_INC_DIR: C:/Program Files/NVIDIA GPU Computing Toolkit/CUDA/v11.8/include
TENSORRT_LIB: C:/Program Files/NVIDIA GPU Computing Toolkit/CUDA/v11.8/lib/x64
```

这里使用 GPU、MKL 以及 TensorRT，因此勾选这几项，由于没有使用关键点和跟踪，不勾选 Keypoint 和 MOT。

然后单击 Generate 生成工程，将会在 Where to build the binaries 的目录位置生成 PaddleObjectDetector. sln 工程。最后单击 Open projects 会默认使用 Visual Studio 2019 打开该工程。

3. 编译可执行文件

生成的工程如图 6.16 所示，其中 main 为核心代码，入口函数为 main. cc。右击 main 弹出选项卡后选择"设为启动项目"。

首先将工程从 Debug 模式调整为 Release 模式，然后依次单击菜单栏的"生成"→"重

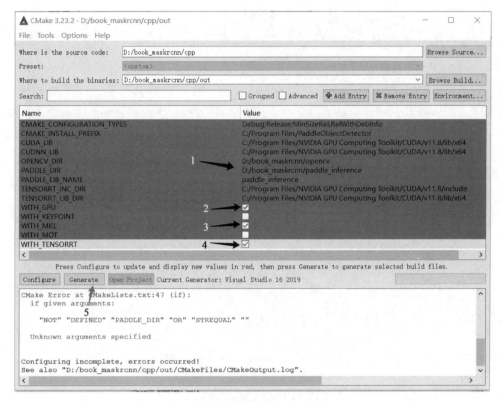

图 6.15　设置 CMake 选项界面

图 6.16　生成的工程界面

新生成解决方案",如果方案生成成功下方输出会显示:

全部重新生成:成功 3 个,失败 0 个,跳过 1 个

生成成功后在项目 release 文件夹下会生成可执行文件以及一些动态库。在该文件夹下的地址栏输入 cmd 并回车,弹出 CMD 窗口。

首先使用 CPU 推理模式验证生成的程序是否正确:

```
.\main -- model_dir = D:/book_maskrcnn/model_pics/maskrcnn -- device = CPU
    -- image_file = D:/book_maskrcnn/model_pics/demo.jpg
```

其中，model_dir 为模型路径；image_file 为图片路径，路径需要使用"/"隔开。device 为运行时的设备，可选择 CPU、GPU、XPU，默认为 CPU。输出结果如图 6.17 所示，输出信息包含了输出结果，共检测到 5 个实例，还有运行的设备、精度以及 TensorRT 相关信息，最后是代码运行的时间，包括预处理、推理以及后处理时间。

```
D:\book_maskrcnn\cpp\out\Release>. \main --model_dir=D:/book_maskrcnn/model_pics/maskrcnn --image_file=D:/book_maskrcnn/m
odel_pics/demo.jpg  --device=CPU
total images = 1, batch_size = 1, total steps = 1
class=0 confidence=0.9983 rect=[1251 1616 1689 2042]
class=0 confidence=0.9958 rect=[328 1669 740 2042]
class=0 confidence=0.9978 rect=[882 256 1323 608]
class=0 confidence=0.7856 rect=[19 1937 200 2048]
class=0 confidence=0.9738 rect=[241 1339 447 1596]
D:/book_maskrcnn/model_pics/demo.jpg The number of detected box: 5
Visualized output saved as output\demo.jpg
WARNING: Logging before InitGoogleLogging() is written to STDERR
I0109 10:27:13.513813 10592 main.cc:76] ------------------- Config info -------------------
I0109 10:27:13.513813 10592 main.cc:77] runtime_device: CPU
I0109 10:27:13.515200 10592 main.cc:78] ir_optim: True
I0109 10:27:13.515200 10592 main.cc:80] enable_memory_optim: True
I0109 10:27:13.515200 10592 main.cc:89] enable_tensorrt: False
I0109 10:27:13.516235 10592 main.cc:91] precision: fp32
I0109 10:27:13.516235 10592 main.cc:94] enable_mkldnn: False
I0109 10:27:13.516235 10592 main.cc:95] cpu_math_library_num_threads: 1
I0109 10:27:13.517011 10592 main.cc:96] ------------------- Data info -------------------
I0109 10:27:13.517011 10592 main.cc:97] batch_size: 1
I0109 10:27:13.517011 10592 main.cc:98] input_shape: dynamic shape
I0109 10:27:13.517011 10592 main.cc:100] ------------------- Model info -------------------
I0109 10:27:13.517011 10592 main.cc:102] model_name: maskrcnn
I0109 10:27:13.517813 10592 main.cc:104] ------------------- Perf info -------------------
I0109 10:27:13.517813 10592 main.cc:105] Total number of predicted data: 1 and total time spent(ms): 4956
I0109 10:27:13.517813 10592 main.cc:108] preproce_time(ms): 24.9316, inference_time(ms): 4741.3, postprocess_time(ms): 1
91.47
```

图 6.17　输出结果界面

可视化图片保存在 release/output 文件夹下，如图 6.18 所示，可以看到模型准确地预测出了结果。

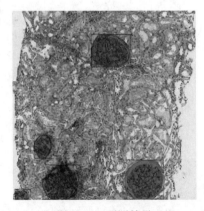

图 6.18　预测结果

接下来使用 GPU 和 TensorRT 模式进行加速测试。由于 TensorRT 首次预测时需要花费大约 1min 构建推理图，不能反映真正的预测时间，这里开启基准测试，代码如下：

```
.\main -- model_dir = D:/book_maskrcnn/model_pics/maskrcnn -- device = GPU -- run_mode = trt_fp32
    -- run_benchmark -- image_file = D:/book_maskrcnn/model_pics/demo.jpg
```

其中，run_mode 是运行模式，在使用 GPU 时，默认为 paddle，可选 paddle、trt_fp32、trt_ fp16、trt_int8；run_benchmark 表示开启基准测试,通过运行多次运算后计算每次运行时间的平均值。

本书实际测试后推理时间只有 122.796 ms(使用英伟达 RTX3070 笔记本显卡),比 CPU 耗费时间大幅降低。

接下来要修改上述工程,生成可供 C♯ 语言调用的 dll 动态库。

6.4.2　编译 C++ 动态链接库

1. 编写接口函数

接口函数在 main.cc 中进行更改,保留原来的头文件引用代码部分不变,即原来的 include 部分不变,其余代码删除或注释掉。

然后定义一个 PaddleDetection::ObjectDetector 类的对象指针,该对象作为全局对象能够被动态链接库调用,代码如下:

```
// 头文件引用部分保持不变,代码略
PaddleDetection::ObjectDetector * det;                    // 定义全局变量 det 指针
```

需要注意的是,C♯ 与 C++ 的数据格式并不是完全一一对应的,本项目所涉及的对应关系如表 6.1 所示。其他变量的对应关系请读者自行查阅相关资料。

表 6.1　C♯ 与 C++ 变量对应关系

C++ 变量	C♯ 变量
char *	string
unsigned char *	byte[]
int	int

将代码核心部分划分为两个接口函数,一个是模型的初始化,另一个是推理。

对于模型初始化函数,首先设定模型初始化参数,包括运行设备、batchsize 大小等,并把模型路径作为函数的输入参数,这样在 C♯ 中可以及时调整模型路径。该函数主要对全局对象指针 det 进行初始化,完整代码如下:

```
// 全局参数
int FLAGS_batch_size = 1;                 // batch_size 大小,这里为 1
bool FLAGS_use_gpu = true;                // 是否使用 GPU
std::string FLAGS_device = "GPU";         // 使用什么设备,可以设置为 CPU、GPU
std::string FLAGS_run_mode = "trt_fp32";  // 可选(paddle/trt_fp32/trt_fp16/trt_int8)
bool FLAGS_use_mkldnn = true;
bool FLAGS_trt_calib_mode = true;
int FLAGS_gpu_id = 0;                     // GPU 序号
int FLAGS_cpu_threads = 1;                // CPU 线程数
int FLAGS_trt_min_shape = 1;
int FLAGS_trt_max_shape = 1440;
int FLAGS_trt_opt_shape = 640;
double FLAGS_threshold = 0.5;            // 置信度阈值
// 模型初始化函数
int Mask_Init(char * model_dir) {
```

```
    try {
        det = new PaddleDetection::ObjectDetector(model_dir, FLAGS_device, FLAGS_use_mkldnn,
        FLAGS_cpu_threads, FLAGS_run_mode, FLAGS_batch_size, FLAGS_gpu_id,
        FLAGS_trt_min_shape, FLAGS_trt_max_shape, FLAGS_trt_opt_shape,
        FLAGS_trt_calib_mode);
        return 1;
    }
    catch (...)
    {
        return -1;
    }
}
```

　　如果初始化对象成功，则返回 1；如果不成功则返回 -1，通过返回值监控函数运行状态。

　　推理函数需要将 unsigned char 数据转换为 OpenCV 的 mat 格式数据，然后进行推理，最后再将 mat 格式数据转换为 unsigned char 数据返回。为了提高运行效率，只传递数据的位置及数据大小，尽量减少数据复制带来的运算，代码如下：

```
int Mask_Infer(unsigned char * srcData, int srcWidth, int srcHeight, int srcStride,
unsigned char * dstData, int dstWidth, int dstHeight, int dstStride)
{
    try  {
    // 将输入和输出数据初始化为 mat 格式
    cv::Mat im(srcHeight, srcWidth, CV_8UC3, srcData, srcStride);
    cv::Mat im_out(dstHeight, dstWidth, CV_8UC3, dstData, dstStride);

    // 初始化推理设置
    const int batch_size = FLAGS_batch_size;
    const double threshold = FLAGS_threshold;
    std::vector< cv::Mat > batch_imgs;
    batch_imgs.insert(batch_imgs.end(), im);
    std::vector< PaddleDetection::ObjectResult > result;
    std::vector< int > bbox_num;
    std::vector< double > det_times;
    det -> Predict(batch_imgs, threshold, 0, 1, &result, &bbox_num, &det_times); // 推理

    auto labels = det -> GetLabelList();                              // 类别标签
    auto colormap = PaddleDetection::GenerateColorMap(labels.size());    // 获得颜色图
    std::vector< PaddleDetection::ObjectResult > im_result;
    int detect_num = 0;
    // 挑选出大于阈值的结果保存在 im_result 中
    for (int j = 0; j < bbox_num[0]; j++) {
        PaddleDetection::ObjectResult item = result[j];
        if (item.confidence < threshold || item.class_id == -1) {
            continue;
        }
        detect_num += 1;
        im_result.push_back(item);
        printf("class = %d confidence = %.4f rect = [ %d %d %d %d]\n",
```

```
                item.class_id,
                item.confidence,
                item.rect[0],
                item.rect[1],
                item.rect[2],
                item.rect[3]);
        }
    cv::Mat im_vis = PaddleDetection::VisualizeResult(
            im, im_result, labels, colormap, false);    // 将结果绘在原图上
    cv::resize(im_vis, im_out, im_out.size());        // 将图片大小重置为输出结果限定大小

    return 1;
    }
    catch (...)
    {
        return -1;
    }
}
```

可以看到，如果推理成功返回 1，推理失败返回 -1，便于实时监控运行状态。srcData、srcWidth 和 srcHeight 分别为输入图片的地址、宽和高，srcStride 为 C♯ 中图片编码的步长。dstData、dstWidth 和 dstHeight 分别为输出图片的地址、宽和高，dstStride 为 C♯ 中图片编码的步长。

2. 代码测试与链接库编译

为测试代码是否有误，编写了 main 函数，代码如下：

```
// 用于验证函数是否有误,便于调试
int main(int argc, char ** argv) {
    // 读取图片
    char * img_path = "D:/book_maskrcnn/model_pics/demo.jpg";
    cv::Mat im = cv::imread(img_path, 1);
    int imgHeight = im.rows;
    int imgWidth = im.cols;
    //  初始化输入输出数据
    unsigned char * input_data = new unsigned char[4096 * 4096 * 3];
    memcpy(input_data, im.data, im.total() * im.elemSize());

    unsigned char * output_data = new unsigned char[4096 * 4096 * 3];
    char * model_dir = "D:/book_maskrcnn/model_pics/maskrcnn";
    int init = Mask_Init(model_dir);    // 初始化模型
    // 模型推理
    int infer = Mask_Infer(input_data, imgWidth, imgHeight, imgWidth * 3, output_data,
imgWidth, imgHeight, imgWidth * 3);
    // 对输出结果进行格式转换并保存
    cv::Mat im_out = cv::Mat(imgHeight, imgWidth, CV_8UC3);
    memcpy(im_out.data, output_data, imgHeight * imgWidth * 3);
    cv::imwrite("./output.jpg", im_out);
    std::cout << "图片保存为:output.jpg" << std::endl;
    system("pause");
    return 0;
}
```

该函数首先使用 OpenCV 读取了一张图片,然后将其存入一个 unsigned char 数组中,并初始化输出数据 output_data。分别进行模型初始化和推理,并将结果转换为 mat 格式进行保存。

对工程重新生成解决方案,在 cmd 窗口中运行 main.exe,结果如下:

```
TensorRT dynamic shape enabled
class = 0 confidence = 0.9983 rect = [1251 1616 1689 2042]
class = 0 confidence = 0.9958 rect = [328 1669 740 2042]
class = 0 confidence = 0.9978 rect = [882 256 1323 608]
class = 0 confidence = 0.7867 rect = [19 1937 200 2048]
class = 0 confidence = 0.9739 rect = [241 1339 447 1596]
图片保存为:output.jpg
```

在 main.exe 同级目录下会看到生成的输出结果图片 output.jpg。改进代码时建议可以从易到难,比如可以先设置在 CPU 上运行,待代码调试成功后,再验证 GPU 和 TensorRT 加速是否正常;预测函数可以仅接收图片路径变量,其他部分先不添加,一步步增加内容。

代码顺利运行后,就可以生成动态链接库了。

为了让 C♯ 引用 C++ 的动态链接库,还需要增加动态链接库导出声明,一般放置在代码最前面:

```
// 声明动态链接库导出
extern "C" __declspec(dllexport) int Mask_Init(char * model_dir);
    extern "C" __declspec(dllexport) int Mask_Infer(unsigned char * srcData, int srcWidth, int srcHeight, int srcStride, unsigned char * dstData, int dstWidth, int dstHeight, int dstStride);
```

然后修改 CMakeLists.txt,将生成可执行文件修改为生成动态链接库:

```
# add_executable(main ${SRCS})      # 注释掉生成可执行文件命令
ADD_library(main SHARED  ${SRCS})  # 生成链接库,添加生成链接库命令
```

重新生成方案,此时会生成 main.dll 等文件,至此,C++ 动态链接库生成成功。

6.4.3 编写 C♯ 工程

1. 界面设计

打开 VS2019,依次单击"文件"→"新建"→"项目",然后选择 C♯ 中的 Windows 窗体应用,如图 6.19 所示。

项目生成后,从左侧上方的工具箱中依次拖拽 3 个 Button 控件放于界面下方,在右下方的属性栏中依次修改 3 个按钮的 Text 值为"打开图片""初始化模型""推理",并适当增加按钮大小以全部显示内容。

从工具箱中依次拖拽 2 个 PictureBox 控件到界面中,修改其属性的 Size(大小)为"400,400",并修改 SizeMode 属性为 StretchImage。最终生成的界面如图 6.20 所示。

图 6.19　新建 C♯窗体应用

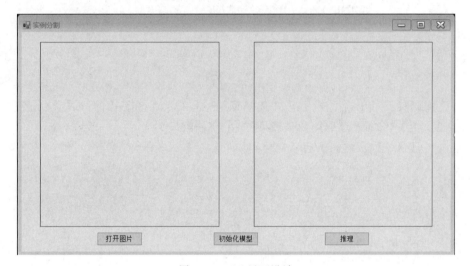

图 6.20　C♯界面设计

2. 代码编写

首先对 public partial class Form1：Form 中添加以下代码：

```csharp
public partial class Form1: Form
{
    // 导入动态链接库函数
    public class Model
    {
        [DllImport("main.dll")]
        public extern static int Mask_Init(string model_path);

        [DllImport("main.dll")]
        public static extern int Mask_Infer(byte[] srcData, int srcWidth, int
srcHeight, int srcStride, byte[] dstBytes, int dstWidth, int dstHeight, int dstStride);
    }

    public Form1()
...
```

上面代码定义了 Model 类，分别导入初始化函数 Mask_Init 和推理函数 Mask_Infer。
然后双击"打开图片"按钮，将下面代码填入：

```csharp
private void button1_Click(object sender, EventArgs e)
    {
        OpenFileDialog open = new OpenFileDialog();
        open.InitialDirectory = @"D:\book_maskrcnn";            //定义初始目录
        open.Filter = "图片文件|*.bmp;*.jpg;*.jpeg;*.gif;*.png";   //过滤打开的文件
        if (open.ShowDialog() == DialogResult.OK)
        {
            string pic_path = open.FileName.ToString();
            if (pic_path != null)
            {
                pictureBox1.Image = Image.FromFile(pic_path);    // 显示图片
                button1.Text = "读取成功";
            }
        }
        else { MessageBox.Show("读取图片失败,请重新选择"); }
    }
```

上述代码实现了单击后弹出文件选择框，选择文件后将图片读取并显示在左侧的
pictureBox 控件中，如果读取图片失败，则弹出警告窗口。

双击"初始化模型"按钮然后添加代码如下：

```csharp
private void button2_Click(object sender, EventArgs e)
{
    string model_path = "D:/book_maskrcnn/model_pics/maskrcnn";
    int result = Model.Mask_Init(model_path); // 模型初始化
    if (result == 1)
        { button2.Text = "已初始化"; }
    else
    { MessageBox.Show("模型初始化失败"); }
}
```

上述代码首先定义了模型的路径，然后将该路径传给 Mask_Init 进行模型初始化，如
果结果为 1，则该按钮显示"已初始化"，否则弹出警告窗口。

双击"推理"按钮然后添加如下代码：

```csharp
private void button3_Click(object sender, EventArgs e)
{
    Bitmap source = new Bitmap(pictureBox1.Image); // 从 pictureBox 控件获取数据
    // 将 Bitmap 数据转换为 byte 数组
    BitmapData sourceData = source.LockBits(
        new Rectangle(0, 0, source.Width, source.Height),
        ImageLockMode.ReadOnly,
        PixelFormat.Format24bppRgb);
```

```
        int srcStride = sourceData.Stride;
        int srcWidth = source.Width;
        int srcHeight = source.Height;
        byte[] srcBytes = new byte[srcStride * srcHeight];
        Marshal.Copy(sourceData.Scan0, srcBytes, 0, srcBytes.Length);
        source.UnlockBits(sourceData);
        // 定义输出 byte 数组
        byte[] dstBytes = new byte[srcStride * srcHeight];
        // 进行模型推理
        int result = Model.Mask_Infer(srcBytes, srcWidth, srcHeight, srcStride, dstBytes,
    srcWidth, srcHeight, srcStride);
        if (result == 1)
        {
            // 将 byte 数组转换为 Bitmap
            Bitmap resizedBitmap = new Bitmap(srcWidth, srcHeight, PixelFormat.Format24bppRgb);
            BitmapData resizedData = resizedBitmap.LockBits(
                new Rectangle(0, 0, resizedBitmap.Width, resizedBitmap.Height),
                ImageLockMode.WriteOnly,
                PixelFormat.Format24bppRgb);
            Marshal.Copy(dstBytes, 0, resizedData.Scan0, dstBytes.Length);
            resizedBitmap.UnlockBits(resizedData);
            // resizedImage.Save("resized_image.jpg", ImageFormat.Jpeg);
            button3.Text = "推理完成";
            button1.Text = "选择图片";
            pictureBox2.Image = resizedBitmap;
        }
        else {MessageBox.Show("检测失败"); }
    }
```

上述代码首先将从 pictureBox1 控件读取的图片初始化为 Bitmap 格式，然后将 Bitmap 数据转换为 byte 数组，最后使用 Mask_Infer 进行推理。如果推理成功，则将输出数据从 byte 数组转换为 Bitmap 数据格式，并使用右侧的 pictureBox2 控件进行显示。如果推理失败，则弹出警告窗口。

代码修改完毕后开始生成解决方案，建议生成 Release 模式，一般运行速度更快。解决方案生成完成后，bin/Release 文件夹中将生成一个 exe 可执行文件，该文件就是最终要运行的程序。然后将 C++ 生成的链接库文件夹中的所有文件都复制到 C♯ 生成的 bin/Release 文件夹中，保证程序运行时能够找到动态链接库。

接下来开始测试生成的可执行程序。首先单击"选择图片"按钮，浏览文件夹并选择要测试的图片，图片读取成功后会在左侧显示，然后单击"初始化模型"按钮，等待一段时间后该按钮会显示"已初始化"，表示模型初始化完成。最后单击"推理"按钮，推理完成后该按钮会显示"推理完成"，右侧会显示推理后的结果，如图 6.21 所示。

该方案主要是提供了一个工程开发的思路，感兴趣的同学可以继续完善该 C♯ 工程，包括界面和执行逻辑等。

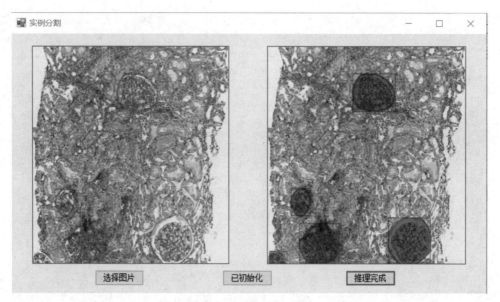

图 6.21　运行结果界面

6.5　小结

本章讲解了实例分割的概念,介绍了实例分割算法 Mask RCNN 的原理,从数据标注、数据集生成、模型训练、模型推理以及静态图导出进行了详细介绍。考虑到实例分割算法所需算力较高,且工业场景对 C♯ 支持力度较大,本章使用 C♯ 编写界面,导入 C++ 生成的动态链接库进行算法计算。C++ 算法部分依托 Paddle Inference 部署工具提供了一种更加原生、更加灵活的部署方式,在 PaddleDetection 套件提供的代码基础上进行了更改,提供了一个工程开发的框架。

通过本章的学习,应能掌握实例分割的原理和应用,并能使用 C♯ 进行工控软件开发和借助 C++ 生成动态链接库进行算法部署。

第 **7** 章

关键点检测（身份证识读App）

7.1 任务概述

视频讲解

7.1.1 任务背景

用户在银行、保险公司、政务大厅等场所办理相关业务时经常需要提供实体身份证用于核查比对和信息录入。为了加快业务办理效率，这些业务窗口通常会配备专业的光学字符识别（Optical Character Recognition，OCR）设备，典型的有高拍仪、阅读仪等，如图7.1所示。尽管这些专业化的设备能够满足日常政务窗口业务需求，但其往往价格较高，且对拍摄环境有一定的要求，如需要把证件放置在高拍仪固定的拍摄面板上，使用不够便捷。

如今智能手机已经非常普及，手机端的摄像头也能够拍出高质量照片，这些硬件上的进步使得使用手机进行身份证信息识读成为可能，如图7.2所示。

(a) 高拍仪

(b) 阅读仪

图 7.1 身份证信息读取设备

图 7.2 使用手机拍摄和识读身份证

受拍摄环境和手机端算力限制，使用手机进行身份证信息识读会遇到两个问题。

（1）拍摄环境易受干扰：手机拍摄的身份证图片易受到周围光线干扰，且拍摄角度、距离不统一，图片容易产生形变，这些外在因素会严重影响识读准确率。

（2）算力有限：手机端运算能力不高，无法像PC端一样使用复杂的算法模型，导致识读精度不高，应用效果不好。

　　近年来，基于深度学习的检测方法在工业界越加成熟，算法模型朝着更快、更准的方向发展，使得在手机上部署和运行深度学习模型成为可能，极大地提升了手机上的用户体验。

　　本章实践任务将以手机端身份证识读项目为主线，从图像校正角度切入，利用深度学习关键点检测算法，在安卓系统手机端实现身份证图像的姿态校正。最终研发一款安卓 App，实现任意角度的身份证信息识读，提升移动端场景下的识读性能。

7.1.2　关键点检测概述

　　一般的，身份证 OCR 识读的处理流程包括身份证区域定位、图像校正和版面文字识别，其中前两个步骤又称为身份证图片预处理。传统设备在处理上述任务时为了能够降低实现难度，会让用户将身份证放置在某个固定区域再识读，如放置在高拍仪的一个小凹槽内，或者拍照界面中提供人像或国徽虚线框以辅助对齐。这种方式没有充分考虑手机端灵活多变的拍摄场景，对拍照的角度和稳定性要求较高，使用不便捷。因此，本章将利用深度学习关键点检测算法，重点解决手机端身份证图片采集的姿态校正问题。

图 7.3　姿态不正的身份证图片

　　在算法类型选择上，首先可以想到的是采用目标检测或语义分割来进行身份证区域定位。目标检测算法输出的是矩形框，语义分割算法输出的是掩码图。由于拍摄时手机摄像头难以与身份证保持绝对对齐状态，因此，图像中身份证区域经常呈现出多种形变状态，这些形变既包括位移，也包括角度，如图 7.3 所示。

　　如果采用目标检测算法来实现身份证定位，那么最后得到的矩形框不能准确地与身份证区域重合。语义分割算法虽然可以精准地得到身份证区域的目标边界，但是当身份证出现上下颠倒或者 90° 旋转时，将无法根据目标边界准确知道身份证当前的朝向，并且当样本数较少时，语义分割效果往往不佳。

　　除了上述两种方法以外，还有一种关键点检测算法也可以用来进行目标定位。

　　关键点检测也被称作关键点定位或关键点对齐，在不同的任务中名字可能略有差异。通常，它的输入是一张包含目标的图像，比如人脸图像、人体图像或手部图像，输出是一组预先定义好的关键点坐标，如人脸的五官、人体的各个部位、手部的各个关节等，如图 7.4 所示。

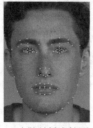　　

(a) 人脸关键点检测　　　　(b) 人体关键点检测　　　　(c) 手部关键点检测

图 7.4　关键点检测示例

关键点检测算法可以分为两大类：回归法（regression）和热图法（heatmap）。

回归法比较简单，模型输出的值即为关键点的坐标值，这种方法有点类似第4章介绍的目标框检测，只不过这里的一个关键点只需要2个数值就可以表示，而目标框需要4个数值，如图7.5所示。回归法缺乏空间和上下文信息，其关键点位置具有视觉模糊性，导致在实际的学习中难度较大。

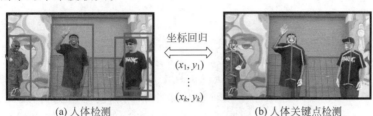

坐标回归
(x_1, y_1)
⋮
(x_k, y_k)

(a) 人体检测　　　　　　　　　　　(b) 人体关键点检测

图 7.5　基于回归法的关键点检测

热图是将关键点输出为与原始图片对应的热图，这种方法类似第5章介绍的语义分割掩码图，热图上值越大的位置存在关键点的概率就越高，如图7.6所示。这种热图方式保留了图像的二维结构，能够更好地利用网络空间和上下文的信息，有效缓解了上述缺陷，目前是关键点检测算法中使用最多的方式。本章任务使用的就是基于热图的关键点检测方法。

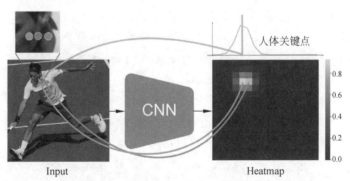

人体关键点

Input　　　　　　　　　　　　　Heatmap

图 7.6　基于热图的关键点检测

对于身份证定位任务来说，使用关键点检测算法只需要识别出身份证区域的左上角、右上角、右下角、左下角共4个关键点（顺时针方向），由于不同位置的关键点属于不同的类别，即包含了身份证的角度信息，检测到关键点后再通过传统的图像处理技术即可得到一个用于标准化形变处理的透视变换矩阵，进而完成图像校正。完整流程如图7.7所示。

(a) 原图　　　　　　　　(b) 关键点检测　　　　　　　(c) 透视变换校正

图 7.7　关键点检测示例

本项目最终需要在安卓系统手机端完成部署,因此对推理性能要求较高,在算法选择方面需要选择轻量级关键点检测算法才能满足速度的要求。

具体的,本章将使用 PaddleDetection 套件中的关键点检测算法 PPTinyPose 来完成身份证图像校正任务。在进入下面的章节学习前,读者需要先下载并安装 PaddleDetection 算法套件。PaddleDetection 的相关介绍和安装方法请参考 4.1.2 节的内容。

7.2 PPTinyPose 算法原理

PPTinyPose 是飞桨官方在 Lite-HRNet 骨干网络基础上提出的一种轻量级关键点检测算法,除了骨干网络外还采用了多种优化策略和训练技巧,检测精度高、速度快,在很多实际场景中具有较高的应用价值。下面重点讲解 PPTinyPose 使用到的一些用于提升性能的技巧。

7.2.1 Lite-HRNet 骨干网络算法

1. 原始的 Lite-HRNet

Lite-HRNet 是基于 HRNet 进行改进的,详细的 HRNet 算法原理见 5.2.3 节的内容。HRNet 通过并行实现多分辨率融合,网络主体由一系列阶段组成,在每个阶段,多分辨率的信息都会相互交换。HRNet 有很强的特征提取和建模能力,在对位置敏感的任务中具有较好的表现,该网络及其变体在语义分割、人体姿态估计和目标检测任务中均能够达到极高的精度。虽然性能优越,但 HRNet 网络庞大、计算复杂,为此许多学者开展了网络简化工作。

首先是 Small HRNet 被提出,相比于原始的 HRNet,Small HRNet 模型减少了网络的深度和宽度。Small HRNet 中主干部分由 2 个步长为 2 的 3×3 卷积组成,每个阶段都包含一系列残差模块和 1 个多分辨率融合模块,如图 7.8 所示。

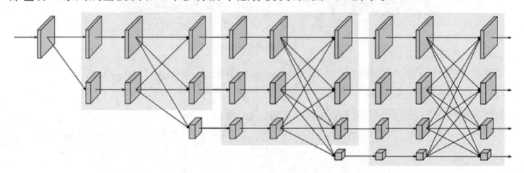

图 7.8　Small HRNet 网络结构图

为了进一步减少计算量,Lite-HRNet 算法被提出,该算法通过使用一种名为 Shuffle Block 的子模块替换 Small HRNet 模型中的所有残差模块,并使用深度可分离卷积替换多分辨率融合模块中的传统卷积。Shuffle Block 结构如图 7.9 所示。

Shuffle Block 共有两个分支,其中一个分支对输入特征依次进行 1×1 卷积、深度卷积和 1×1 卷积,然后将两个分支拼合在一起并进行通道混合,得到最终的输出特征。

2. 条件通道加权

Shuffle Block 中大量使用的 1×1 逐点卷积具有二次时间复杂度,而 3×3 深度卷积具有线性时间复杂度,因此当通道数较大时,两个 1×1 逐点卷积的复杂度远高于深度卷积。

为进一步减少计算量,研发人员使用轻量化的条件通道加权(Conditional Channel Weighting)代替 Shuffle Block 中的 1×1 卷积形成新的网络,并将新的网络命名为 Lite-HRNet,如图 7.10 所示。

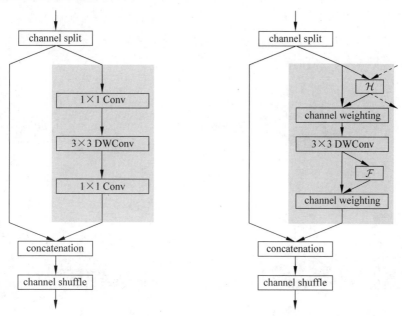

图 7.9　Shuffle Block 结构框架图　　图 7.10　Lite-HRNet 基础模块结构框架

从以上优化策略看到,Lite-HRNet 本质上就是采用深度可分离卷积来替换掉原来 HRNet 算法的传统卷积模块,并且在特征通道数和特征尺寸上都做了缩减,从而达到轻量化的目的。

7.2.2　数据增强算法

PPTinyPose 用到了许多种数据增强算法,其中较为突出的是信息丢弃(Augmentation by Information Dropping,AID)数据增强方法,该方法本质上就是随机对一些关键点区域进行抹去,以提高目标被遮挡或者只有部分区域在视野范围的检测效果。通过多种试验表明,只要保证有足够多的训练轮数,增加 AID 数据增强手段能够提高训练效果,提高自遮挡和被物体所遮挡的关键点检测精度。

7.2.3　分布感知坐标表示方法

在研究关键点检测的方法中,大多集中于网络框架的改进,忽视了坐标表示形式所带来的精度影响。在关键点推理过程中,为了减少计算量,一般需要将原始图像大幅度下降采样,最终生成的热图仅为原始图像的 1/4 或 1/8,易造成关键点位置在被量化的过程中丢失或偏移。为此，有学者发现根据最大值和次高值使用经验公式估计关键点位置，能提高关键点预测效果，但该结果只是对应一个粗略位置，在设计上缺乏数学逻辑和解释。为此针对偏移估计问题，研究学者提出了基于数理分布统计的分布感知坐标表示（Distribution-Aware coordinate Representation of Keypoint，DARK）方法。

　　DARK 与传统经验公式相比，充分利用了热图分布的统计信息，可以更准确地揭示潜在的最大值。实际使用的时候，由于预测的热图并不是标准的高斯分布，通常在最大激活层周围呈现多个峰值。为消除这种不良影响，可以对热图使用与训练数据具有相同参数的高斯核来平滑热图，从而消除多个峰值带来的干扰。平滑前后的变化如图 7.11 所示，其中左侧两幅为平滑前的图形，可以看到有多个峰值；右侧为平滑后的图形，只有一个典型的峰值了。

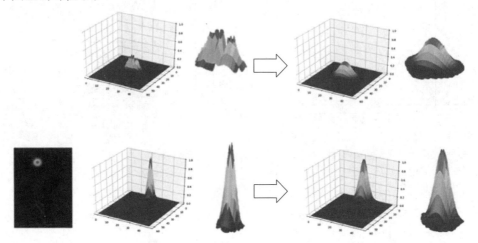

图 7.11　热图平滑前后对比图

　　类似地，坐标编码也存在下采样和量化带来的误差。因此，在生成热图之前，关键点坐标真值需要进行相应的转换。这里使用 $g=(u,v)$ 表示关键点坐标真值，分辨率降低可以表示如下：

$$g'=(u',v')=\frac{g}{\lambda}=\left(\frac{u}{\lambda},\frac{v}{\lambda}\right)$$

其中，λ 为下采样率。通常情况，下采样时需要量化 g'，表示如下：

$$g''=(u'',v'')=\mathrm{quantise}(g')=\mathrm{quantise}\left(\frac{u}{\lambda},\frac{v}{\lambda}\right)$$

其中，quantise() 表示量化函数，常用选项包括下取整、上取整和四舍五入取整。之后，热图以量化坐标 g'' 为中心，通过下式生成热图真值：

$$F(x,y;\,g'')=\frac{1}{2\pi\sigma^2}\exp\left(-\frac{(x-u'')^2+(y-v'')^2}{2\sigma^2}\right)$$

其中，(x,y) 表示热图中的像素位置；σ 表示固定的空间方差。显然，由于量化误差，以上方式生成的热图并不准确且有偏差。为解决该问题，只需将热图中心放置在代表准确关键点坐标真值的非量化位置 g'，即将 g'' 替换为 g'。

大量试验表明，相比传统经验公式，DARK 能将准确率进一步提高 1.5%，而且该方法可以作为一个模块，轻松集成到任意的热图关键点算法中。

7.2.4 无偏数据处理

关键点检测是基于像素坐标来计算的，对数据增强方法非常敏感。以关键点检测中常用的水平翻转数据增强为例进行说明。当进行水平翻转操作时，变换如下：

> 翻转后坐标 = 图片宽度 − 1 − 原始坐标

假如原始图片尺寸为 16×16，输入模型的图片尺寸为 8×8，下采样率为 4 倍，输出特征图尺寸为 2×2。在原始图片上，有一个关键点坐标值为 $(8, 8)$，网络输出坐标真值应该是 $(1, 1)$。可是按照传统的水平翻转数据处理流程，会按照如下过程进行计算：

（1）原始图片中 $(8, 8)$ 经过 Resize 到输入模型的值为 $(4, 4)$。

（2）进行水平翻转，横向坐标发生变化为 $8 - 1 - 4 = 3$，因此坐标为 $(3, 4)$。

（3）再经过 4 倍下采样，目标点对应的 2×2 特征图上的坐标为 $(0.75, 1)$，量化时按照四舍五入得到坐标值为 $(1, 1)$。

（4）再次水平翻转，横坐标为 $2 - 1 - 1 = 0$，模型翻转预测的结果为 $(0, 1)$。

经过数据增强，最终模型预测的坐标跟真值对不上了，而且足足偏移了 1 像素。简单来说，由于下采样的关系，用像素数来表示坐标轴刻度的方式，会在水平翻转时出现结果无法对齐的问题。

无偏数据处理（Unbiased Data Processing，UDP）是对整个图片坐标系进行了重新定义，提出在连续空间上定义图片。每一个像素只是连续空间上的一个采样点，因而图片的长宽不再是像素点的个数，而是根据单位长度来计算。这样的变化有点类似于一片网格点，在连续空间上，每一个线段交点就是一个像素采样点。按照这样的定义，图片的长宽会等于像素数减 1，即 $w = w^p - 1, h = h^p - 1$，其中 w 和 h 为图片宽度和长度，w^p 和 h^p 为图片宽和长的像素数，如图 7.12 所示。

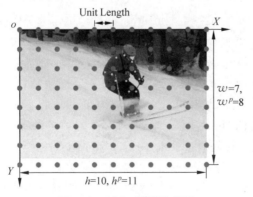

图 7.12 UDP 计算示意图

当对图片进行数据增强时，由于坐标系上采样点的位置固定，因此就算采样点跟原来没有正好对应的像素，也可以通过插值得到变换后的像素值。用新定义的坐标系和变换矩阵，可以从数学上证明，原本水平翻转出现的对齐问题被消除了。

PPTinyPose算法通过上述策略的改进,对关键点检测效果在效率和精度上有了很大的提升。

7.3 算法研发

为了能够快速调用PPTinyPose算法完成身份证图像关键点检测,本节继续使用第4章介绍的PaddleDetection套件完成关键点检测的研发任务。

PaddleDetection套件的相关介绍和安装方法请参考4.1.2节的内容。

7.3.1 数据集准备

1. 数据采集

考虑到身份证图像数据的隐私性,本章任务使用身份证背面图像作为实验素材。具体的,使用手机分别在不同背景、不同明暗光线、不同角度下采集身份证对应的背面图片,身份证区域占整幅图片的比例应大于1/3。本章任务共采集了419张图像,图像宽3840像素、高2592像素。数据集名称为idcard,可以从本书配套资源中获取(详见前言二维码)。

idcard数据集部分示例图像如图7.13所示。

图7.13 身份证数据集(idcard)部分图像示例

对于该数据集需要说明两点。

(1)本章任务使用身份证背面图像进行实战演练,所训练的算法最终能够校正身份证背面图像。如果读者想要训练能够校正身份证正面图像的算法模型,可以自行收集身份证正面图像,然后按照本章教程进行标注和训练即可。根据经验,收集10人左右的身份证并采集400张左右的图像就可以训练一个效果较好的关键点检测模型。

(2)本章任务的数据集是通过手机在近距离范围内拍摄身份证得到的,默认一张图片内仅含一张身份证,并且身份证区域尽可能地占满整幅图片。如果一张图片内包含多个身份证又或者身份证区域非常小,那么就不能只采用本章关键点检测算法。标准的流程是先使用目标检测算法截取出身份证区域,然后在截取出的矩形框内再使用关键点检测算法,这样做是为了降低关键点检测的难度,提高算法鲁棒性。

2. 数据标注

下面的任务就是对收集到的身份证背面图像进行标注。对于关键点检测任务来说,依然可以采用前面章节介绍过的 Labelme 工具进行标注，其安装和基本使用方法请参考 4.3.2 节的内容。在 4.3.2 节中，使用矩形框模式（Create Rectangle）来标记二维码区域，而对于本章关键点检测任务，就需要使用点方式（Create Point）来精确标注身份证图像的四个角点。

接下来开始进行标注。首先将收集好的所有图像文件放置在一个统一的文件夹中，如 D:\idcard 文件夹中（注意，路径中不要使用中文、空格或特殊符号）。单击 Labelme 左侧工具栏上的 Open Dir 按钮，选择需要标注的图像文件夹。打开后，在右下角 File List 对话框中会显示所有图像对应的绝对路径，接着便可以开始具体的标注工作。

由于本章任务是关键点检测，因此将使用点来标注。依次单击菜单栏 Edit→Create Point，此时进入点标注模式。标注时在需要标记的关键点位置单击，在弹出的对话框中写明该点对应类别名（注意，类别名不能使用中文或特殊字符）。具体的，将从身份证背面图像的左上角开始按照顺时针方向进行标注，将左上角标记为 1，右上角标记为 2，右下角标记为 3，左下角标记为 4。图 7.14 所示为使用 Labelme 标注的一张典型图像。需要注意的是，图 7.14 所示场景中的身份证图像是倒置的，因此，身份证左上角的点此时位于右下角，标注的时候需要注意其真实顺序，谨防标注错误。

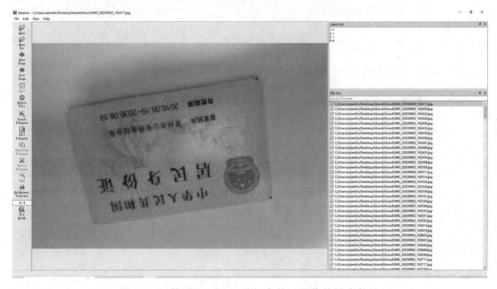

图 7.14　使用 Labelme 进行身份证图像关键点标注

为了方便读者快速进行算法训练和验证，本书提供的数据集已经标注好了所有图像数据，标注好的数据采用 JSON 文件进行存储，读者可以下载数据集后使用 Labelme 打开并查验每张图片对应的标注信息。

3. 数据转换

完成标注完成后，需要对数据进行转换，转换成 PaddleDetection 套件支持的格式。对于关键点检测任务来说，PaddleDetection 支持 COCO 格式的关键点检测数据集。如果想要具体了解 COCO 格式样式，可以参考 4.3.1 节的内容。

在具体转换前，需要先将数据集中的 JPG 文件和 JSON 文件拆分到两个不同的目录下存放，如将所有的 jpg 格式的图像文件放在 PaddleDetection/dataset/idcard/images 目录下，将所有标注好的 json 文件放在 PaddleDetection/dataset/idcard/jsons 目录下。

由于 PaddleDetection 套件没有提供将 Labelme 标注的关键点数据集转换为 COCO 数据集的脚本文件，因此需要自行编写转换脚本。具体的，在 PaddleDetection 根目录下面新建一个转换脚本 labelme2coco_keypoint.py，其完整代码如下：

```python
import glob
import json
import os
import os.path as osp
import shutil
import numpy as np

class MyEncoder(json.JSONEncoder):
    '''自定义 json 数据格式转换'''
    def default(self, obj):
        if isinstance(obj, np.integer):
            return int(obj)
        elif isinstance(obj, np.floating):
            return float(obj)
        elif isinstance(obj, np.ndarray):
            return obj.tolist()
        else:
            return super(MyEncoder, self).default(obj)

def get_labelme_info(data, num):
    '''获取 labelme 标注的图像的高、宽、id 和文件名信息'''
    image = {}
    image['height'] = data['imageHeight']
    image['width'] = data['imageWidth']
    image['id'] = num + 1
    if '\\' in data['imagePath']:
        image['file_name'] = data['imagePath'].split('\\')[-1]
    else:
        image['file_name'] = data['imagePath'].split('/')[-1]
    return image

def to_coco_keypoint(points, image_num, object_num, keypoints, num_keypoint):
    '''封装为 coco 关键点格式'''
    annotation = {}
    seg_points = np.asarray(points).copy()
    seg_points[1, :] = np.asarray(points)[2, :]
    seg_points[2, :] = np.asarray(points)[1, :]
    annotation['segmentation'] = [list(seg_points.flatten())]
    annotation['iscrowd'] = 0
    annotation['image_id'] = image_num + 1
    annotation['bbox'] = list(
        map(float, [
            points[0][0], points[0][1], points[1][0] - points[0][0], points[1]
                [1] - points[0][1]
```

```
            ]))
        annotation['area'] = annotation['bbox'][2] * annotation['bbox'][3]
        annotation['category_id'] = 1
        annotation["num_keypoints"] = num_keypoint
        annotation["keypoints"] = keypoints
        annotation['id'] = object_num + 1
        return annotation

def labelme2coco(img_path, json_path, categories_list):
    '''labelme 关键点数据集转 coco 数据集'''
    data_coco = {}
    images_list = []
    annotations_list = []
    image_num = -1
    object_num = -1
    for img_file in os.listdir(img_path):
        # 检查图像格式
        img_name = os.path.splitext(img_file)[0]
        if img_file.split('.')[-1] not in ['jpg', 'jpeg', 'png', 'JPEG', 'JPG', 'PNG']:
            continue
        label_file = osp.join(json_path, img_name + '.json')
        print('正在提取标注数据: ', label_file)
        image_num = image_num + 1
        if not os.path.isfile(label_file):
            continue
        with open(label_file) as f:
            data = json.load(f)
            images_list.append(get_labelme_info(data, image_num))
            # 关键点获取
            keypoints = []
            for i in range(3 * len(categories_list[0]["keypoints"])):
                keypoints.append(0)
            bbox_points = []
            num_keypoints = 0
            object_num = object_num + 1
            for shapes in data['shapes']:
                label = shapes['label']
                p_type = shapes['shape_type']
                if p_type == "point" and label in categories_list[0]["keypoints"]:
                    bbox_points.append(shapes['points'][0])
                    xuhao = categories_list[0]["keypoints"].index(label)
                    keypoints[xuhao * 3] = shapes['points'][0][0]      # 关键点 x 坐标
                    keypoints[xuhao * 3 + 1] = shapes['points'][0][1]  # 关键点 y 坐标
                    keypoints[xuhao * 3 + 2] = 2                       # 关键点是否有效
                    num_keypoints += 1
            # 包围框按照关键点区域自动生成,包围框为图片大小
            (x1, y1), (x2, y2) = (0,0),(data['imageWidth'] - 1,data['imageHeight'] - 1)
            x1, x2 = sorted([x1, x2])
            y1, y2 = sorted([y1, y2])
            bbox_points = [[x1, y1], [x2, y2], [x1, y2], [x2, y1]]
            # 转成固定格式
```

```
                    annotations_list.append(
                        to_coco_keypoint(bbox_points, image_num, object_num, keypoints, num_
keypoints))
    data_coco['images'] = images_list
    data_coco['categories'] = categories_list
    data_coco['annotations'] = annotations_list
    return data_coco

def main():
    '''主函数'''
    # 基本参数设置
    image_input_dir = "./dataset/idcard/images"    # 数据集图像文件路径
    json_input_dir = "./dataset/idcard/jsons"      # 数据集标注文件路径
    output_dir = "./dataset/idcard_coco"           # 转换后的数据集存放路径
    train_proportion = 0.95                        # 训练集占比    (训练集占比＋验证集占比＝1)
    val_proportion = 0.05                          # 验证集占比

    # 关键点信息设置
    categories_list = [
        {
            "supercategory": "component",
            "id": 1,                               # 关键点类别号
            "name": "idcard",                      # 数据集名称
            "keypoints": ["1","2","3","4"],        # 对应 labelme 标注的关键点名称
            "skeleton": [
                [0,1],[1,2],[2,3],[3,0]            # 关键点连接关系
            ]
        }
    ]

    # 创建训练集和验证集文件夹
    total_num = len(glob.glob(osp.join(json_input_dir, '*.json')))
    train_num = int(total_num * train_proportion)
    out_dir = output_dir + '/train'
    if not os.path.exists(out_dir):
        os.makedirs(out_dir)
    val_num = int(total_num * val_proportion)
    val_out_dir = output_dir + '/val'
    if not os.path.exists(val_out_dir):
        os.makedirs(val_out_dir)

    # 按照比例切割和复制训练集和验证集
    count = 1
    for img_name in os.listdir(image_input_dir):
        if count <= train_num:
            if osp.exists(output_dir + '/train/'):
                shutil.copyfile(
                    osp.join(image_input_dir, img_name),
                    osp.join(output_dir + '/train/', img_name))
        else:
            if count <= train_num + val_num:
```

```
                if osp.exists(output_dir + '/val/'):
                    shutil.copyfile(
                        osp.join(image_input_dir, img_name),
                        osp.join(output_dir + '/val/', img_name))
        count = count + 1

    # 生成标注文件夹
    if not os.path.exists(output_dir + '/annotations'):
        os.makedirs(output_dir + '/annotations')

    # 生成 COCO 格式的训练集标注文件
    if train_proportion != 0:
        train_data = labelme2coco(output_dir + '/train',json_input_dir,categories_list)
        train_json_path = osp.join(output_dir + '/annotations','instance_train.json')
        json.dump(
            train_data,
            open(train_json_path, 'w'),
            indent = 4,
            cls = MyEncoder)

    # 生成 COCO 格式的验证集标注文件
    if val_proportion != 0:
        val_data = labelme2coco(output_dir + '/val',json_input_dir,categories_list)
        val_json_path = osp.join(output_dir + '/annotations','instance_val.json')
        json.dump(
            val_data,
            open(val_json_path, 'w'),
            indent = 4,
            cls = MyEncoder)

if __name__ == '__main__':
    '''程序入口'''
    main()
```

　　上述脚本也可以从本书配套资源中获取，下载网址详见前言二维码。读者如果按照本书介绍的标注方法进行关键点标注，那么对于上述脚本，只需要修改 main()函数中参数设置部分的几个参数即可。其中 image_input_dir 表示图像文件存放目录，json_input_dir 表示标注的 JSON 文件存放目录，output_dir 表示最终生成的数据集存放目录，train_proportion 表示训练集所占比例，val_proportion 表示验证集所占比例，categories_list 表示关键点属性信息。尤其需要注意的是 categories_list 中的 keypoints 字段和 skeleton 字段，其中 categories_list 字段表示每个关键点的类别名称，这些类别名称需要和 Labelme 标注时对应的关键点名称一致。skeleton 表示关键点之间的连接情况，对于本章身份证的四个角点来说，可以认为身份证左上角和右上角是连接的（0 和 1）、右上角和右下角是连接的（1 和 2）、右下角和左下角是连接的（2 和 3）、左下角和左上角（3 和 0）是连接的。

　　按照上述参数说明修改好转换脚本以后，进入 PaddleDetection 目录下，运行脚本 labelme2coco_keypoint.py 即可。

转换完成后，对应的转换数据存储在 PaddleDetection/dataset/idcard_coco 文件夹中，包括转换好的标注子文件夹 annotations 以及存放训练和验证图像的 train、val 子文件夹。到这里就完成了所有数据的准备工作。

7.3.2 算法训练

本章将使用 PPTinyPose 算法来完成身份证关键点检测任务。PaddleDetection 套件已经将算法模型进行了高度封装，整个训练步骤可以使用非常简洁的调用接口实现。

1. 准备配置文件

PaddleDetection 套件已经准备好了不同算法的配置文件，只需要参考这些配置文件然后进行针对性修改即可。

本章将使用 PPTinyPose 算法，参考 PaddleDetection/configs/keypoint/tiny_pose 文件夹中的相关配置文件进行使用。为了方便读者理解和使用，本书将所有配置信息写到同一个配置文件中。在 PaddleDetection 根目录下新建一个 config.yml 配置文件，其完整配置内容如下：

```yaml
################# 全局配置 #############
use_gpu: true                          # 是否使用 GPU
log_iter: 5                            # 日志记录间隔
save_dir: output                      # 输出结果存放目录
snapshot_epoch: 10                    # 快照间隔
weights: output/config/model_final    # 最终输出模型权重路径
epoch: 800                            # 训练轮数
num_joints: &num_joints 4             # 关键点数量
pixel_std: &pixel_std 200             # 变换时相对比率像素
metric: KeyPointTopDownCOCOEval
num_classes: 1                        # 关键点所属物体的类别数
train_height: &train_height 192       # 模型输入的高度
train_width: &train_width 256         # 模型输入的宽度
trainsize: &trainsize [ * train_width, * train_height]
hmsize: &hmsize [64, 48]              # 模型下采样后的分辨率:[宽,高]
flip_perm: &flip_perm []              # 左右关键点经图像翻转时对应关系
################# 模型配置 #############
architecture: TopDownHRNet            # 模型框架结构类选择
TopDownHRNet:
  backbone: LiteHRNet                 # 模型主干网络
  post_process: HRNetPostProcess      # 模型后处理类
  flip_perm: * flip_perm
  num_joints: * num_joints            # 关键点数量(输出通道数量)
  width: &width 40                    # backbone 输出通道数
  loss: KeyPointMSELoss               # loss 函数类型
  use_dark: true                      # 是否使用 DarkPose 后处理
LiteHRNet:                            # LiteHRNet 相关配置
  network_type: wider_naive           # 网络结构类型选择
  freeze_at: - 1                      # 梯度截断 branch id,截断则该 branch 梯度不会反传
  freeze_norm: false                  # 是否固定 normalize 层参数
  return_idx: [0]                     # 返回 feature 的 branch id
```

```
KeyPointMSELoss:                                 # Loss 相关配置
  use_target_weight: true                        # 是否使用关键点权重
  loss_scale: 1.0                                # loss 比率调整,1.0 表示不变
################### 优化器配置 ###############
LearningRate:                                    # 学习率相关配置
  base_lr: 0.0005                                # 初始基础学习率
  schedulers:
  - !PiecewiseDecay                              # 衰减策略
    milestones: [760, 820]                       # 衰减时间对应 epoch 次数
    gamma: 0.1                                   # 衰减率
  - !LinearWarmup                                # Warmup 策略
    start_factor: 0.0005                         # Warmup 初始学习率比率
    steps: 500                                   # Warmup 所用 iter 次数
OptimizerBuilder:                                # 学习策略设置
  optimizer:
    type: Adam                                   # 学习策略类型,这里为 Adam
  regularizer:                                   # 正则化相关设置
    factor: 0.0                                  # 正则项权重
    type: L2                                     # 正则化类型 L1 或者 L2
################### 数据读取配置 #############
TrainDataset:                                    # 训练数据集设置
  !KeypointTopDownCocoDataset                    # 数据加载类
    image_dir: train                             # 图片文件夹,对应 dataset_dir/image_dir
    anno_path: annotations/instance_train.json   # 训练集标注文件路径
    dataset_dir: ./dataset/idcard_coco           # 数据集根路径
    num_joints: * num_joints                     # 关键点数量,使用已定义变量
    trainsize: * trainsize                       # 训练使用尺寸,使用已定义变量
    pixel_std: * pixel_std                       # 变换时相对比率像素
    use_gt_bbox: True                            # 是否使用 gt 框
EvalDataset:                                     # 评估数据集设置
  !KeypointTopDownCocoDataset                    # 数据加载类
    image_dir: val                               # 图片文件夹名字
    anno_path: annotations/instance_val.json     # 验证集标注文件
    dataset_dir: ./dataset/idcard_coco           # 数据集根路径
    num_joints: * num_joints                     # 关键点数量,使用已定义变量
    trainsize: * trainsize                       # 训练使用尺寸,使用已定义变量
    pixel_std: * pixel_std                       # 变换时相对比率像素
    use_gt_bbox: True                            # 是否使用 gt 框,一般测试时用
    image_thre: 0.5                              # 检测框阈值设置,测试时使用非 gt_bbox 时用
TestDataset:
  !ImageFolder
    anno_path: annotations/instance_val.json     # 测试集标注文件
    dataset_dir: ./dataset/idcard_coco           # 测试集根路径
worker_num: 2                                    # 数据加载 worker 数量,一般为 2～4,太多可能堵塞
global_mean: &global_mean [0.485, 0.456, 0.406]  # 全局均值变量设置
global_std: &global_std [0.229, 0.224, 0.225]    # 全局方差变量设置
TrainReader:                                     # 训练数据加载类设置
  sample_transforms:                             # 数据预处理变换设置
  - RandomFlipHalfBodyTransform:                 # 随机翻转＆随机半身变换类
      scale: 0.5                                 # 最大缩放尺度比例
      rot: 30                                    # 最大旋转角度
```

```
            num_joints_half_body: 2          # 关键点数量小于此数不做半身变换
            prob_half_body: 0                # 半身变换执行概率(满足关键点数量前提下)
            pixel_std: * pixel_std           # 变换时相对比率像素
            trainsize: * trainsize           # 训练尺度,同 trainsize
            upper_body_ids: [0, 1]           # 上半部分关键点类别序号
            flip_pairs: * flip_perm          # 左右关键点对应关系,同 flip_perm
         - AugmentationbyInformantionDropping:
            prob_cutout: 0.5                 # 随机擦除变换概率
            offset_factor: 0.05              # 擦除位置中心点随机波动范围相对图片宽度比例
            num_patch: 1                     # 擦除位置数量
            trainsize: * trainsize           # 训练尺度,同 trainsize
         - TopDownAffine:
            trainsize: * trainsize           # 训练尺度,同 trainsize
            use_udp: true                    # 是否使用 udp 无偏估计(flip 测试使用)
         - ToHeatmapsTopDown_DARK:           # 生成热力图 gt 类
            hmsize: * hmsize                 # 热力图尺寸
            sigma: 0.75                      # 生成高斯核 sigma 值设置
      batch_transforms:
         - NormalizeImage:                   # 图像归一化类
            mean: * global_mean              # 均值设置,使用已有变量
            std: * global_std                # 方差设置,使用已有变量
            is_scale: true                   # 图像元素是否除 255,即[0,255]到[0,1]
         - Permute: {}                       # 通道变换 HWC -> CHW,一般都需要
      batch_size: 64                         # 训练时一次加载图像数量
      shuffle: true                          # 是否打乱顺序
      drop_last: false                       # 数据集对 batchsize 取余数量是否丢弃
EvalReader:
   sample_transforms:                        # 数据预处理变换设置,意义同 TrainReader
      - TopDownAffine:                       # Affine 变换设置
         trainsize: * trainsize              # 训练尺寸同上 trainsize,使用已有变量
         use_udp: true                       # 是否使用 udp 无偏估计(flip 测试使用),与训练时需一致
   batch_transforms:
      - NormalizeImage:                      # 图片归一化,与训练需对应
         mean: * global_mean                 # 均值
         std: * global_std                   # 方差
         is_scale: true                      # 图像元素是否除 255,即[0,255]到[0,1]
      - Permute: {}
   batch_size: 16                            # 验证时一次加载图像数量
TestReader:
   inputs_def:
      image_shape: [3, * train_height, * train_width]    # 输入数据维度设置,CHW
   sample_transforms:
      - Decode: {}                           # 图片加载
      - TopDownEvalAffine:                   # Affine 类,Eval 时用
         trainsize: * trainsize              # 输入图片尺度(同上)
      - NormalizeImage:                      # 输入图像归一化
         mean: * global_mean                 # 均值
         std: * global_std                   # 方差
         is_scale: true                      # 图像元素是否除 255,即[0,255]到[0,1]
      - Permute: {}                          # 通道变换 HWC -> CHW
   batch_size: 1                             # 测试时一次加载图像数量
   fuse_normalize: true                      # 导出模型时是否内融合归一化操作
```

保存上述配置文件后，即可以启动训练。

2．训练

单卡训练命令如下：

```
python tools/train.py - c config.yml -- use_vdl = true
```

如果使用多卡训练（Windows 和 Mac 下不支持多卡训练），命令如下（以 2 卡为例）：

```
export CUDA_VISIBLE_DEVICES = 0,1
python - m paddle.distributed.launch tools/train.py - c config.yml -- use_vdl = true
```

训练过程中通过设置参数 use_vdl＝true 开启了训练可视化，训练过程会自动将训练日志以 Visualdl 的格式保存在 vdl_log_dir 目录下，用户可以使用如下命令启动 Visualdl 服务，查看可视化训练指标：

```
visualdl -- logdir vdl_log_dir
```

启动成功后，在浏览器中输入网址 http://127.0.0.1:8040 进行浏览，如图 7.15 所示。

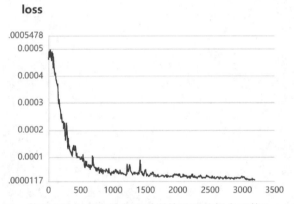

图 7.15　使用 Visualdl 定量化查看训练过程的损失函数（loss）走势

从图 7.15 可以看到，随着迭代次数的增加，模型在训练集上的损失函数（loss）逐渐减少，在 2000 次迭代以后基本达到收敛状态。

从上述损失函数的定量指标上无法直观地体验预测效果，下面将训练好的动态图模型转换为静态图模型，然后使用 FastDeploy 工具对其进行推理，并生成可视化预测结果。

3．静态图导出

为了能在真实生产环境中使用深度学习算法，需要将训练好的动态图模型转换为静态图模型，从而可以使模型脱离编程语言和深度学习框架本身的限制，被更多的部署工具和部署语言所调用，如 C++、C♯、Java 等。

想要将动态图模型转换成静态图模型，一种方法是使用 PaddlePaddle 的底层转换函数 paddle.jit.save()或底层语法糖@to_static 进行转换，整个过程需要对模型的底层推理技术掌握较深，转换过程有一定的难度。这里为了方便开发人员快速进行静态图模型转换，PaddleDetection 已经封装好了简洁易用的转换接口，具体使用方法如下：

```
python tools/export_model.py - c config.yml -- output_dir = output/inference - o \
weights = output/model_final
```

转换完的静态图模型存储在 output/inference/config 文件夹下，包含 model.pdmodel、model.pdiparams、model.pdiparams.info 和 infer_cfg.yml 四个文件。后续的推理部署环节只需要这四个文件即可。

4. FastDeploy 静态图推理验证

为了快速验证所训练的算法有效性，可以使用 Python 版的 FastDeploy 工具来进行推理。FastDeploy 是一款高度统一的部署工具，相关介绍请参考 3.4.1 节的内容。

首先安装 Python 版的 FastDeploy 部署工具。由于本章使用轻量级关键点检测算法推理，因此选择 CPU 版的 FastDeploy 进行安装即可：

```
pip install fastdeploy - python - f https://www.paddlepaddle.org.cn/whl/fastdeploy.html
```

安装完以后可以在 PaddleDetection 目录下新建一个推理脚本 infer.py，然后编写推理代码。完整代码如下：

```python
import fastdeploy as fd
import cv2
import os

# 配置模型路径
model_dir = "./output/inference/config"
tinypose_model_file = os.path.join(model_dir, "model.pdmodel")      # 模型结构文件
tinypose_params_file = os.path.join(model_dir, "model.pdiparams")   # 模型参数文件
tinypose_config_file = os.path.join(model_dir, "infer_cfg.yml")     # 模型配置文件

# 配置 fastdeploy 的运行库并加载模型
runtime_option = fd.RuntimeOption()
runtime_option.use_cpu()                                            # 使用 cpu 进行推理
tinypose_model = fd.vision.keypointdetection.PPTinyPose(
    tinypose_model_file,
    tinypose_params_file,
    tinypose_config_file,
    runtime_option = runtime_option,
)
# 加载图片
im = cv2.imread("./dataset/idcard_coco/val/IMG_20230902_105956.jpg")

# 关键点推理
tinypose_result = tinypose_model.predict(im)
points = tinypose_result.keypoints                                  # 关键点坐标
scores = tinypose_result.scores                                     # 关键点置信度

# 推理结果可视化
thr = 0.5
vis_im = im.copy()
```

```
for i in range(len(scores)):
    if scores[i] > thr:                              # 过滤掉置信度过低的关键点
        cv2.circle(vis_im, (round(points[i][0]), round(points[i][1])), 35, (0, 0, 255), -1)

# 保存结果
cv2.imwrite("./output/result.jpg", vis_im)
```

上述脚本通过模型推理得到图像的关键点并使用 OpenCV 的 circle()函数将关键点画在原图上并保存。推理结果如图 7.16 所示。

图 7.16　静态图推理结果

从图 7.16 所示的测试图中看到，对于姿态不正的身份证背面图像，模型依然能够准确预测到身份证区域的 4 个角点，这为后续的图像精确校正奠定了基础。

下面将在安卓系统上使用 Java 语言完成关键点模型部署和推理，并结合 PaddleOCR 文字识别模型，最终开发一款高精度的身份证识读 App。

7.4　移动端部署（安卓 Java 推理）

视频讲解

本节将基于 FastDeploy 工具将前面训练好的关键点检测模型部署到安卓手机上，并使用 Java 语言来完成模型推理。FastDeploy 提供了编译好的 Android SDK 用于算法模型接口调用，目前支持图像分类、目标检测、关键点检测、OCR 文字识别、语义分割等任务。由于 FastDeploy 对模型接口进行了高度封装，因此在 Android 下使用 FastDeploy 进行部署非常简单。另外，为了能够在关键点检测完毕后完成图像校正，需要利用 OpenCV 库来计算一个空间变换矩阵，因此，后续需要在安卓程序中集成安卓版的 OpenCV 库。

在正式开发前，需要准备好基本的安卓开发环境。首先安装好 Android Studio 编程工具，详细安装方法请参考 Android Studio 官网。然后准备一部 Android 手机，并开启 USB 调试模式。这里需要注意的是，每种手机的开启模式并不相同，需要根据自己手机型号查找 USB 调试模式开启方法。

7.4.1　安卓基础示例程序

为了方便读者能够快速上手操作，本书提前准备了一个精简的安卓示例程序 clean_android_demo，读者可以从本书配套资源中获取，下载网址详见前言二维码。该程序已

图 7.17　示例程序运行效果

经集成好了基本的摄像头读取和相机读取功能，并且集成了安卓版 OpenCV 库，后续只需要在该示例程序基础上进行修改即可。

　　下载该示例程序以后通过 Android Studio 来打开它，打开后 Android Studio 会自动对工程进行 gradle 同步操作，同步结束后连上手机单击运行按钮，系统会进行工程编译并将编译后的程序安装到安卓手机上，运行效果如图 7.17 所示。

　　该示例程序整体设计比较简单，顶部有 3 个功能按钮：摄像头拍照、相册照片和智能识别。在按钮下方是一个图像组件，在图像下方是一个文本显示组件。程序运行时会自动加载一张默认图片并显示。

　　程序结构相对比较简单，主逻辑程序和界面程序代码位置如下：

- 主逻辑程序

clean_android_demo\app\src\main\java\com\qb\MainActivity. java。

- 界面程序

clean_android_demo\app\src\main\res\layout\activity_main. xml。

程序基本功能如下：

（1）摄像头拍照。

支持通过摄像头拍摄图像，并将图像显示在主界面上。

（2）相册照片。

支持从本地手机相册中选择一张图片并显示在主界面上。

（3）智能识别。

将读取的彩色图像转换为灰度图像，最终将转换结果显示到主界面上。该功能接口定义在 MainActivity. java 的 detect()函数中，函数代码如下：

```java
private void detect(){
    //读取图像
    Bitmap bmtemp;
    if(fileUri == null) {
        // 读取默认图像
        bmtemp = BitmapFactory.decodeResource(this.getResources(),R.drawable.test);
    }
    else {
        // 读取摄像头或相册中图像
        try{
            bmtemp = MediaStore.Images.Media.getBitmap(this.getContentResolver(), fileUri);
        }catch (Exception e){
            e.printStackTrace();
            return;
        }
    }
```

```
    }
    //缩放,防止图像过大显示崩溃
    if(bmtemp.getWidth() > 1024) {
        int newWidth = 1024;
        int newHeight = (int)Math.round(newWidth * 1.0 / bmtemp.getWidth()
                        * bmtemp.getHeight());
        bmtemp = zoomImg2(bmtemp,newWidth,newHeight);
    }
    //算法处理
    Mat img = new Mat();
    Utils.bitmapToMat(bmtemp, img);
    Imgproc.cvtColor(img, img, Imgproc.COLOR_RGBA2GRAY); //转灰度图
    Imgproc.cvtColor(img, img, Imgproc.COLOR_GRAY2RGBA);
    //显示结果
    Bitmap bmshow = Bitmap.createBitmap(img.cols(),img.rows(), Bitmap.Config.ARGB_8888);
    Utils.matToBitmap(img, bmshow);
    ImageView iv = (ImageView)this.findViewById(R.id.sample_img);
    iv.setImageBitmap(bmshow);
    //释放内存
    img.release();
}
```

后面将针对本章任务继续完善该功能的开发,实现关键点检测、图像校正和文字识别。

通过以上功能介绍,可以看到这个示例程序整体比较简洁,相关功能和接口都已经预留好,适合读者快速学习和掌握。对于安卓编程不熟悉的读者,可以参照本示例程序编译运行通过后再对照代码来学习,这样可以更快速、更有针对性地掌握安卓系统的开发。

值得注意的是,该示例程序已经集成好了安卓版的 OpenCV,版本为 4.5.3,位于 clean_android_demo\app\libs\opencv453-release.aar。程序引用时,只需要在 App 的 build.gradle 文件中找到 dependencies 字段,并在其中添加 OpenCV 库引用即可,如下所示:

```
dependencies {
    implementation fileTree(dir: 'libs', include: ['*.aar','*.jar'],exclude:[]) //添加引用
    implementation files('libs\\opencv453 - release.aar')                      //添加引用
    ...
}
```

接下来将以该示例程序作为项目起点,然后逐步添加相关功能,实现身份证图像校正和 OCR 识读。

7.4.2　配置 FastDeploy 库

前面几章使用了 FastDeploy 工具进行深度学习算法部署,通过 FastDeploy 的使用极大地减少了部署工作。本章继续使用 FastDeploy,讲解如何在安卓操作系统上进行深度学习算法推理。FastDeploy 的相关背景介绍可以参阅 3.4.1 节的内容。

1. 下载 FastDeploy 的 SDK 库

由于手机端部署是一个比较基础的部署需求，FastDeploy 官网对安卓平台的部署方案支持度较高，读者可以按照 FastDeploy 官网教程自行编译 FastDeploy 的 Java SDK 库，也可以下载和使用官网预先编译好的 SDK 库，只需要选择对应的 Java 版即可。下载网址详见前言二维码，如图 7.18 所示。

Java SDK安装

Release版本（Java SDK 目前仅支持Android，版本为1.0.7）

平台	文件	说明
Android Java SDK	fastdeploy-android-sdk-1.0.7.aar	CV API，NDK 20 编译产出，minSdkVersion 15, targetSdkVersion 28
Android Java SDK	fastdeploy-android-sdk-with-text-1.0.7.aar	包含 FastTokenizer、UIE 等 Text API，CV API，NDK 20 编译产出，minSdkVersion 15, targetSdkVersion 28

图 7.18　FastDeploy 官网的 Java 版本 SDK 库

由于后续需要依赖 PaddleOCR 完成文字识别，因此在版本选择上选择带 text 的版本。单击上图中的 fastdeploy-android-sdk-with-text-1.0.7.aar 版本对应的链接进行下载，当然也可以选择最新的 develop 版进行下载使用。

FastDeploy Android SDK 下载完成后将其放置在 clean_android_demo\app\libs 文件夹下面，最终项目 app 文件夹的结构目录如下：

```
clean_android_demo/app
    ├── build.gradle
    ├── libs
    │      └── fastdeploy-android-sdk-xxx.aar
    │      └── opencv453-release.aar
    ├── proguard-rules.pro
    └── src
```

2. 在安卓项目中配置 FastDeploy 库

为了能在 Android 项目中使用 FastDeploy SDK 库，首先需要对项目进行配置。

打开 clean_android_demo/app 中的 build.gradle 文件，在 dependencies 字段中引入所有的 aar 和 jar 库，如下所示：

```
dependencies {
implementation fileTree(dir: 'libs', include: ['*.aar','*.jar'],exclude:[])
    // ...
}
```

由于示例程序在集成 OpenCV 库的时候已经添加了上述代码，因此示例程序不需要再修改。

需要注意的是，示例程序中引入了单独的 OpenCV 库文件 libopencv_java4.so，而 FastDeploy SDK 库中也自带了该文件，两者会造成打包冲突。为了解决这个问题，需要在 clean_android_demo/app 的 build.gradle 文件中修改 android 字段的内容，在该字段最后添加如下代码：

```
android {
...
//添加下面的内容
    packagingOptions {
        pickFirst 'lib/arm64 - v8a/libopencv_java4.so'
        pickFirst 'lib/armeabi - v7a/libopencv_java4.so'
    }
    sourceSets {
        main {
            jniLibs.srcDirs = ['libs']
        }
    }
}
```

经过上述修改,程序编译发生冲突时会默认使用第一个进行打包,这样就不会产生库文件冲突。

到这里,完成了FastDeploy库的配置。下面可以在安卓示例程序中正常使用FastDeploy库进行关键点检测推理了。

7.4.3 编写推理模块

1. 关键点检测和校正

首先将7.3.2节中训练完并导出的静态图模型文件model.pdmodel、model.pdiparams、model.pdiparams.info、infer_cfg.yml复制到app\src\main\assets\keypoints目录下（路径中文件夹不存在则自行创建）,然后在MainActivity.java主文件头部添加引用：

```
import com.baidu.paddle.fastdeploy.LitePowerMode;
import com.baidu.paddle.fastdeploy.RuntimeOption;
import com.baidu.paddle.fastdeploy.vision.KeyPointDetectionResult;
import com.baidu.paddle.fastdeploy.vision.keypointdetection.PPTinyPose;
```

为了提高推理速度,可以将模型定义在detect()函数外,这样每次推理新的图片就不再需要重复加载模型了。

具体的,在MainActivity类中定义成员变量：

```
PPTinyPose tinypose_model = new PPTinyPose();
```

接下来把关键点检测模型的加载放在MainActivity类的初始化函数onCreate()中来实现,关键代码如下：

```
protected void onCreate(Bundle savedInstanceState) {
    ...
    String modelDir = "keypoints";
    String realModelDir = getCacheDir() + "/" + modelDir;
    copyDirectoryFromAssets(this, modelDir, realModelDir);
    String modelFile = realModelDir + "/" + "model.pdmodel";
    String paramsFile = realModelDir + "/" + "model.pdiparams";
```

```
String configFile = realModelDir + "/" + "infer_cfg.yml";
RuntimeOption option = new RuntimeOption();
option.setCpuThreadNum(2);
option.setLitePowerMode(LitePowerMode.LITE_POWER_HIGH);
boolean success = tinypose_model.init(modelFile, paramsFile, configFile, option);
if(success){
    Log.i(CV_TAG,"关键点检测模型加载成功");
}else{
    Toast.makeText(this.getApplicationContext(), "关键点检测模型加载失败",
    Toast.LENGTH_LONG).show();
}
}
```

最后，就可以在 detect()函数中使用关键点模型进行推理了。detect()函数完整代码如下：

```
private void detect(){
    //读取图像
    Bitmap bmtemp;
    if(fileUri == null) {
        // 读取默认图像
        bmtemp = BitmapFactory.decodeResource(this.getResources(),R.drawable.test);
    }
    else {
        // 读取摄像头或相册中图像
        try{
            bmtemp = MediaStore.Images.Media.getBitmap(this.getContentResolver(), fileUri);
        }catch (Exception e){
            e.printStackTrace();
            return;
        }
    }
    //确保图像宽度大于高度
    if(bmtemp.getWidth()< bmtemp.getHeight()){
        bmtemp = adjustPhotoRotation(bmtemp,90);
    }
    //缩放,防止图像过大显示崩溃
    if (bmtemp.getWidth() > 1024) {
        int newWidth = 1024;
        int newHeight = (int) Math.round(newWidth * 1.0 / bmtemp.getWidth()
                    * bmtemp.getHeight());
        bmtemp = zoomImg2(bmtemp, newWidth, newHeight);
    }
    //关键点检测
    KeyPointDetectionResult result = tinypose_model.predict(bmtemp);
    if (result.mNumJoints != 4) {
        Toast.makeText(this.getApplicationContext(), "关键点检测失败",
        Toast.LENGTH_LONG).show();
        return;
    }
    //图像校正(透视变换)
```

```
Mat img = new Mat();
Utils.bitmapToMat(bmtemp,img);
Imgproc.cvtColor(img, img, Imgproc.COLOR_RGBA2BGR);
double thr = 0.5;
for (int i = 0; i < result.mScores.length; i++) {
    double score = result.mScores[i];
    if (score < thr) {
        Toast.makeText(this.getApplicationContext(), "关键点检测置信度低",
         Toast.LENGTH_LONG).show();
        return;
    }
}
int x1 = Math.round(result.mKeyPoints[0][0]);
int y1 = Math.round(result.mKeyPoints[0][1]);
int x2 = Math.round(result.mKeyPoints[1][0]);
int y2 = Math.round(result.mKeyPoints[1][1]);
int x3 = Math.round(result.mKeyPoints[2][0]);
int y3 = Math.round(result.mKeyPoints[2][1]);
int x4 = Math.round(result.mKeyPoints[3][0]);
int y4 = Math.round(result.mKeyPoints[3][1]);
Mat matsrc = Mat.zeros(4,2, CvType.CV_32F);
Mat matdst = Mat.zeros(4,2, CvType.CV_32F);
matsrc.put(0,0,x1); matsrc.put(0,1,y1);
matsrc.put(1,0,x2); matsrc.put(1,1,y2);
matsrc.put(2,0,x3); matsrc.put(2,1,y3);
matsrc.put(3,0,x4); matsrc.put(3,1,y4);
int nWidth = 856;      //身份证标准尺寸
int nHeight = 540;
matdst.put(0,0,0); matdst.put(0,1,0);
matdst.put(1,0,nWidth); matdst.put(1,1,0);
matdst.put(2,0,nWidth); matdst.put(2,1,nHeight);
matdst.put(3,0,0); matdst.put(3,1,nHeight);
matdst = Imgproc.getPerspectiveTransform(matsrc,matdst);
Imgproc.warpPerspective(img,img,matdst, new Size(nWidth,nHeight));
//显示结果
Imgproc.cvtColor(img, img, Imgproc.COLOR_BGR2RGBA);
Bitmap bmshow = Bitmap.createBitmap(img.cols(), img.rows(), Bitmap.Config.ARGB_8888);
Utils.matToBitmap(img, bmshow);
ImageView iv = (ImageView) this.findViewById(R.id.sample_img);
iv.setImageBitmap(bmshow);
//释放内存
img.release();
}
```

  需要注意到的是，由于自定义训练集图像都是宽大于高，因此为了保证精度，推理时首先要确保待推理的图片也是宽度大于高度。当使用关键点检测模型得到图像的 4 个角点以后，就可以使用 OpenCV 来计算透视变换矩阵，将身份证图像校正到横平竖直且固定大小的标准尺寸。由于身份证标准尺寸为 $85.6\mathrm{mm} \times 54.0\mathrm{mm}$，因此，上述代码将身份证最后统一校正为 856 像素 $\times$ 540 像素。最终实现效果如图 7.19 所示。

  从图 7.19 所示的效果图中可以看到，对于颠倒、倾斜、背景复杂等场景下的身份证

(a) 校正前   (b) 校正后

图 7.19　手机端关键点校正效果

图片,使用关键点检测算法均可以高精度地完成检测和校正,这为后续的 OCR 识读创造了有利条件。

2. OCR 识读

前面第 1 步已经将身份证图像进行了校正,此时身份证图片上的任何栏目信息均只需要按照固定的位置将其截取出来,再交给 OCR 识别器进行文字识读即可。本书选择 PPOCR 算法来完成最后的文字识读,该算法来源于飞桨 PaddleOCR 文字识别套件。由于篇幅有限,本书不再深入讲解 PaddleOCR 套件的详细使用方法,仅使用现成的 PPOCRv2 文字识别模型进行推理。

在安卓上集成 PPOCRv2 模型的方法与前面集成关键点检测模型的方法是一样的,区别在于关键点检测模型需要读者训练并转成静态图模型,而对于 PPOCRv2 模型来说可以直接使用官方提供好的静态图模型。为了方便读者,本书已将 PPOCRv2 的静态图模型放置在了配套资源中,读者可以直接下载和使用。

下载完成后可以看到 PPOCRv2 包含 3 个子模型和 1 个标签文件。

```
├── ppocr_v2
│       └── ppocr_mobile_v2.0_cls_infer
│       └── ch_PP-OCRv2_det_infer
│       └── ch_PP-OCRv2_rec_infer
│       └── ppocr_keys_v1.txt
```

具体的,PPOCRv2 由 3 个子模型组成,包括文字检测、分类和识别。因此,在实际使用时也需要完成 3 个子模型的加载。

仿照前面的关键点检测模型集成方法,首先将下载的 ppocr_v2 内的所有子模型文件夹和 ppocr_keys_v1.txt 文件复制到安卓 app\src\main\assets 目录下面,如图 7.20 所示。

接下来在 MainActivity.java 文件中引用 OCR 模型的相关接口。

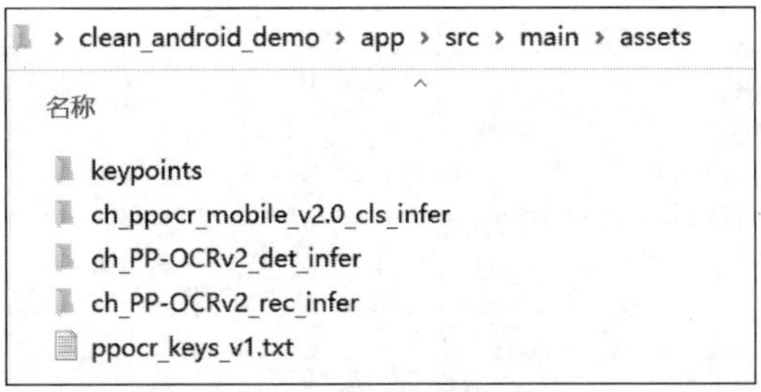

图 7.20 资源目录

```
import com.baidu.paddle.fastdeploy.vision.OCRResult;
import com.baidu.paddle.fastdeploy.vision.ocr.Classifier;
import com.baidu.paddle.fastdeploy.vision.ocr.DBDetector;
import com.baidu.paddle.fastdeploy.vision.ocr.Recognizer;
import com.baidu.paddle.fastdeploy.pipeline.PPOCRv2;
```

然后，在 MainActivity 类中定义成员变量 ocr_model 作为 OCR 模型的全局推理器，如下：

```
PPOCRv2 ocr_model = new PPOCRv2();
```

在初始化函数 onCreate()函数中实现 OCR 模型的加载：

```
protected void onCreate(Bundle savedInstanceState) {
    //加载关键点检测模型
...
    //加载 PPOCRv2 文字识别模型
    String detModelName = "ch_PP-OCRv2_det_infer";
    String clsModelName = "ch_ppocr_mobile_v2.0_cls_infer";
    String recModelName = "ch_PP-OCRv2_rec_infer";
    String realDetModelDir = getCacheDir() + "/" + detModelName;
    String realClsModelDir = getCacheDir() + "/" + clsModelName;
    String realRecModelDir = getCacheDir() + "/" + recModelName;
    ImageSelectUtils.copyDirectoryFromAssets(this, detModelName, realDetModelDir);
    ImageSelectUtils.copyDirectoryFromAssets(this, clsModelName, realClsModelDir);
    ImageSelectUtils.copyDirectoryFromAssets(this, recModelName, realRecModelDir);
    String labelPath = "ppocr_keys_v1.txt";
    String realLabelPath = getCacheDir() + "/" + labelPath;
    ImageSelectUtils.copyFileFromAssets(this, labelPath, realLabelPath);
    String detModelFile = realDetModelDir + "/" + "inference.pdmodel";
    String detParamsFile = realDetModelDir + "/" + "inference.pdiparams";
    String clsModelFile = realClsModelDir + "/" + "inference.pdmodel";
    String clsParamsFile = realClsModelDir + "/" + "inference.pdiparams";
    String recModelFile = realRecModelDir + "/" + "inference.pdmodel";
    String recParamsFile = realRecModelDir + "/" + "inference.pdiparams";
    String recLabelFilePath = realLabelPath;
    RuntimeOption detOption = new RuntimeOption();
    RuntimeOption clsOption = new RuntimeOption();
    RuntimeOption recOption = new RuntimeOption();
```

```
    detOption.setCpuThreadNum(2);
    clsOption.setCpuThreadNum(2);
    recOption.setCpuThreadNum(2);
    detOption.setLitePowerMode(LitePowerMode.LITE_POWER_HIGH);
    clsOption.setLitePowerMode(LitePowerMode.LITE_POWER_HIGH);
    recOption.setLitePowerMode(LitePowerMode.LITE_POWER_HIGH);
    DBDetector detModel = new DBDetector(detModelFile, detParamsFile, detOption);
    Classifier clsModel = new Classifier(clsModelFile, clsParamsFile, clsOption);
Recognizer recModel = new Recognizer(recModelFile, recParamsFile, recLabelFilePath,
                    recOption);
    success = ocr_model.init(detModel, clsModel, recModel);
    if(success){
        Log.i(CV_TAG,"OCR模型加载成功");
    }else{
        Toast.makeText(this.getApplicationContext(), "OCR模型加载失败",
                    Toast.LENGTH_LONG).show();
    }
}
```

最后，在 detect() 函数中添加 PPOCRv2 识别代码即可。由于前面已经通过关键点检测模型对身份证图像进行了校正，得到了一个尺寸标准且姿态正确的图像，只需要截取出某个文字区域图像，然后交给 PPOCRv2 模型进行识别即可。

以身份证背面的有效期限为例，对于标准化的 856 像素×540 像素的身份证图像，有效期限字段对应的区域大致在以[200，438]为起始点、宽高为[594，76]范围内的矩形区域中，因此，只需截取出该区域进行识读。

具体代码如下：

```
private void detect(){
    //读取图像、关键点检测和校正
    ...
    //识读有效期限
    Rect area = new Rect(200, 438, 594, 76);
    Mat roiImg = new Mat(img, area);
Bitmap bmData = Bitmap.createBitmap(roiImg.cols(), roiImg.rows(),
                    Bitmap.Config.ARGB_8888);
    Imgproc.cvtColor(roiImg, roiImg, Imgproc.COLOR_BGR2RGBA);
    Utils.matToBitmap(roiImg, bmData);
    roiImg.release();
    OCRResult resultOCR = ocr_model.predict(bmData);
    String ocrstr = "";
    for (int i = 0; i < resultOCR.mText.length; i++) {
        ocrstr += resultOCR.mText[i];
    }
    TextView textview = (TextView)this.findViewById(R.id.result_str);
    textview.setText(ocrstr);
    //显示结果、释放内存
    ...
}
```

最终效果如图 7.21 所示。可以看到,凭借高精度的关键点检测模型,对于处在复杂背景中且严重倾斜的身份证图片也能够得到准确校正,这为身份证文字识别创造了有利条件,可以提升文字识别准确率。

图 7.21　安卓手机识别效果

虽然本章内容是以身份证背面图像作为实验素材,但是采用本章教程依然可以实现身份证正面图像版面的高精度识别。

7.5　小结

本章围绕图像关键点检测,重点介绍了基于深度学习的 Lite-HRNet、PPTinyPose 算法及其实现原理。在算法原理基础上,重点讲解了如何使用 PaddlePaddle 的图像检测分割套件 PaddleDetection 来开发一款用于安卓手机的身份证识读 App,全流程地实现数据预处理、训练、验证和推理,并最终将研发的模型通过 FastDeploy 套件在安卓平台上实现部署和应用。读者学完本章后,应掌握基本的图像关键点检测算法原理,能够利用 PaddleDetection 套件按照本章流程研发自己的关键点检测模型并实现部署。

第 **8** 章

风格迁移（照片动漫化在线转换网站）

8.1 任务概述

8.1.1 任务背景

前面几个章节分别实现了图像分类、目标检测、语义分割、实例分割、关键点检测任务的研发。对于视觉定位任务来说，掌握好这几大类算法基本可以满足大部分开发需求。但是，在一些偏图像风格化或艺术化的任务中，这些定位类算法就不能很好的胜任了。例如，黑白照片上色、图像去噪、超分辨率增强、人脸卡通化等任务，这类算法需要实现图像到图像的变换。

图像变换类算法它的模型输入是图片，输出还是图片。部分典型应用如图 8.1 所示。

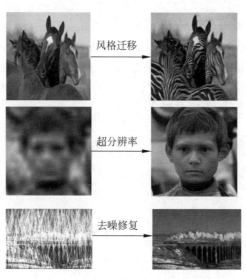

图 8.1　基于深度学习的图像变换应用

在深度学习领域,这类图像变换算法很多都是通过一种名为生成对抗网络(Generative Adversarial Networks,GAN)的模型来实现的。GAN 是一种类似于"左右互搏术"的算法,通过模型之间的博弈可以生成拥有逼真纹理和丰富细节的图片。目前,GAN 已经衍生出很多的变体,商业应用场景变得越发广泛和成熟。

本章内容将使用飞桨的 PaddleGAN 套件,学习一种图像风格化的 AnimeGAN 算法,最终研发一款能够将风景照片实现动漫化的在线转换网站,并且通过微服务架构设计,支持多 GPU 高并发访问,实现效果如图 8.2 所示。

图 8.2　照片动漫化应用

8.1.2　安装 PaddleGAN 套件

PaddleGAN 是飞桨团队在 PaddlePaddle 基础上开发的一款面向 GAN 的开源算法库,提供了诸多经典及前沿的生成对抗网络算法和相关应用实现,如老照片上色、超分辨率重建、人脸属性编辑、图像去雾去噪、风格迁移、视频动作生成等。本章学习的照片动漫化算法 AnimeGAN 就包含在 PaddleGAN 之中。

首先下载和安装 PaddleGAN,命令如下:

```
git clone https://github.com/PaddlePaddle/PaddleGAN.git
cd PaddleGAN
pip install - r requirements.txt - i https://mirror.baidu.com/pypi/simple
```

8.2　算法原理

8.2.1　GAN 算法

1. GAN 的基本原理

前面几章介绍的图像分类、目标检测、语义分割、关键点检测等神经网络模型只能解决关于图像辨识的问题,并不能够为机器带来自主创造的能力,如让机器生成一幅美丽的风景画或将一幅风景画变成油画等。但随着 GAN 算法的出现,这些想法成为了可能。

GAN 算法最早是由伊恩·古德弗洛(Ian Goodfellow)等于 2014 年 10 月提出的,他们发表的论文 *Generative Adversarial Nets* 是该领域的开山之作,一经发表就因其新颖的概念引起了学术圈的热议。伴随着 GAN 理论的高速发展,它在计算机视觉、自然语言处理、人机交互等领域有着越来越深入的应用。

GAN 算法受博弈论启发，由生成器（Generator）神经网络和判别器（Discriminator）神经网络两个子模型所组成。这两个模型相互对抗和博弈，前者用于生成内容，后者用于判别生成内容的真假。

下面举一个枯叶蝶进化的例子来说明 GAN 的工作原理，如图 8.3 所示。

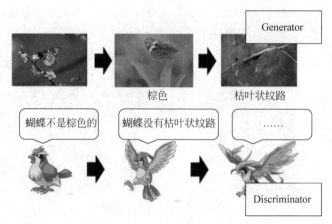

图 8.3　GAN 原理示例

图 8.3 中的枯叶蝶扮演 Generator 的角色，相应的其天敌之一的麻雀扮演 Discriminator 的角色。起初，枯叶蝶的翅膀与其他的蝴蝶别无二致，都是色彩斑斓的。

第一阶段：麻雀为了识别并捕杀蝴蝶，优化了自己的判别标准，认为蝴蝶的翅膀不会是棕色的，从而提高了自己的辨识精准度；

第二阶段：蝴蝶为了躲避麻雀的识别捕猎，它的翅膀开始进化为棕色；

第三阶段：麻雀再次优化自己的识别标准，认为蝴蝶的翅膀不会有枯叶状纹路；

第四阶段：蝴蝶逼迫自己的翅膀进化出像枯叶似的纹路，加强了自己的隐蔽技能；

……

如此不断地进行下去，伴随着蝴蝶的不断进化和麻雀判别标准的不断升级，二者不断地相互博弈，最终导致的结果就是蝴蝶的翅膀无限接近于真实的枯叶，这种蝴蝶最终进化成了枯叶蝶。

从上面的示例原理可以看到，GAN 是两个"物种"（模型）相互对抗的过程，在对抗的过程中达到提升自己的目标。

2. GAN 算法的数学表达

下面再进一步，用更加数字化的语言来描述 GAN 内在实现原理。

假设有一个手写体数字图片生成的任务，对应的数学表达如图 8.4 所示。

图 8.4 中 G 是一个生成图片的神经网络模型，它接收一个随机的噪声 z，这个噪声符合 $P_z(z)$ 的分布规律。生成网络 G 通过这个噪声生成假的数字图片，记作 $G(z)$。

D 是一个判别神经网络模型，用来判别一张图片是不是"真实的"。它的输入参数是 x，代表一张图片样本。D 的输入包括两种，一种就是由 G 生成的假图片，还有一种就是真实的样本图片，真实样本图片符合分布 $P_{\text{data}}(x)$。模型输出 $D(x)$ 代表 x 为真实图片

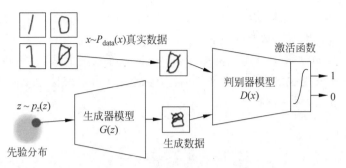

图 8.4 GAN 手写体数字图片生成的数学表达

的概率。

在训练过程中,生成网络 G 的目标就是尽量生成像真实手写数字的图片,从而去欺骗判别网络 D。而 D 的目标就是尽量把生成的图片和真实的图片区分开来。这样,G 和 D 构成了一个动态的博弈过程。

那么最后博弈的结果是什么? 在最理想的状态下,G 可以生成足以以假乱真的手写体数字图片 $G(z)$。对于 D 来说,它难以判定 G 生成的图片究竟是不是真实的,因此 $D(G(z))=0.5$。用公式表示如下:

$$\min_G \max_D V(D,G)=E_{x \sim P_{\text{data}}(x)}\big[\log D(x)\big]+E_{z \sim P_z(z)}\big[\log(1-D(G(z)))\big]$$

整个式子由两项构成。式中,x 表示真实图片;z 表示输入 G 网络的噪声;$G(z)$ 表示由 G 网络生成的假图片;$D(x)$ 表示 D 网络判断真实图片 x 是否真实的概率,对于 D 来说,这个值越接近 1 越好;$D(G(z))$ 是 D 网络判断假图片是否真实的概率,对于 D 网络来说,$D(G(z))$ 越小越好,即 $1-D(G(z))$ 越大越好。

• 当固定 D 时,G 的目的(对应生成器进化过程)

$D(G(z))$ 是 D 网络判断 G 生成的"假"图片是否真实的概率,G 应该希望自己生成的假图片越接近真实越好。也就是说,G 希望尽可能"骗"过判别器 D,即 $D(G(z))$ 应尽可能大,这时 $V(D,G)$ 会变小。因此可以看到式子的最前面的记号是 $\min_G$;

• 当固定 G 时,D 的目的(对应判别器进化过程)

对于真图片 x,$D(x)$ 应该越大,而对于假图片 $G(z)$,$D(G(z))$ 应该越小。这时 $V(D,G)$ 会变大。因此式子对于 D 来说是求最大 $\max_D$。

3. GAN 算法的训练流程

(1) 训练判别器 D:将真实数据打上真标签 1 并将生成器生成的假图片打上假标签 0,然后一同送入判别器,对判别器进行训练。计算损失函数时使判别器对真数据输入的判别值趋近于 1,对生成器生成的假图片的判别值趋近于 0。此过程中只更新判别器 D 的参数,不更新生成器 G 的参数。

(2) 训练生成器 G:将高斯分布的随机噪声 z 送入生成器,然后将生成器生成的假图片打上真标签 1 送入判别器。计算损失函数时使判别器对生成器生成的假图片的判别趋近于 1。此过程中只更新生成器 G 的参数,不更新判别器 D 的参数。

上述两个过程不断循环进行,生成器和判别器不断地对抗,最终生成器生成的图片会越来越真实。最终实际部署时只需要保留训练好的生成器就行，因为需要的就是生成器的"造假"能力，判别器一般是不需要的。

原始的 GAN 算法采用全连接网络来实现，其训练难度大，容易出现训练失败的现象，即使训练成功所生成出来的图片细节也不够逼真。为了解决这个问题，更具有实际应用意义的 DCGAN 算法出现了。

8.2.2 DCGAN 算法

由于卷积神经网络比全连接网络有更强的图像拟合与表达能力，因此 Alec Radford 等将卷积神经网络引入生成器和判别器，所研发的算法称作深度卷积生成对抗网络（Deep Convolutional GAN，DCGAN）。DCGAN 的原理和 GAN 是一样的，它只是把 GAN 中的生成器 G 和判别器 D 换成了卷积神经网络。同时，为了提高图像的生成质量和收敛速度，DCGAN 取消掉了 CNN 中的池化层。

在前面的章节中偏重设计判别类模型，即输入是 3 通道图像，然后使用卷积神经网络进行特征提取，最后输出类别、回归框、分割掩码图、关键点热图等。DCGAN 的判别器模型也采用这种组网方法，但是 DCGAN 的生成器模型则不一样。以手写体数字图片为例，该任务最终需要生成 32×32 大小的图片，而 DCGAN 的生成器采样的高斯噪声是一个 1×1 的标量，那么怎么实现从 1×1 到 32×32 的变换呢？很明显，需要对输入的噪声数据进行上采样。

在 CNN 网络中，输入图像通过卷积操作提取特征后，输出的尺寸通常会变小，而有时需要将图像恢复到原来的尺寸以便进行和原图像相同尺度的计算。上采样有多种方法，比如最近邻插值、双线性插值等，本章介绍的 DCGAN 算法使用反卷积来实现上采样。

一般的卷积就是把卷积核放在输入图像上进行滑窗计算，将当前卷积核覆盖范围内的输入与卷积核相乘，所计算的值再进行累加，最后得到当前位置的输出，其本质在于融合多个像素值的信息输出一个像素值，属于下采样，所以一般输出的尺寸小于输入的尺寸，如图 8.5 所示。

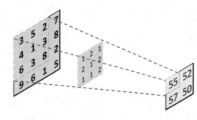

图 8.5 普通二维卷积计算示例

图 8.5 所示图例卷积值计算方式为：3×1+5×2+2×1+4×2+1×1+3×2+6×1+3×1+8×2=55。

反卷积和转置卷积都是一个意思，所谓的反卷积，就是卷积的逆操作，计算示例如图 8.6 所示。

以图 8.6 左上角子图为例，将输出的 55 按照逆方向投影回去，可以得到[[55,110,55],[110,55,110],[55,55,110]]的结果。采用这种方式依次可以得到类似的 4 张特征图，最后将这 4 张特征图进行叠加就是反卷积最终的输出结果，如图 8.7 所示。

值得说明的是，卷积和反卷积并不是完全对等的可逆操作。反卷积只能恢复尺寸，不能恢复数值。

PaddlePaddle 提供了反卷积操作函数，其完整定义如下：

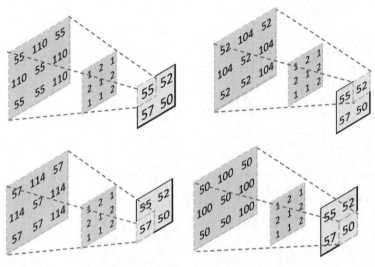

图 8.6 反卷积特征图计算示例

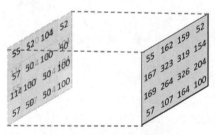

图 8.7 反卷积特征图叠加

```
paddle.nn.Conv2DTranspose(in_channels, out_channels, kernel_size, stride = 1, padding = 0,
output_padding = 0, groups = 1, dilation = 1, weight_attr = None, bias_attr = None, data_
format = 'NCHW')
```

各参数定义如下：

- in_channels：输入特征的通道数；
- out_channels：输出特征的通道数；
- kernel_size：卷积核大小；
- stride：步长大小，默认值为 1；
- padding：边缘扩充大小，默认值为 0；
- output_padding：输出形状上一侧额外添加的大小，默认值为 0；
- groups：二维卷积层的组数，默认值为 1；
- dilation：空洞大小，默认值为 1；
- weight_attr：指定权重属性，默认值为 None；
- bias_attr：指定偏置参数属性，默认值为 None；
- data_format：指定输入的数据格式，默认值为"NCHW"。

对于反卷积 Conv2DTranspose 的学习，只需要掌握如何计算输入和输出的尺寸即可。

首先需要回忆一下二维卷积操作中，输出特征尺寸的计算公式（参考 2.5.1 节）：

$$out = (in - kernel + 2padding)/stride + 1$$

其中，out 表示输出特征尺寸；in 表示输入特征尺寸；kernel 表示核大小；padding 表示边缘扩充大小（默认为 0）；stride 表示步长大小（默认为 1）。

反卷积的计算公式分两种情况进行计算：

（1）当 $(in - kernel + 2padding)\%stride = 0$ 时，反卷积计算公式为

$$out = stride(in - 1) - 2padding + kernel$$

（2）当 $(in - kernel + 2padding)\%stride \neq 0$ 时，反卷积计算公式为

$$out = stride(in - 1) - 2padding + kernel + (in - kernel + 2padding)\%stride$$

目前，在图像处理领域，主流的 GAN 算法都是基于 DCGAN 来实现的，包括下面即将介绍的风格化算法 AnimeGAN。

8.2.3 AnimeGAN 算法

AnimeGAN 算法是一种基于 DCGAN 的风格变换算法，可以将任意风景照片转换为动漫化照片，该算法来源于论文 *AnimeGAN：A Novel Lightweight GAN for Photo Animation*。下面将详细剖析 AnimeGAN 算法的实现原理。

1. 对抗学习

前面内容讲解过，GAN 算法最重要的就是构建生成器和判别器进行对抗，这样一个对抗过程怎么迁移到照片动漫化任务上呢？AnimeGAN 给出了一种有效的解决方案。

首先搜集一组真实的风景照片，将这组照片归类为 P；然后再搜集一组动漫化图片，将这些图片归类为 A。接下来就可以按照前面介绍的 DCGAN 算法实现流程，使用深度卷积神经网络分别构建生成器模型 G 和判别器模型 D，进行下面的迭代对抗训练：

（1）训练判别器 D。

从 P 中随机选择图片然后经生成器 G 进行变换得到对应的动漫化图片 P'，对所有的 P' 打上假标签 0；从 A 中随机选择图片并打上真标签 1。所有的图片一同送入判别器，对判别器进行训练。计算损失函数时使判别器对真数据输入的判别趋近于 1，对生成器生成的假图片的判别趋近于 0。此过程中只更新判别器 D 的参数，不更新生成器 G 的参数。

（2）训练生成器 G。

从 P 中随机选择图片然后经生成器 G 进行变换得到对应的动漫化图片 P'，对所有的 P' 打上真标签 1。这些由生成器生成的假图片 P' 送入判别器。计算损失函数时使判别器对生成器生成的假图片的判别趋近于 1。此过程中只更新生成器 G 的参数，不更新判别器 D 的参数。

上述过程跟 DCGAN 算法的训练步骤基本一致，只不过这里的生成器不再以高斯噪声作为输入，而是以某张图片作为输入并使用深度 CNN 进行变换得到"假"的动漫化图片。

值得注意的是，所使用的真实图片集 P 和动漫图片集 A 并不需要一一对应，这种方式极大地方便了数据的收集和准备。如果想要让生成器换种不同风格的图片生成能力，只需要重新收集对应风格的动漫图片然后重新训练即可。

下面开始详细剖析 AnimeGAN 的生成器 G 和判别器 D 的模型结构设计。

2. 生成器模型结构

AnimeGAN 的生成器模型结构如图 8.8 所示。整个网络采用了类似 UNet 的编解码结构，在模型构成上由标准卷积模块 Conv-Block、深度可分离卷积模块 DSConv、反向残差模块 IRB、下采样模块 Down-Conv、上采样模块 Up-Conv 组成。每个模块上的数字代表的是对应的输出特征通道数。

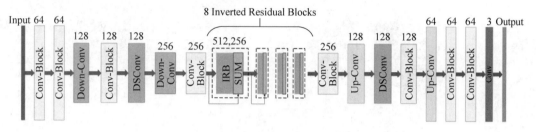

图 8.8　AnimeGAN 的生成器模型结构图

图 8.9 给出了 Conv-Block、DSConv、IRB、Down-Conv 和 Up-Conv 各子模块对应的详细结构图。图 8.9 中，字符 K 表示卷积核大小，C 表示输出特征通道数，S 表示卷积的步长，H 表示特征图的高度、W 表示特征图的宽度，Resize 表示插值或缩放操作，$\oplus$ 表示逐元素相加。相关概念在前面几章内容的学习中均详细讲解过，本章不再重复阐述。其中有一个模块需要重点阐述，就是 Inst_Norm。这个子模块在其他深度学习任务中不常用，但是在图像风格变换等 GAN 相关的任务中比较常见。

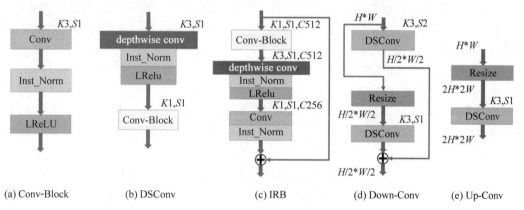

图 8.9　AnimeGAN 生成器子模块结构图

Inst_Norm 是一种归一化算子，与传统 CNN 中的批归一化（Batch Norm，BN）类似，可以加快模型的收敛速度，在一定程度缓解深层网络中"梯度弥散"的问题，从而使得训练深层网络模型更加容易。但是，对于本章动漫化风格迁移这类注重每个像素效果的任务来说，采用 BN 这种方法就不太合适了。因为 BN 在计算时考虑了一个批次中所有图片的内容，会造成每个样本图片独特细节的丢失。

除 BN 以外，研究学者还陆续提出了层归一化（Layer Norm，LN）、实例归一化（Instance

Norm，IN）、组归一化（Group Norm，GN）等归一化算法。不管是何种归一化算法，其核心都是特定像素点集合减去均值并除以方差，计算公式如下：

$$\hat{x}_i = \frac{1}{\sigma_i}(x_i - \mu_i)$$

上述几种不同的归一化算法其不同点在于所定义的像素点集合不同。图 8.10 展示了各种归一化算法的不同计算方式。

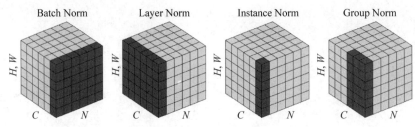

图 8.10　不同归一化方法的计算方式

从图 8.10 可以看到，对应输入 $[N,C,H,W]$ 这几个维度的数据，不同的归一化方法定义的像素点集合有很大的不同，下面分别作介绍。

（1）BN：该方法固定特征通道（固定 C），其余维度全部用满，也就是计算某个特征通道内所有样本的像素。很明显，这种像素集合定义方式是跨样本的，能够在样本之间传递和汇聚信息，因此该归一化方法适合图像分类、目标检测、语义分割、关键点检测等需要综合不同样本上下文语义特征的判别性任务。

（2）LN：该方法固定某个样本（固定 N），其余维度全部用满，也就是计算某个图像样本的所有像素。这种集合定义方式只固定在单个样本内，不会受到其他样本的影响。因此该归一化方法尤其适合 GAN 等图像生成任务，在计算时可以免受其他样本的破坏而造成内容失真。

（3）IN：该方法在 LN 的基础上再进一步，同时限定样本和通道（固定 N 和 C），其余维度用满，也就是计算某个样本在某个特征通道上的全部像素。这种方式将像素集合限定在单个样本单个特征通道上，因此，该方法在计算时不易受到其他样本干扰，并且各通道之间也不会产生影响。该方法尤其适合图像风格变换等对像素内容保真度要求较高的任务。

（4）GN：该方法综合了 LN 和 IN 两种方式，同样将计算内容限定在单个样本内（固定 N），但在特征通道上可以分组，即将特征通道 C 分为 M 个组，计算时按照特征组进行像素计算。当 $M=C$ 时，此时 GN 等价于 IN；当 $M=1$ 时，此时 GN 等价于 LN。

本章介绍的 AnimeGAN 算法使用的 Inst_Norm 模块就是 IN。当然，在实际编程时也可以采用更简单的 GN，只需要将分组数量设置为输出通道数，此时 GN 等价于 IN。

3. 判别器模型结构

AnimeGAN 的判别器模型其结构相对比较简单，主要使用卷积模块 Conv、非线性激活模块 LReLU 和归一化模块 Inst_Norm 来组网，具体结构如图 8.11 所示。

4. 损失函数

从前面介绍的 AnimeGAN 生成器模型和判别器模型结构上来看，AnimeGAN 和

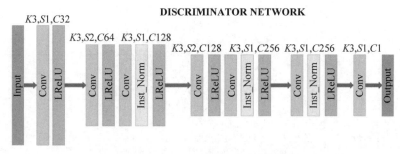

图 8.11　AnimeGAN 的判别器模型结构图

DCGAN 并没有太明显的区别。之所以 AnimeGAN 能够实现照片动漫化变换能力，主要是因为 AnimeGAN 采用了诸多损失函数用来控制内容变换。

在更新生成器模型时，除了 GAN 本身的对抗损失（adv loss）以外，还额外采用了内容损失（content loss）、风格损失（style loss）、颜色损失（color loss）。下面对这三种损失函数作一下介绍。

（1）内容损失（content loss）。内容损失的概念来源于图像超分辨率领域的 SRGAN 算法。图像超分指的是将低分辨率图像修复成高分辨率图像，其本质也是一种图像变换。SRGAN 的一大创新点就是提出了内容损失。

以往在比较两幅图像差异的时候是直接针对图像每个像素进行比较的，用的 MSE 准则。SRGAN 算法提出者认为这种方式只会过度地让模型去学习这些像素差异，而忽略了图像的整体视觉感受。但是这种视觉感受怎么表示呢？

其实很简单，已经有很多模型的特征提取模块能满足要求，典型的就是图像分类任务。具体的，只需要把这些分类模型中的特征提取模块截取出来，然后去计算变换后的图像和原始图像的特征差异即可，这就是内容损失。在众多模型中，SRGAN 选用了 VGG19 模型，其截取的模型命名为 truncated_vgg19。所谓模型截断，也就是只提取原始模型的一部分，并且将截取出来的模型参数固定下来，不参与后面的训练迭代，仅作为图像的特征提取器使用。

下面是对应的示例代码：

```
pretrained = CaffeVGG19()
real_feature_map = pretrained(real)
fake_feature_map = pretrained(fake)
c_loss = self.criterionL1(real_feature_map, fake_feature_map)
```

其中 CaffeVGG19() 函数表示用于读取一个已经训练好的截断的 VGG19 模型。从上述计算方式上看出，传统的计算方式是直接计算图像 real 和 fake 的 L1 差异值，而改用内容损失后只需要利用截断的 VGG19 模型对 real 和 fake 图像多做一次推理提取特征图，再在特征图上进行 L1 计算即可。

在更新生成器模型时，加入内容损失函数，可以让变换前和变换后的图像在内容上保持一致。

（2）风格损失（style loss）。风格损失是风格变换类 GAN 算法经常会使用到的一种损失函数，它的本质是使用 gram 算子来作为图像风格的表示。

示例代码如下：

```
import paddle.nn as nn
criterionL1 = nn.L1Loss()

def gram(x):
    b, c, h, w = x.shape
    x_tmp = x.reshape((b, c, (h * w)))
    gram = paddle.matmul(x_tmp, x_tmp, transpose_y = True)
return gram / (c * h * w)

def style_loss(style, fake):
return criterionL1(gram(style), gram(fake))

def con_sty_loss(anime, fake):
pretrained = CaffeVGG19()
fake_feature_map = pretrained(fake)
    anime_feature_map = pretrained(anime)
    s_loss = style_loss(anime_feature_map, fake_feature_map)
    return s_loss
```

gram 算子可以看作特征之间的偏心协方差矩阵（即没有减去均值的协方差矩阵），表示的是两两特征之间的相关性。一旦获取了 gram 矩阵，就获取了不同特征之间的关系，比如哪一种特征的量比较多，哪些特征呈现正相关或负相关，而正是这些特征之间的相关性在很大程度上反映了一幅图像的风格。

需要注意的是，上述风格损失的计算也是在提取的 VGG19 特征中进行的。

（3）颜色损失（color loss）。为了保证图像变换前后的颜色一致性，在 AnimeGAN 中额外定义了颜色损失函数。

示例代码如下：

```
import paddle.nn as nn
criterionL1 = nn.L1Loss()
criterionHub = nn.SmoothL1Loss()

def rgb2yuv(rgb):
kernel = paddle.to_tensor([[0.299, -0.14714119, 0.61497538],
                           [0.587, -0.28886916, -0.51496512],
                           [0.114, 0.43601035, -0.10001026]],
                             dtype = 'float32')
rgb = paddle.transpose(rgb, (0, 2, 3, 1))
yuv = paddle.matmul(rgb, kernel)
return yuv

def color_loss(con, fake):
con = rgb2yuv(con)
fake = rgb2yuv(fake)
return (criterionL1(con[:, :, :, 0], fake[:, :, :, 0]) +
        criterionHub(con[:, :, :, 1], fake[:, :, :, 1]) +
        criterionHub(con[:, :, :, 2], fake[:, :, :, 2]))
```

从代码实现上看，颜色损失将原特征从 rgb 变换到 yuv 颜色空间再进行计算，更利于颜色信息的准确定位。通过颜色损失的限制，可以使得整个图像变换不会出现太大的颜色偏差。

本节内容针对 AnimeGAN 算法进行了剖析，需要注意的是 PaddleGAN 套件中的 AnimeGAN 算法在原算法基础上还做了一些调整和优化，因此命名为 AnimeGAN_v2，但是整个实现方式与前面讲述的实现原理基本一致。完整的端到端模型组网和损失函数实现代码请参考 PaddleGAN/ppgan/models/animeganv2_model.py。

下面将使用 PaddleGAN 套件的 AnimeGAN 算法，完成照片动漫化转换。

8.3　算法研发

8.3.1　数据集准备

本章任务使用 AnimeGAN 原论文提供的数据来训练，该数据集中提供了几种不同风格的动漫图片用于模型训练。本书配套资源中提供了该数据集，详见前言二维码。

具体的，在 PaddleGAN/data 目录下创建一个 animedataset 文件夹，然后将下载的数据集移动到 PaddleGAN/data/animedataset 目录下并解压，最终数据目录如图 8.12 所示。

该数据集提供了 4 种不同风格的动漫图片用于训练：Hayao、Paprika、Shinkai 和 SummerWar。提供的这 4 种风格图片均作了统一处理：通道数为 RGB、存储格式为 JPG、分辨率为 256 像素×256 像素。部分样例如图 8.13 所示。

图 8.12　数据集目录结构

(a) Hayao

(b) Paprika

图 8.13　数据集部分示例图片

(c) Shinkai

(d) SummerWar

图 8.13 （续）

　　使用不同风格的图像训练出来的生成器模型最终会具备该种风格的图像变换能力。本章使用 Hayao 风格图像进行训练，读者也可以根据自己的兴趣选择其他风格的训练图像。当然，读者也可以按照某种图像风格自行收集喜爱的动漫图片进行训练。

8.3.2　训练

　　GAN 模型高度非线性，如果采用随机初始化直接进行训练容易陷入比较差的局部最优解。因此，AnimeGAN 论文里建议先使用内容损失函数对整个模型的生成器部分进行预训练，然后再进行完整的端到端训练。

1. 预训练

　　PaddleGAN 套件和其他算法套件一样，也采用 yaml 文件衔接各个执行模块。预训练对应的配置文件路径为 PaddleGAN/configs/animeganv2_pretrain.yaml。需要注意的是，官方提供的配置文件默认的 epochs 参数设置为 2，也就是预训练一共执行 2 轮结束。在配置文件末尾有个 snapshot_config->interval 参数，其默认值给的是 5，这个参数表示的是每隔多少个 epoch 保存当前训练的模型结果。由于前面总的 epochs 设置为 2，因此这里需要将 interval 参数修改为 1 或 2，这样预训练模型才能保存下来，如下所示：

```
snapshot_config:
  interval: 2      ♯ 修改该参数,使得预训练模型能够保存
```

在配置文件中还有一个参数需要注意：

```
dataset->train->transform_anime->Add->value
```

　　该参数表示的是数据集中所有图像的 RGB 均值偏移量，添加这样一个 RGB 均值偏移量是为了防止训练的过程中产生较大的颜色偏移。不同数据集其均值偏移量是不同

的，例如本章任务使用的 Hayao 风格数据集，它的均值偏移量为

```
value: [ − 4.4346957, − 8.665916, 13.100612]
```

如果选择其他风格的数据集，那么怎么知道对应的均值偏移量呢？

这里 PaddleGAN 套件已经提供好了计算数据集均值偏移量的脚本，以 Paprika 数据集为例，可以使用下面的代码来计算偏移量：

```
python tools/animegan_picmean.py −− dataset ./data/animedataset/Paprika/style
```

输出结果如下所示：

```
RGB mean diff
[ − 22.436172    − 0.1937265   22.6299]
```

将输出的结果值填入参数 transform_anime->Add->value 即可。

完成修改以后可以使用下面的代码来执行预训练：

```
python tools/main.py −− config − file configs/animeganv2_pretrain.yaml
```

预训练的保存结果存放在 output_dir 目录下。

2. 端到端训练

预训练完成后，就可以端到端训练整个 AnimeGAN 网络了。PaddleGAN 套件里同样提供了端到端训练的配置文件 configs/animeganv2.yaml。这里必须先修改配置文件中的 pretrain_ckpt 参数，确保指向前面训练好的预训练模型权重路径，如下所示：

```
pretrain_ckpt:output_dir/animeganv2_pretrain2023 − 12 − 27 − 16 − 55/epoch_2_checkpoint.pdparams
```

修改完以后就可以使用下面的命令开启完整的端到端训练了：

```
python tools/main.py −− config − file configs/animeganv2.yaml
```

默认配置文件一共执行 30 个 epochs，需要 3h 左右训练完成。

如果想要使用多卡进行训练，可以使用下面的命令执行（以 2 卡为例）：

```
export CUDA_VISIBLE_DEVICES = 0,1
python − m paddle. distributed. launch tools/main. py −− config − file configs/
animeganv2. yaml
```

3. 动态图推理

PaddleGAN 提供了 Python 脚本用于可视化验证训练的模型效果。

具体的，注释掉配置文件 animeganv2.yaml 中的 pretrain_ckpt 参数，然后使用下面的命令执行验证预测：

```
python3 tools/main.py −− config − file configs/animeganv2.yaml −− evaluate − only \
 −− load output_dir/animeganv2 − 2023 − 12 − 27 − 17 − 08/epoch_30_weight.pdparams
```

注意，上述 animeganv2-2023-12-27-17-08 文件夹需要改为实际的模型存储路径。最终，预测结果存放在 output_dir 文件夹中，部分预测结果如图 8.14 所示。

图 8.14　AnimeGAN 部分预测结果示例

　　从图 8.14 所示的效果看到，所训练的 AnimeGAN 模型具备了一定程度的照片动漫化能力，其风格输出类似 Hayao。该模型不需要较多的图像预处理手段，针对任何场景图像均可以实现照片动漫化效果。整个训练过程也不需要成对的图片，大幅降低了数据收集的难度。由于训练集中的真实照片都是风景照，如果想要对以人物为主的照片进行风格化，不妨在训练集中增加更多的人物摄影照片，重新进行训练，感兴趣的读者可以自行尝试改进。

4. 静态图导出

　　为了方便部署，需要按照 PaddlePaddle 静态图导出方式将训练好的 AnimeGAN 动态图模型转换为静态图模型。PaddleGAN 套件已经提供了静态图转换的脚本文件，该脚本文件位于 PaddleGAN/tools/export_model.py，但是整个转换代码比较复杂，因此可以自行编写一个更简洁的转换脚本。

　　在 PaddleGAN 根目录下新建一个用于静态图转换的脚本文件 export.py，其内容如下：

```python
import paddle
from ppgan.models.generators import AnimeGenerator

# 设置训练好的动态图模型路径
weight_path = './output_dir/animeganv2 - 2023 - 12 - 27 - 17 - 08/epoch_30_weight.pdparams'

# 加载 AnimeGAN 生成器模型
net = AnimeGenerator()
checkpoint = paddle.load(weight_path)
net.set_state_dict(checkpoint['netG'])
net.eval()

# 定义输入
x_spec = paddle.static.InputSpec(shape = [1, 3, 256, 256],
                                 dtype = 'float32',
                                 name = 'x')
```

```
# 转换为静态图并保存
net = paddle.jit.to_static(net, input_spec=[x_spec])
paddle.jit.save(net, './output_dir/inference/animegan')
```

上述脚本只使用了 AnimeGAN 的生成器模型 AnimeGenerator，因为训练好的判别器模型在实际推理时是不需要的。在静态图转换时使用了 paddle.jit.to_static() 函数，这个函数以自定义样本 x_spec 作为输入，会全流程跟踪样本输入模型以后的数据计算过程，这个固定下来的数据计算过程就是静态图模型。最后使用 paddle.jit.save() 函数将静态图模型保存下来。

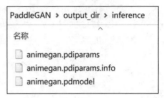

运行上述脚本，转换后的静态图模型文件存放于 output_dir/inference 目录下面，如图 8.15 所示。

图 8.15　静态图模型文件

生成的静态图模型包含三个文件：animegan.pdiparams、animegan.pdiparams.info、animegan.pdmodel，总大小不超过 10MB。

5. 静态图推理

静态图导出后需要编写一个测试脚本来测试一下。前面几章内容对应的算法套件均提供了静态图推理脚本，PaddleGAN 也提供了类似的功能脚本（tools/inference.py），但是其代码不够简洁，可以借鉴其实现方式编写更简洁的静态图推理脚本。注意，编写这样一个简化版的推理脚本一方面可以帮助检查导出的静态图模型是否正确，另一方面也可以帮助梳理 AnimeGAN 算法的前后处理步骤，从而为后面的微服务部署打好基础。

前面几章内容均采用 FastDeploy 来实现静态图推理，由于 FastDeploy 对模型的前后处理进行了高度封装，因此使用 FastDeploy 进行模型推理非常简单。但是目前 FastDeploy 并没有支持所有的 PaddlePaddle 模型，例如本章的 AnimeGAN 算法 FastDeploy 就没有集成进去，因此需要采用更加原生的推理工具 Paddle Inferene 来完成静态图推理，其核心就在于准确处理模型的前后逻辑。

编写模型的前处理和后处理流程需要对模型原理进行掌握，同时结合配置文件中的参数设置来实现。虽然没有固定的套路，但是总结起来无非就是图像格式变换、尺寸缩放、归一化等步骤，这些都可以通过查阅模型的推理代码来获得。

具体的，在 PaddleGAN 根目录下新建一个用于静态图推理的脚本 infer.py，代码如下：

```
import cv2
import numpy as np
from paddle.inference import create_predictor
from paddle.inference import Config as PredictConfig

# 加载静态图模型
model_path = "./output_dir/inference/animegan.pdmodel"
params_path = "./output_dir/inference/animegan.pdiparams"
pred_cfg = PredictConfig(model_path, params_path)
```

```
pred_cfg.enable_memory_optim()              # 启用内存优化
pred_cfg.switch_ir_optim(True)
pred_cfg.enable_use_gpu(500, 0)             # 启用 GPU 推理
predictor = create_predictor(pred_cfg)      # 创建 PaddleInference 推理器

# 解析模型输入输出
input_names = predictor.get_input_names()
input_handle = {}
for i in range(len(input_names)):
    input_handle[input_names[i]] = predictor.get_input_handle(input_names[i])
output_names = predictor.get_output_names()
output_handle = predictor.get_output_handle(output_names[0])

# 图像预处理
img = cv2.imread("./data/animedataset/test/test_photo/1.jpg", flags = cv2.IMREAD_COLOR)
img = cv2.cvtColor(img, cv2.COLOR_BGR2RGB)
img = cv2.resize(img, (256, 256), interpolation = cv2.INTER_AREA)
img = img.astype(np.float32)

# 对齐均值漂移
img[:, :, 0] -= - 4.4346957
img[:, :, 1] -= - 8.665916
img[:, :, 2] -= 13.100612

# 归一化
img = img / 127.5 - 1
img = np.transpose(img[np.newaxis, :, :, :], (0, 3, 1, 2))

# 预测
input_handle["x"].copy_from_cpu(img)
predictor.run()
results = output_handle.copy_to_cpu()

# 后处理
results = results.squeeze(0)
cartoon = np.transpose(results, (1, 2, 0))
cartoon = (cartoon + 1) * 127.5
cartoon = cartoon.astype("uint8")
cartoon = cv2.cvtColor(cartoon, cv2.COLOR_RGB2BGR)
cv2.imwrite("./output_dir/result.jpg", cartoon)
```

整个预处理部分主要做 4 件事。

（1）BGR2RGB：调整颜色通道顺序，由 BGR 变换为 RGB。

（2）Resize：调整图像大小至固定尺寸[256,256]。

（3）Normalize：调整图像像素值区间，从[0,255]归一化到[−1,1]。

（4）HWC2CHW：调整维度顺序，从[H,W,C]调整为[C,H,W]。

后处理部分按照相反的方式进行处理即可。读者可以逐行分析代码，结合配置文件 configs/animeganv2.yaml 中的参数设置理解其含义。该脚本未来也可以用于其他 PaddlePaddle 深度学习任务的推理，只需要适当地做一些调整即可。

运行上述脚本，实现指定图像的动漫化转换，转换效果如图 8.16 所示。

图 8.16 使用 Paddle Inference 实现静态图推理

8.4 微服务部署（FastDeploy Serving 推理）

视频讲解

通过深度学习训练得到的模型主要目的还是为了更有效地解决实际生产中的问题，因此部署是一个非常重要的阶段。本章所讨论的服务化部署技术就是将深度学习模型封装到一个 Web 服务里去，对外暴露调用接口，实现线上推理。这种 B/S 架构的部署方式对客户端非常友好。客户端可以完全脱离"笨重"的环境依赖，只需要浏览器或 HTTP 访问工具即可调用深度学习服务。因此，服务化部署成为当下非常热门的 AI 部署方式，被广泛用于各大公司的实际业务和产品中。

由于部署环境的多样性，完成模型服务化部署并不容易，其中涉及的问题很多，例如显卡利用、内存释放、多线程调度、算子加速等。如果不借助额外的部署工具，想要纯手工部署一套高效稳定的深度学习系统有一定难度。庆幸的是，目前业界有很多成熟的服务化部署框架，可以直接拿来使用。

Google 早在 2016 年就针对 TensorFlow 推出了服务化框架 TensorFlow Serving，能够把 TensorFlow 训练出来的模型以 Web 服务的方式对外暴露接口，通过网络接收来自客户端的请求数据，然后执行前向计算得到推理结果并返回。除了 TensorFlow Serving 以外，还有很多类似的服务化部署框架，比较流行的有英伟达推出的 Triton Inference Server、Meta 推出的 TorchServe、百度推出的 PaddleServing 和 FastDeploy 等。

本书采用 PaddlePaddle 作为深度学习算法研发工具，因此要实现服务化部署最方便的就是使用 PaddlePaddle 官方的服务化部署工具 PaddleServing 或 FastDeploy。考虑到未来发展趋势，本章将介绍如何使用 FastDeploy 实现服务化部署任务。

FastDeploy 是一款全场景 AI 推理部署工具，尤其是针对使用 PaddlePaddle 的用户来说，使用 FastDeploy 来部署深度学习模型极其方便，前面多个章节内容均采用了 FastDeploy 完成了本地部署。在服务化部署方面，FastDeploy 基于 Triton Inference Server 搭建了端到端的服务化部署方案，扩展了 PaddlePaddle 模型的支持，使用简单，性能卓越。

本节将使用 FastDeploy Serving，对深度学习服务化部署问题进行研究，以照片动漫化模型为基础，打造一个支持高并发、多 GPU 推理的照片动漫化在线微服务系统。

8.4.1 准备 Docker 环境

由于 FastDeploy 的服务化部署方案高度依赖 Docker 工具，因此首先要准备好 Docker 相关环境。部署环境为 Linux 系统，本书使用 Ubuntu20.04 来实现接下来的部署任务。

1. 安装 Docker

Docker 是一个开源的应用容器引擎，开发者可以打包应用以及依赖包到一个可移植的容器中，然后发布到任何流行的 Linux 机器上。从功能上看，Docker 类似于一个轻量级的虚拟机。使用 Docker 技术来实现 AI 模型的服务化部署非常方便，不管是服务的启动、暂停、销毁，其执行速度都非常快，开销很低。

Docker 有多种安装方式，考虑到运行稳定性，建议参考官网进行安装。官网网址详见前言二维码。

安装完成后可以使用下面的命令来查看 docker 对应版本：

```
sudo docker -- version
```

正常输出如下所示：

```
Docker version 24.0.7, build afdd53b
```

2. 安装 NVIDIA Container Toolkit

由于需要在 Docker 中启动英伟达的 GPU 服务，因此需要安装英伟达容器化工具 NVIDIA Container Toolkit，该工具使 Docker 的容器能与主机的 NVIDIA 显卡进行交互。安装前要求 NVIDIA 的显卡驱动已安装。需要注意的是，英伟达官网给出的是在线安装方法，但是由于网络原因，在线安装 NVIDIA Container Toolkit 存在一定问题。本文推荐使用离线安装方法。

具体的，Ubuntu20.04 系统和 Ubuntu18.04 系统需要访问不同的网站，网址详见前言二维码。网站打开后下载 6 个必要的安装文件。

```
libnvidia - container1_1.13.0 - 1_amd64.deb
libnvidia - container - tools_1.13.0 - 1_amd64.deb
nvidia - container - toolkit - base_1.13.0 - 1_amd64.deb
nvidia - container - toolkit_1.13.0 - 1_amd64.deb
nvidia - container - runtime_3.13.0 - 1_all.deb
nvidia - docker2_2.13.0 - 1_all.deb
```

注意上述文件中版本号的一致性，例如下载的文件中都包含"13.0-1"。上述文件也可以从本书配套资源中获取，下载网址详见前言二维码。

下载完成后按照上面的文件顺序使用下面的命令逐个完成安装：

```
sudo dpkg - i <文件名>
```

安装完成后需要重启 Docker 服务。首先使用下面的命令查看所有容器运行状态：

```
sudo docker ps - a
```

确保没有正在运行的容器。如果有则用 docker stop 命令来停止相关容器的运行。接下来重启 Docker 服务：

```
sudo systemctl daemon - reload
sudo systemctl restart docker
```

重启完成后使用下面的命令来验证 nvidia-docker 是否安装成功：

```
nvidia - docker - v
```

正常输出如下所示：

```
Docker version 24.0.7, build afdd53b
```

3. 获取 FastDeploy Serving 镜像

首先，通过 FastDeploy 官网找到 FastDeploy Serving 的 Docker 镜像，官网网址详见前言二维码。

具体的镜像拉取命令如下：

```
docker pull registry.baidubce.com/paddlepaddle/fastdeploy:1.0.7 - gpu - cuda11.4 - trt8.5 - 21.10
```

该镜像已经安装好相关的 cuda、cudnn、tensorrt、fastdeploy 和 fastapi 环境，只需要拉取镜像下来并且进入镜像即可正常使用。

接下来，基于拉取的镜像创建一个容器并进入容器：

```
sudo nvidia - docker run - it -- net = host -- name fd_serving \
registry.baidubce.com/paddlepaddle/fastdeploy:1.0.7 - gpu - cuda11.4 - trt8.5 - 21.10 bash
```

正常效果如下所示：

```
root@pu - Precision - 7920 - Tower:/#
```

此时已经进入了该镜像容器，容器名称为 fd_serving，并且已经在容器的 bash 命令行中，用户也已经切换成了容器中的 root 管理员用户。

输入下面的命令检查是否可以在容器内读取到显卡相关信息：

```
nvidia - smi
```

如果出现类似图 8.17 所示效果说明一切都已经安装完毕。

这里需要说明一下为何要使用容器化技术进行 AI 模型服务化部署。对于待部署的目标机器来说，如果从头开始安装环境需要安装 CUDA、CUDNN、TensorRT、PaddlePaddle 等一系列依赖库，如果每个依赖库都手工进行安装非常耗费时间，并且不同的 AI 模型其依赖库不同，容易导致目标机器环境冲突。因此，业界迫切希望有一种类

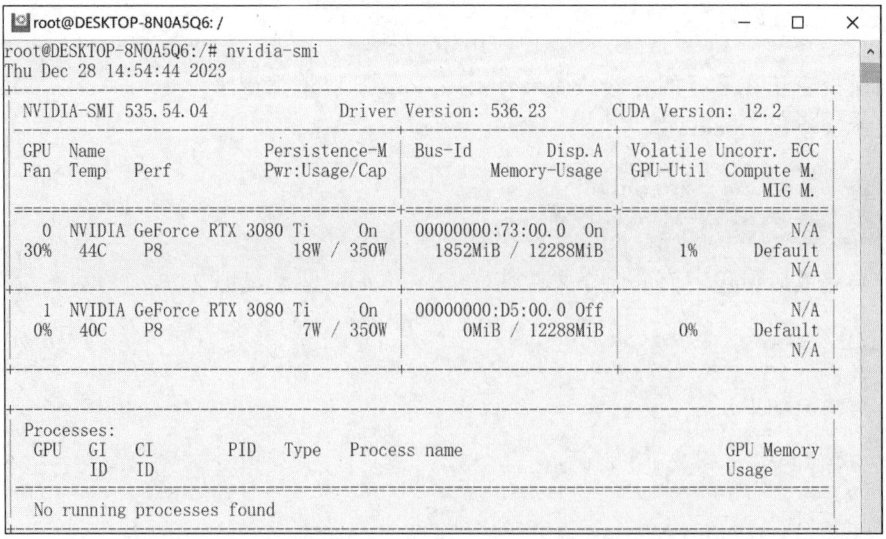

```
root@DESKTOP-8N0A5Q6: /                                          —    □    ×

root@DESKTOP-8N0A5Q6:/# nvidia-smi
Thu Dec 28 14:54:44 2023

NVIDIA-SMI 535.54.04          Driver Version: 536.23      CUDA Version: 12.2

GPU  Name            Persistence-M | Bus-Id        Disp.A | Volatile Uncorr. ECC
Fan  Temp    Perf    Pwr:Usage/Cap |        Memory-Usage | GPU-Util Compute M.
                                   |                      |               MIG M.

  0  NVIDIA GeForce RTX 3080 Ti On | 00000000:73:00.0  On |           N/A
 30%  44C    P8        18W / 350W  |    1852MiB / 12288MiB |    1%   Default
                                   |                      |              N/A

  1  NVIDIA GeForce RTX 3080 Ti On | 00000000:D5:00.0 Off |           N/A
  0%  40C    P8         7W / 350W  |      0MiB / 12288MiB |    0%   Default
                                   |                      |              N/A

Processes:
GPU   GI   CI      PID   Type   Process name                      GPU Memory
      ID   ID                                                     Usage

No running processes found
```

图 8.17　在 FastDeploy Serving 的 docker 容器中读取显卡信息

似于 Python 虚拟环境的隔离技术，能够隔离不同项目的环境依赖，并且方便在不同机器上进行快速部署。

　　从前面的安装过程中可以看到，Docker 就是这样一种满足上述要求的近乎"完美"的技术。在目标机器上，读者只需要安装 Docker 工具本身，然后就可以采用镜像的方式下载和管理库环境，这样极大地降低了后期运维成本。

8.4.2　部署服务

1. 准备模型仓库

　　FastDeploy 启动 Serving 服务时需要指定模型仓库，也就是需要将训练好的静态图模型按照一定结构形式组织起来，这样 FastDeploy 的服务才能准确加载到模型。

　　首先新建一个文件夹专门用于项目部署，文件夹名称为 deploy，然后进入此文件夹内，按照下面所示进行文件结构组织：

```
deploy
└── models
    └── animegan
        ├── 1
        │   ├── model.pdiparams
        │   └── model.pdmodel
        └── config.pbtxt
```

　　具体的，在 deploy 根目录下建立模型仓库文件夹 models。然后在模型仓库目录models 下，必须有 0 个或多个模型名字的子目录，这里只有 1 个模型，即为 animegan。每个模型名字子目录包含部署模型相应的信息，包括表示模型版本的数字子目录，在本章使用版本号 1，另外还包含一个描述模型配置的 config.pbtxt 文件，这个文件暂时可以什么都不写。在版本号文件夹 1 中存放真正的模型参数文件，这里将 8.3.2 节中转换好的 2 个静态图模型文件 animegan. pdiparams 和 animegan. pdmodel 复制过来,并重命名为 model. pdiparams 和 model. pdmodel。

到这里,完整的模型仓库就已经准备好了。可以看到,准备这样一个模型仓库还是比较简单的,只需要将训练好的静态图文件按照上述目录结构进行组织即可,不需要对模型做任何转换。

FastDeploy 的 Serving 功能是通过读取模型仓库下的 config. pbtxt 配置文件来进行推理的。因此,接下来需要编写这个 config. pbtxt 文件。

2. 编写配置文件 config. pbtxt

对照本章任务,下面首先给出 config. pbtxt 的完整内容,然后再详细给出分析说明:

```
name: "animegan"          # 模型服务名称
backend: "fastdeploy"     # 服务引擎
max_batch_size: 4         # 1 次允许的最大推理数量

# 模型输入配置
input [
  {
    name: "x"                  # 模型输入名称
    data_type: TYPE_FP32       # 输入数据类型,包括:TYPE_FP32、TYPE_UINT8、TYPE_INT8、
                               #                    TYPE_INT16、TYPE_INT32、TYPE_INT64
    dims: [ 3, 256, 256 ]      # 输入数据尺寸
  }
]

# 模型输出配置
output [
  {
    name: "tanh_1.tmp_0"       # 模型输出名称
    data_type: TYPE_FP32       # 输出数据类型
    dims: [ 3, 256, 256 ]      # 输出数据尺寸
  }
]

# 模型实例数量配置
instance_group [
  {
    count: 1                   # 服务实例数量
    kind: KIND_GPU             # 服务运行环境,如果是 CPU 则改为 KIND_CPU
    gpus: [0,1]                # 部署的 GPU 序号,此处部署在 0,1 两台 GPU 上
  }
]

# 优化器配置
optimization {
  execution_accelerators {
    # GPU 推理配置,配合 KIND_GPU 使用
    gpu_execution_accelerator : [
      {
        name : "paddle"        # 使用 PaddlePaddle模型
```

```
# 设置推理并行计算线程数为 4
parameters { key: "cpu_threads" value: "4" }
# 开启 mkldnn 加速,设置为 0 关闭 mkldnn
parameters { key: "use_mkldnn" value: "1" }
    }
  ]
 }
}
```

（1）模型服务名称 name：最开始的 name 字段定义了模型服务名称,后面在使用 fastdeploy 命令启动服务时需要用到这个名称,这个名称需要与存放模型的文件夹对应。

（2）后端 backend：由于本模型是一个深度学习推理模型,因此 backend 属性设置为 fastdeploy,如果模型不是一个深度学习推理模型,而是一个基于 python 的前处理或后处理脚本,那么这里的 backend 就设置为 python。

（3）输入 input 和输出 output：在 input 和 output 字段,需要结合实际模型结构来编写其中的字段属性。一共需要知道 3 个属性：输入和输出名称 name、输入和输出数据类型 data_type、输入和输出数据维度 dims,具体信息获取方法在后面给出。

（4）模型分配实例 instance_group：这个字段内用来控制模型最终运行在 GPU 还是 CPU 上。其中 count 设置为 1 表示每个 GPU 上只跑 1 个模型,gpus 设置为[0]表示只在 0 号 GPU 上运行,如果想要在多个 GPU 上运行,可以设置为[0,1]这种形式。

（5）加速方案 optimization：上述代码的设置是对应 GPU 的方案,并且推理引擎使用的是 PaddlePaddle。读者也可以参阅官方文档来使用其他引擎,如 ONNXRuntime、OpenVINO 或 TensorRT。

上面还遗留了一个问题,如何知道模型的输入和输出信息呢？这里可以借助飞桨提供的可视化工具 visualdl 来实现。如果没有安装过 Visualdl,可以使用下面的命令进行安装：

```
pip install visualdl - i https://mirror.baidu.com/pypi/simple
```

然后使用下面的命令启动 Visualdl：

```
visualdl -- logdir log
```

启动成功后,通过浏览器打开网址 http://localhost:8040/,效果如图 8.18 所示。

按照页面提示把训练好的静态图模型文件 model. pdmodel 拖到这个页面上即可打开模型,同时在右侧复选框上勾上“显示节点名称”,这样就可以查看该模型完整结构以及节点名称,如图 8.19 所示。

单击图形上顶部的节点 0,会弹出模型的输入输出完整信息,如图 8.20 所示。

根据这些信息,就可以知道模型的输入名称为 x,形状为[1,3,256,256],类型为 float32;模型的输出名称为 tanh_1. tmp_0,输出形状为[1,3,256,256],输出类型为 float32。将这些信息对应地填入到 config. pbtxt 的输入输出字段即可。

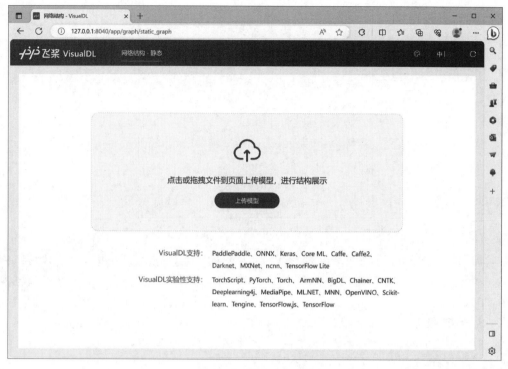

图 8.18 启动 Visualdl

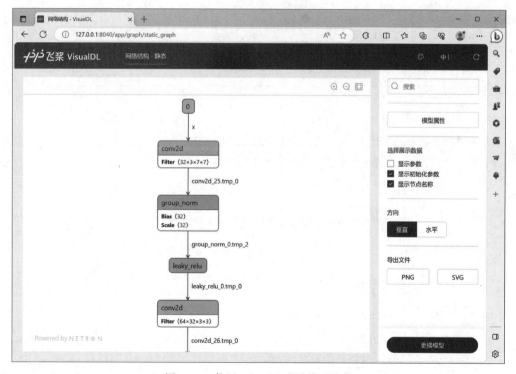

图 8.19 使用 Visualdl 查看模型结构

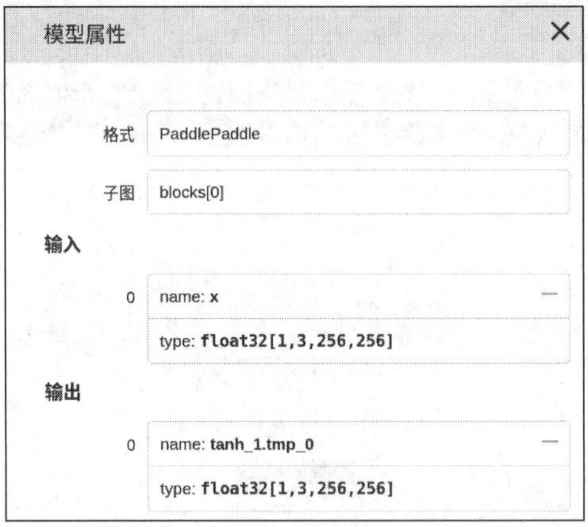

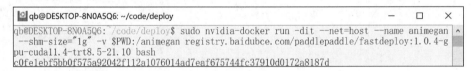

图 8.20　使用 Visualdl 查看模型输入和输出信息

需要注意的是，在填写配置文件特征形状信息的时候，第一个 batch_size 字段可以省略。因此，最后对于输入 x，其形状为[3,256,256]，对于输出 tanh_1.tmp_0，其形状也为[3,256,256]。

3. 启动服务

打开命令行终端，然后切换到 deploy 文件夹下面。根据前面拉取的 fastdeploy 镜像，重新创建一个名为 animegan 的容器：

```
sudo nvidia - docker run - dit -- net = host -- name animegan -- shm - size = "1g" - v
$ PWD:/animegan registry.baidubce.com/paddlepaddle/fastdeploy:1.0.4 - gpu - cuda11.4 - trt8.5 -
21.10 bash
```

创建容器输出显示如图 8.21 所示。

```
qb@DESKTOP-8N0A5Q6: ~/code/deploy                              —    □    ×
qb@DESKTOP-8N0A5Q6: ~/code/deploy$ sudo nvidia-docker run -dit --net=host --name animegan
--shm-size="1g" -v $PWD:/animegan registry.baidubce.com/paddlepaddle/fastdeploy:1.0.4-g
pu-cuda11.4-trt8.5-21.10 bash
c0fe1ebf5bb0f575a92042f112a1076014ad7eaf675744fc37910d0172a8187d
```

图 8.21　创建容器

创建成功后，可以进入该容器命令行：

```
sudo docker exec - it - u root animegan bash
```

最后使用下面的命令来启动 FastDeploy 的 serving 服务：

```
fastdeployserver -- model - repository = /animegan/models
```

看到下面所示的输出表明服务启动成功：

```
I0116 06:18:08.262217 155 grpc_server.cc:4117] Started GRPCInferenceService at 0.0.0.0:8001
I0116 06:18:08.264122 155 http_server.cc:2815] Started HTTPService at 0.0.0.0:8000
I0116 06:18:08.307261 155 http_server.cc:167] Started Metrics Service at 0.0.0.0:8002
```

启动成功后,在本地 8000 和 8001 分别会开启 HTTP 和 GRPC 服务接口。下面使用 GRPC 接口来测试访问。

4. 客户端测试访问

本小节内容将在非 docker 容器内实现,通过编写 Python 脚本用于模仿客户端访问测试。整个过程需要保持 Docker 内的 fastdeploy 服务一直开着。为了能够让 fastdeploy 保持运行状态,在启动 fastdeploy 服务时可以在最后面加上一个 & 符号,如下所示:

```
fastdeployserver -- model - repository = /animegan/models &
```

此时 fastdeploy 服务会在后台运行,即使关闭了命令终端该服务也不会关闭。如果要想关闭后台运行的该服务,可以使用下面的命令:

```
pkill fastdeploy
```

尽管前面将模型推理部分进行了服务化部署,但是没有做任何的数据前处理和后处理,因此,很难直接调用服务。

这里有两种解决方法:一种解决方法是将前处理和后处理各自作为一个推理服务,按照前面的方式进行组织,最后使用一个串联服务将所有任务进行串联,这样对于客户端调用者来说更加方便,这种方式也是目前 FastDeploy 官网各个示例程序使用的方式。另一种解决方法是将前处理和后处理放在客户端完成,服务端仅实现深度学习模型推理,方便调试。考虑到本章内容所部署的动漫化模型仅仅是一个单一的深度学习模型,推理逻辑较为简单,因此,本章任务使用第二种方式。

服务的调用有两种方式:GRPC 和 HTTP。相对来说,GRPC 调用速度更快,连接更稳定。HTTP 方式更通用,但是访问速度一般。本节内容采用 GRPC 方式来实现服务调用。

首先安装 tritonclient[grpc]:

```
pip install tritonclient[grpc] - i https://mirror.baidu.com/pypi/simple
```

tritonclient[grpc]提供了使用 GRPC 的客户端,并且对 GRPC 的交互进行了封装,使得用户调用接口会更加简单。

在 deploy 文件夹下创建一个客户端脚本文件 client_grpc.py,其内容如下:

```python
import cv2
import numpy as np
# 导入 grpc 客户端
import tritonclient.grpc as grpcclient

# 定义 grpc 服务器的地址
server_addr = 'localhost:8001'
# 创建 grpcclient
client = grpcclient.InferenceServerClient(server_addr)
# 读取图像
img_org = cv2.imread('./test.jpg', cv2.IMREAD_COLOR)
```

```python
# 颜色转换
img = cv2.cvtColor(img_org, cv2.COLOR_BGR2RGB)
# 图像缩放
img = cv2.resize(img, (256, 256))
# 对齐均值漂移
img = img.astype(np.float32)
img[:, :, 0] -= -4.4346957
img[:, :, 1] -= -8.665916
img[:, :, 2] -= 13.100612
# 归一化
img = img / 127.5 - 1
# 扩充batch通道并调整通道顺序
im = np.transpose(img[np.newaxis, :, :, :], (0, 3, 1, 2))
# 构建输入数据
inputs = []
infer_input = grpcclient.InferInput('x', im.shape, 'FP32')
infer_input.set_data_from_numpy(im)
inputs.append(infer_input)
# 构建输出数据
outputs = []
infer_output = grpcclient.InferRequestedOutput('tanh_1.tmp_0')
outputs.append(infer_output)
# 请求推理
response = client.infer('animegan',
                        inputs,
                        model_version = '1',
                        outputs = outputs)
results = response.as_numpy('tanh_1.tmp_0')
# 得到预测图
results = results.squeeze(0)
cartoon = np.transpose(results, (1, 2, 0))
cartoon = (cartoon + 1) * 127.5
cartoon = cartoon.astype('uint8')
cartoon = cv2.cvtColor(cartoon, cv2.COLOR_RGB2BGR)
# 还原尺寸
im_h, im_w, _ = img_org.shape
cartoon = cv2.resize(cartoon, (im_w, im_h), interpolation = cv2.INTER_NEAREST)
cv2.imwrite('result.jpg', cartoon)
```

上述代码在本地创建 GRPC 客户端，然后按照模型要求对读入的图像进行预处理，并封装成模型推理定义的输入形式，将请求数据发送给 fastdeploy serving 服务，服务推理结束后根据输出名称取得推理结果并进行后处理，最终得到转换后的动漫化图像。

运行上述脚本，推理前后效果如图 8.22 所示。

到这里，已经把整个模型部署完毕并且做了验证。下面进一步完善整个系统的开发，将前后处理逻辑进一步封装，从而提供给用户更简洁的调用接口。

为了能够方便地将前后处理代码封装成 Web 服务，同时能兼顾高并发访问特性，本章采用基于 Python 的 FastAPI Web 框架来实现服务串联。

项目架构图如图 8.23 所示。

(a) 推理前   (b) 推理后

图 8.22 使用 FastDeploy Serving 推理前后效果

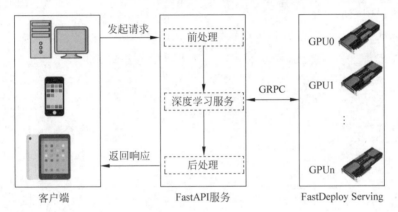

图 8.23 项目架构图

前端由计算机浏览器、手机、iPad 等通过 HTTP 发起请求，将图像数据传输给 FastAPI 服务，FastAPI 服务接收到请求后对图像数据进行前处理，然后通过 GRPC 调用 FastDeploy Serving 深度学习推理服务，得到响应结果后再进行后处理，最后将响应结果返回。

这种架构有一个明显的好处，将深度学习模型推理任务交给了 FastDeploy Serving，因此可以不用再去关注 GPU 资源调度和分配的问题，FastAPI 只需要关注数据的前后处理即可。在具体实现时将 FastAPI 服务也放置在与 FastDeploy Serving 同一个 Docker 容器中，这样更方便后续打包部署。

8.4.3　微服务开发

前面完成了模型部署和本地脚本测试，但是将相关前后处理代码都放在了测试脚本中，这种方式对前端并不友好。本小节将基于 FastAPI 框架开发一套微服务，封装相关的前后处理代码并且简化对外请求接口，最终实现通过网页的形式提供给用户在线使用。

1. 安装 FastAPI 框架

之所以选用 FastAPI 作为最终的微服务框架，有两个重要因素。

（1）语言环境。从前面的测试脚本看到，tritonclient[grpc]客户端提供了 Python 语言用于实现 GRPC 请求，并且整个前后处理流程都是通过 Python 实现的，因此选择基于

Python 的 FastAPI 框架进行微服务开发尤为合适；

（2）框架性能。在众多 Python Web 框架中，FastAPI 是响应速度最快的。

FastAPI 的安装非常简单，输入下面的命令即可：

```
pip install fastapi "uvicorn[standard]" python-multipart
pip install jinja2
```

2. 下载基础示例程序

综合考虑界面美观性和简洁性，本章使用一个预先准备好的 FastAPI 示例程序 clean_fastapi_demo。该示例程序使用 FastAPI 框架作为后端，通过 OpenCV 库来完成简单的图像处理操作，前端使用 Bootstrap5 进行页面设计。示例程序完整源代码可以从本书配套资料中获取。

下载完成后，进入文件夹内，可以看到如下文件结构：

```
clean_fastapi_demo
 └── main_fastapi.py
 └── static
        ├── assets
        ├── css
        └── img
        └── js
 └── templates
        ├── index.html
```

下面对各个文件作简要介绍。

（1）main_fastapi.py：程序主文件，包含后端所有逻辑代码，使用 Python 编写；

（2）static：前端静态资源文件夹，包括网页样式文件夹 css、网页图片文件夹 img、前端交互脚本文件夹 js、图标文件夹 assets 等；

（3）index.html：前端页面文件，用于展示网页内容。

上述文件共同构成了一个精简而标准的 FastAPI 程序。尽管结构简单，但是能够呈现界面优雅的在线照片转换应用。

通过 cd 命令切换到 clean_fastapi_demo 下面，然后启动：

```
uvicorn main_fastapi:app --host 0.0.0.0 --port 8040
```

上述启动命令将网站部署到本地的 8040 端口，启动成功后通过浏览器访问 http://127.0.0.1:8040/，初始页面效果如图 8.24 所示。

单击"开始"按钮，进入照片处理界面，上传一张照片，然后单击"开始转换"按钮，转换完成后会显示原图对应的灰度图，效果如图 8.25 所示。

该示例程序主要完成照片灰度转换功能，旨在提供一个简洁的 FastAPI 示例用于串联前后端处理逻辑。

照片处理请求由网页 index.html 通过 ajax 发起，相关代码位于 index.html 文件的 <script> 字段脚本中，如下所示：

```
function ProcessImg(obj) {
    //提取图像数据
    var str_img_data = document.getElementById('photoIn').src;
    var dst_img_data = document.getElementById('photoOut').src;
    var file = document.getElementById('photo').files[0];
    if (file == "") {
        alert("请先选择要测试的图片!");
        return;
    }
    //封装请求
    var formdata = new FormData();
    var file = $ ("♯photo")[0].files[0];
    formdata.append("file", file);
    //通过 ajax 发送数据
    $ .ajax({
        url: 'http://127.0.0.1:8040/animegan/',        //调用微服务
        type: 'POST',                                  //请求类型
        data: formdata,
        dataType: 'json',
        processData: false,
        contentType: false,
        success: ShowResult,                           //在请求成功之后的回调函数
        error: function (XMLHttpRequest, textStatus, errorThrown) {
            alert("Status: " + textStatus + " 失败:" + errorThrown);
        }
    })
}
```

图 8.24　网站初始页面

图 8.25　在线图像处理

上述代码中需要注意里面的微服务调用网址，此处对应的是 http://127.0.0.1:8040/animegan/，这是因为网站部署在本地 8040 端口，而读者也是通过本地浏览器进行访问的，因此这里的访问网址前缀为 http://127.0.0.1:8040，最后的/animegan/对应的是微服务接口，需要与后端开通的微服务接口名称一致。如果读者最终部署的网站 IP 发生了改变（例如部署在公网内），那么这里的访问网址也要作相应的变化。

网页将照片处理请求发送给 FastAPI 后端，后端收到请求后，根据对应的微服务接口进行处理，相关代码位于 main_fastapi.py 文件中，完整内容如下：

```python
import numpy as np
import cv2
import base64
from fastapi import FastAPI, File, UploadFile
from fastapi import Request
# 开发前端界面
from fastapi.staticfiles import StaticFiles
from fastapi.templating import Jinja2Templates
from fastapi.responses import HTMLResponse
from fastapi.middleware.cors import CORSMiddleware
# 定义 fastapi 的启动 app
app = FastAPI()
# 解除跨域访问限制
origins = ["*"]
app.add_middleware(
    CORSMiddleware,
    allow_origins = origins,
    allow_credentials = True,
    allow_methods = ["*"],
    allow_headers = ["*"],
)
```

```
# 定义访问接口
@app.post("/animegan/")
async def processimg(request: Request, file: UploadFile = File(...)):
    # 接收前端上传的图片
    imgdata = await file.read()
    imgdata = np.frombuffer(imgdata, np.uint8)
    img = cv2.imdecode(imgdata, cv2.IMREAD_COLOR)
    if img is None:
        print("文件格式错误")
        return {"state": -1}
    # 照片算法处理
    img = cv2.cvtColor(img, cv2.COLOR_BGR2GRAY)
    comp = cv2.cvtColor(img, cv2.COLOR_GRAY2BGR)
    # 返回处理后的图像数据
    _, buffer_img = cv2.imencode('.jpg', comp)
    img64 = base64.b64encode(buffer_img)
    img64 = str(img64, encoding = 'utf-8')
    return {"state": 1, "img": img64}
# 挂载静态资源目录
app.mount("/static", StaticFiles(directory = "static"), name = "static")
# 定义页面模板库位置
templates = Jinja2Templates(directory = "templates")
# 定义首页
@app.get("/", response_class = HTMLResponse)
async def home(request: Request):
    return templates.TemplateResponse("index.html", {"request": request, })
```

上述代码中后端对应的微服务处理接口为 processimg() 函数，在该函数前面使用 @app.post("/animegan/") 来定义微服务接口名称，这样由前端发送过来的请求才能准确交给 processimg() 函数进行解析和处理。

在 processimg() 函数内主要执行图像解析、灰度化、base64 转码等功能。读者可以阅读该示例程序完整源码，对其进行分析和优化。

下面将以该示例程序为起点，将前面的照片动漫化推理代码集成进来，真正完成一款基于 AI 的在线照片转换应用。

3. 集成 AI 算法

结合前面的 client_grpc.py 文件，将相关图像预处理和后处理代码加入 processimg() 函数中。修改后完整的 main_fastapi.py 文件代码如下：

```
import numpy as np
import cv2
import base64
from fastapi import FastAPI, File, UploadFile
from fastapi import Request
# 开发前端界面
from fastapi.staticfiles import StaticFiles
from fastapi.templating import Jinja2Templates
from fastapi.responses import HTMLResponse
from fastapi.middleware.cors import CORSMiddleware
```

```python
# 导入 grpc 客户端
import tritonclient.grpc as grpcclient
# 定义 grpc 服务器的地址
server_addr = 'localhost:8001'
# 创建 grpcclient
client = grpcclient.InferenceServerClient(server_addr)
# 定义 fastapi 的启动 app
app = FastAPI()
# 解除跨域访问限制
origins = ["*"]
app.add_middleware(
    CORSMiddleware,
    allow_origins = origins,
    allow_credentials = True,
    allow_methods = ["*"],
    allow_headers = ["*"],
)


# 定义访问接口
@app.post("/animegan/")
async def processimg(request: Request, file: UploadFile = File(...)):
    # 接收前端上传的图片
    imgdata = await file.read()
    imgdata = np.frombuffer(imgdata, np.uint8)
    img_org = cv2.imdecode(imgdata, cv2.IMREAD_COLOR)
    if img_org is None:
        print("文件格式错误")
        return {"state": -1}
    # 颜色转换
    img = cv2.cvtColor(img_org, cv2.COLOR_BGR2RGB)
    # 图像缩放
    img = cv2.resize(img, (256, 256))
    # 对齐均值漂移
    img = img.astype(np.float32)
    img[:, :, 0] -= -4.4346957
    img[:, :, 1] -= -8.665916
    img[:, :, 2] -= 13.100612
    # 归一化
    img = img / 127.5 - 1
    # 扩充 batch 通道并调整通道顺序
    im = np.transpose(img[np.newaxis, :, :, :], (0, 3, 1, 2))
    # 构建输入数据
    inputs = []
    infer_input = grpcclient.InferInput('x', im.shape, 'FP32')
    infer_input.set_data_from_numpy(im)
    inputs.append(infer_input)
    # 构建输出数据
    outputs = []
    infer_output = grpcclient.InferRequestedOutput('tanh_1.tmp_0')
    outputs.append(infer_output)
    # 请求推理
```

```
response = client.infer('animegan',
                        inputs,
                        model_version = '1',
                        outputs = outputs)
results = response.as_numpy('tanh_1.tmp_0')
# 得到预测掩码图
results = results.squeeze(0)
cartoon = np.transpose(results, (1, 2, 0))
cartoon = (cartoon + 1) * 127.5
cartoon = cartoon.astype('uint8')
cartoon = cv2.cvtColor(cartoon, cv2.COLOR_RGB2BGR)
# 还原尺寸
im_h, im_w, _ = img_org.shape
cartoon = cv2.resize(cartoon, (im_w, im_h), interpolation = cv2.INTER_NEAREST)
# 返回处理后的图像数据
_, buffer_img = cv2.imencode('.jpg', cartoon)
img64 = base64.b64encode(buffer_img)
img64 = str(img64, encoding = 'utf-8')
return {"state": 1, "img": img64}


# 挂载静态资源目录
app.mount("/static", StaticFiles(directory = "static"), name = "static")
# 定义页面模板库位置
templates = Jinja2Templates(directory = "templates")
# 定义首页
@app.get("/", response_class = HTMLResponse)
async def home(request: Request):
    return templates.TemplateResponse("index.html", {"request": request, })
```

修改完以后，使用下面的命令进行启动：

```
uvicorn main_fastapi:app −− host 0.0.0.0 −− port 8040
```

启动成功后通过浏览器访问 http://127.0.0.1:8040/。单击页面上"开始转换"按钮，上传一张照片进行测试，效果如图 8.26 所示。

图 8.26　照片动漫化在线转换网站效果

8.5　小结

　　本章围绕图像风格迁移，重点讲解了照片动漫化算法 AnimeGAN 原理，剖析了 AnimeGAN 的生成器和判别器模型结构，详细阐述了 AnimeGAN 所使用的一系列损失函数。在算法原理基础上，给出了完整的照片动漫化解决方案，包括数据准备、训练、验证、静态图导出、静态图推理等。最后结合部署工具 FastDeploy Server 完成了基于微服务的部署任务。尽管本章的实现案例是基于照片动漫化这样一个比较独特的例子，但是通过本章案例的学习能够清晰地梳理 GAN 的实现方法，能够掌握该领域常见的概念、组网方式和开发技巧。由于本章任务使用的算法模型并没有集成到 FastDeploy 中，因此在部署上需要深入掌握该算法的前后处理逻辑，编写出对应的前后处理代码，这样才能使用 FastDeploy 的服务化部署方案，最终实现多 GPU 下的高并发推理。

　　学习 GAN 能够拓宽学习思路，近两年非常热门的 AI 图像内容创作（AIGC）领域，其中的很多实现思路与 GAN 都是密切相关的。如果想要从事该领域的研究，那么 GAN 的学习是绕不开的。

后　　记

自从计算机诞生以来，人工智能的发展经历了起起落落，但过去的 30 年，人工智能学科总体上一直是在向前发展的。下面是人工智能领域的一些典型事件。

- 深蓝计算机：由 IBM 公司研制，在 1997 年推出，击败人类象棋冠军。
- 仿生机器人"大狗"：由波士顿动力学工程公司研制，在 2005 年推出，可以四条腿行走。
- 阿尔法围棋 AlphaGo：由 Google 研发，在 2016 年推出，击败人类围棋冠军。
- AlphaFold：由 Google 研发，在 2020 年推出，攻克了困扰人类科学家已经很久的预测蛋白质折叠结构的问题。
- ChatGPT：由 OpenAI 研发，在 2022 年推出，一种通用聊天机器人模型，可以适应多种对话风格和语言，并且具有极高的理解能力。
- Sora：由 OpenAI 研发，在 2024 年推出，一种文生视频模型，它不仅能够根据文字指令创造出既逼真又充满想象力的场景，而且可以生成长达 1min 的超长视频。

从以上这些事件可以看出，人工智能应用有很多种探索路径，也面临很多挑战，总体可以分为 4 个阶段。

1. 模拟智能

将人类的思考过程，利用计算能力进行模拟。比较典型的是象棋和围棋这一类规则化的智力活动，人类的思考过程可以恰当地被提炼出来，通过编写规则程序让计算机执行。因此，只要有足够的存储以及人类的经验模型，就有机会做得比人类还好。

2. 利用算法实现智能任务

在许多应用场景中，可利用人工智能算法来完成一些明确定义的任务，比如人脸识别、车牌识别、语音识别等。这一类人工智能应用需要具备两个条件：足够多的样本和足够强的算力。在过去的 10 年中，移动互联网的蓬勃发展使得很多业务场景汇聚了足够多的数据，再结合云计算的发展，因而这一类人工智能应用发展迅速。

3. 综合替代人类，达到人类智能

比较典型的是自动驾驶汽车以及各种具有复杂决策能力的机器人。自动驾驶汽车可以将人从驾驶任务中解放出来，机器人可以代替人类进入复杂场景中执行任务。这一类人工智能应用需要综合各种软硬件技术，近几年在产业界是一个科创热点。

4. 超越人类智能

探索未知领域，造福人类。比较典型的是在一些科研领域，结合了人工智能技术以后获得了革命性的突破，如上文提到的 AlphaFold 使蛋白质折叠结构预测问题得到了突破、ChatGPT 通过大语言模型实现数学公式推理等。

人工智能的核心三要素是数据、算力和算法。算力是计算的物理基础，数据是计算的原料，算法是计算的逻辑。人工智能的发展催生了大量的数据工程师和算法工程师岗位。数据工程师负责采集数据，对它们进行各种处理，归集起来以供算法使用。算法工程师负责实现各种算法，或者调用一些通用的算法来完成特定的任务。经过多年的发展，目前有很多框架和算法库已经沉淀下来，并且以开源的方式供业界使用，如TensorFlow、PyTorch和本书采用的PaddlePaddle等。这些框架极大地提升了深度学习算法的研发效率，那么如何掌握和运用好这些框架成为很多入门者必将遇到的问题，这也是写作本书的核心出发点。

随着计算资源和人工智能技术的大幅提升，新模型、新理论的验证周期将大大缩短，深度学习算法的进步，会使得AI框架使能千行百业，进入每一个家庭、每一位个体，将深刻地推动智能化技术的发展。如今，深度学习发展迅速、硕果累累，希望每位读者都可以善用深度学习技术，积极推动AI在自然科学、工程技术、社会教育和人文关怀方向上的发展。

图书资源支持

感谢您一直以来对清华版图书的支持和爱护。为了配合本书的使用,本书提供配套的资源,有需求的读者请扫描下方的"书圈"微信公众号二维码,在图书专区下载,也可以拨打电话或发送电子邮件咨询。

如果您在使用本书的过程中遇到了什么问题,或者有相关图书出版计划,也请您发邮件告诉我们,以便我们更好地为您服务。

我们的联系方式:

清华大学出版社计算机与信息分社网站: https://www.shuimushuhui.com/

地　　址:北京市海淀区双清路学研大厦 A 座 714

邮　　编:100084

电　　话:010-83470236　010-83470237

客服邮箱: 2301891038@qq.com

QQ: 2301891038(请写明您的单位和姓名)

资源下载:关注公众号"书圈"下载配套资源。

资源下载、样书申请

书圈

图书案例

清华计算机学堂

观看课程直播